WPS Office 2012 应用基础教程

黄汉军　谢鹤松　易建军　张南平 

彭仲昆 

中国·广州

图书在版编目（CIP）数据

WPS Office 2012 应用基础教程/黄汉军，谢鹤松，易建军，张南平编著．—广州：暨南大学出版社，2012.12（2016.6 重印）
ISBN 978-7-5668-0338-2

Ⅰ.①W… Ⅱ.①黄…②谢…③易…④张… Ⅲ.①办公自动化—应用软件—教材
Ⅳ.①TP317.1

中国版本图书馆 CIP 数据核字（2012）第 209414 号

内容简介

WPS Office 2012 是一款开放、高效的网络协同办公软件，它主要包括文字（WPS），表格（ET）、演示（WPP）三大模块，分别对应 MS Office 的 Word、Excel 和 PowerPoint。该软件融入了金山新一代 V8 文字排版引擎技术，性能实现了跨越性的提升，并兼容微软最新的 Office 2010 文档格式，实现了免费的网络存储功能。用户可以在办公室、学校或家里高效率地完成工作，世界上不同地点的人们也可以同时协作管理自己的文件。WPS 已成为众多企事业单位的标准办公平台。

本书介绍了 WPS Office 2012 办公软件及应用，主要是 WPS 的文字、表格、演示三大模块。本书内容包括 WPS Office 2010 的文件基础、基本操作，文字处理、编辑和页面操作、对象框及其操作、WPS 表格操作、WPS 电子表格的应用、WPS 演示文稿（幻灯片）的制作与应用等。

本书可作为广大 WPS 用户、办公自动化和文字处理初学者、计算机爱好者的自学用书，也可作为职业技术学院、高职高专学院、中等职业学校计算机技术专业的教材。

出版发行：暨南大学出版社

地　址：中国广州暨南大学
电　话：总编室（8620）85221601
　　　　营销部（8620）85225284　85228291　85228292（邮购）
传　真：（8620）85221583（办公室）　85223774（营销部）
邮　编：510630
网　址：http：//www.jnupress.com　http：//press.jnu.edu.cn

排　版：广州市天河星辰文化发展部照排中心
印　刷：湛江日报社印刷厂

开　本：787mm×1092mm　1/16
印　张：18.5
字　数：440 千
版　次：2012 年 12 月第 1 版
印　次：2016 年 6 月第 4 次

定　价：38.00 元

前　言

WPS Office 2012 是一款开放、高效的网络协同办公软件。该版本融入了金山新一代 V8 文字排版引擎技术，产品性能实现了跨越性的提升，并兼容微软最新的 Office 2010 文档格式，实现了免费的网络存储功能，让用户可以在办公室、学校或家里高效地完成工作，让每台连接到 Internet 的计算机都能够使世界不同角落的人们同时协作管理自己的文件。该软件现已成为众多企事业单位的标准办公平台。目前，WPS 已成功地在国务院 50 多个中央部委及 300 多个省市级政府单位和众多大中型企业（如国家电网、宝钢集团）中得到认可和应用。

WPS Office 2012 主要包括 WPS 文字（WPS）、WPS 表格（ET）、WPS 演示（WPP）三大模块，分别对应 MS Office 的 Word、Excel 和 PowerPoint。

关于本书的编写，编者以国家基础教育课程改革的新思想、新理念为指导，突出了知识与技能、过程与方法和情感态度价值观的三维目标；进一步挖掘了信息技术课程的学科思想，体现了信息技术学科性和工具性的双重价值；既重视对基础知识的掌握，又强调对学生操作能力、思维能力和解决实际问题能力的培养。

在写作风格上，本书既不失科学严谨，又让人感到亲切；既避免一开始就是一大堆名词、概念、术语和公式的罗列，又在现实操作应用中使读者不知不觉地领会有关名词术语的含义。

一本好书需具备趣味性和可读性，但更重要的是实用性和符合读者思维习惯的逻辑性，使初学者从认知规律出发，突出可操作性。经过一段时间的学习后，读者不仅会逐渐消除对相关知识的神秘感，而且还会感觉到只要努力，就一定能掌握其方法和技巧，会有成功感、成就感，因此越来越爱学，也更爱动手操作。这样就会大大加强读者学习的信心。

本书正是遵循这种思想，从 WPS Office 的实践操作入手，手把手地教读者一步一步进行操作，从感性认识出发，逐渐上升到概念。内容编排不强调严格的理论分析，避开深奥的、与实践操作关系不大的公式与术语，在进行了一个阶段的学习后，再回过头来总结，提高要领层次，从而达到既消除了神秘感，又学习了理论的目的。

在内容编排上，以日常工作、学习中的实际应用为例，为便于理解而配有插图，分步骤引导读者完成每一项操作。

与同类书不同的是，本书侧重于基本技能的培训，在加强基础培训的前提下，对系统的每项功能都用简要的文字描述并辅以插图，读者可跟随本书讲解的内容在计算机上亲自操作，无需太多的基础和时间便能迅速地学以致用，使学习变得生动有趣。其中，本书还特别对多媒体演示、动画、Internet 功能和语音控制进行了讲解，这将使读者变得越来越自信。

本书由黄汉军、谢鹤松、易建军和张南平编著。中南大学彭仲昆教授担任本书的主审。参加本书编写的还有周炼、陈曦。

本书的出版，与金山软件公司的支持和鼓励是分不开的，WPS 官网陈旭、成露萍，为本书提供了大量素材，特此致谢。另外，本书还得到了国家职业技能鉴定所、中南大学、国防科学技术大学、长沙理工大学的支持和帮助，在此一并致谢。

编　者

2012 年 9 月

目　录

第1章　初识 WPS Office 2012

历经19年锤炼，金山公司倾力锻造国之利器 WPS Office 2012，屡获青睐。WPS Office 2012 完全符合现有用户习惯和文档兼容需要，以更加亲切的形象和卓越的性价比服务于中国政府。为了国家战略的需要，为了国家安全的需要，国人应使用国产正版办公软件。金山公司热切希望 WPS 运行在每一台电脑上，并由政府买单，对 WPS 个人版实行终身免费，且利用我国网络自身优势推出“快盘”、“云存储”……

1998年9月，WPS 97 被列为国家计算机等级考试的内容。

政府采购金山 WPS 的数量远超微软。与老牌竞争对手微软相比，金山主要有三大优势：一是价格，WPS 比微软的办公软件无疑更具优势，性价比远超对手；二是本土化，由于国外软件厂商存在“水土不服”的问题，而金山等国内厂商更熟悉国内市场，在金融等行业的客户定制方面具有优势地位；三是国家的支持，在安全方面，金山比微软的“后门”更少，更能满足国家安全需要。

金山还力求为用户提供更多的增值服务。2011年，金山公司相继推出了安全云存储、金山快盘等新产品，逐步完成向移动互联网和云计算转型的过程。

金山 WPS 目前已经被国务院57个部委使用，其中国资委等部委单位选择新版金山 WPS 作为其标准办公软件。从2006年开始金山 WPS 就超越所有对手，获得了中国政府办公软件采购56.2%的份额。

本章将系统介绍金山公司最新推出的办公软件 WPS Office 2012 的基本知识，包括简介、安装、运行与卸载等操作。

1.1　WPS Office 2012 简介

新版 WPS Office 2012 是一款开放、高效的套装办公软件。其强大的图文混排功能、优化的计算引擎和强大的数据处理功能、效果专业且使用方便的动画效果设置、PDF 格式输出功能、文档在线查词功能等，完全符合现代中文办公的要求。

WPS 是 Word Processing System 的缩写，即文字处理系统。在使用 WPS Office 2012 前，让我们先了解该软件能在什么条件下运行，如何安装与卸载以及该软件中各组件的大致功能和在日常工作、生活中的应用。

WPS Office 2012 主要包括 WPS 文字（WPS）、WPS 表格（ET）、WPS 演示（WPP）三大模块，用户可根据需要选择安装部分或全部软件。

说明：WPS Office 兼容 Microsoft Office（简称 MS Office），WPS 文字对应于 MS Office 的 Word、WPS 表格对应于 MS Office 的 Excel、WPS 演示对应于 MS Office 的 PowerPoint。

1.1.1 WPS Office 2012 的主要特色

全新打造的文字排版、表格计算、演示动画三大引擎给用户带来革命性的兼容新体验。全新的兼容概念涵盖文件格式兼容、操作习惯兼容、二次开发兼容三大方面，秉承不丢内容、不丢数据、不破坏数据的全新兼容性三大原则，带来办公软件全新体验。

1. 文件格式兼容

随着信息化浪潮的发展和互联网的普及，电子文档在一定程度上代替了传统的纸质文档。办公软件所产生的文档能否被对方接受并相互交流，过去积存的旧文档能否继续正常使用，越来越成为用户的关注点。

WPS Office 2012 重新架构，重写引擎，在文字排版、表格计算、演示动画三大核心上做到底层兼容、“引擎”级兼容，彻底解决了一批技术难题，成果显著。在读取、写入微软格式文件时，精确细致，效果同 MS Office 的效果非常接近，甚至完全一致。

图 1-1 为用 WPS Office 2012 中的 WPS 文字和 Word 打开同一篇文档后的效果图（左上为 Word，右下为 WPS 文字）。

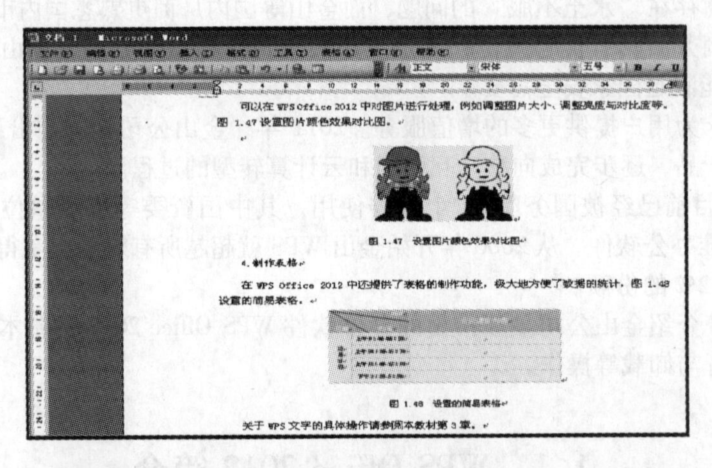

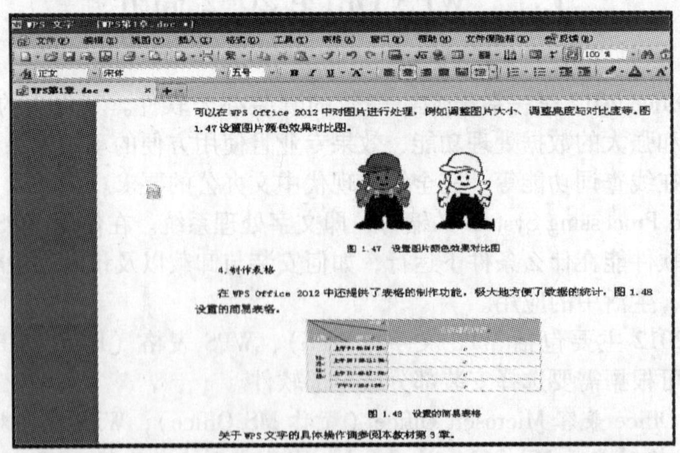

图 1-1 用 WPS 文字和 Word 打开同一篇文档后的效果图

2. 操作习惯兼容

WPS Office 2012 尊重用户习惯，兼容 MS Office 的基本操作方式。从工具栏按钮的摆放位置、菜单的内容到热键的定义，都与 MS Office 的设置基本保持一致，让已熟悉 MS Office 的用户无需培训或只需少量培训即可顺利工作，大大降低了软件迁移成本。

3. 二次开发兼容

为了使目前大量的 OA（办公）系统能平滑地转移到 WPS Office 上来，WPS Office 的所有对内、对外接口都将按照通用的 API 去定义和实现，符合国家办公软件二次开发接口标准。

WPS Office 2012 还提供 VBA 开发环境，可运行宏并支持嵌入浏览器。

1.1.2 跨越未来的网络化存档格式——XML 格式

XML 的全称为 Extensible Markup Language，是一种扩展性标识语言，具有高度的开放性，能够很方便地进行扩展或者集成到不同的软件中，更为未来实现电子文档数据汇总和管理提供了可能。

随着网络时代的来临，国际上制定了 XML 标准，我国自定的标准也即将出台，金山软件是办公软件 XML 文件格式标准制定的厂商之一，因此更值得信赖。WPS Office 2012 结构化的优势将为政府和企业办公需求提供便利的数据交换和高效的数据检索。

1. 全面支持电子政务平台

WPS Office 2012 被列为国家 863 “十一五” 期间软件重大专项课题的 “WPS 桌面办公软件”，完全自主研发，拥有完全自主的知识产权。对内、对外接口均按通用的 API 定义和实现，能够实现 OA 系统平滑移植，全面支持电子政务平台，完全满足政府办公需求。

2. 精致高效，稳定可靠

WPS Office 2012 教育版的安装包仅为 40M，安装完成后仅占据系统硬盘空间 90M 左右，产品对硬件的资源占用非常小，运行效率非常高，方便用户部署软件，节省成本；同时秉承绿色软件概念，和旧版 WPS 不产生软件冲突，且性能可靠、稳定。

1.2 三大功能模块展示

WPS Office 三大功能模块指的是 WPS 文字、WPS 表格和 WPS 演示。

1.2.1 WPS 文字

文字处理模块是一个文字输入和文档编辑处理器，所包含的众多工具能够帮助用户轻松地实现文档格式化。无论是简单的信件，还是完整复杂的手稿，它都能够帮助用户轻松地创建。利用 WPS 文字可以方便地实现图、文、表的混排，能够直接存取 Word 文档，所生成的文档也可以直接在 Word 中打开并进行编辑。如图 1－2 所示，即为 WPS 文字 2012 界面（首页）。

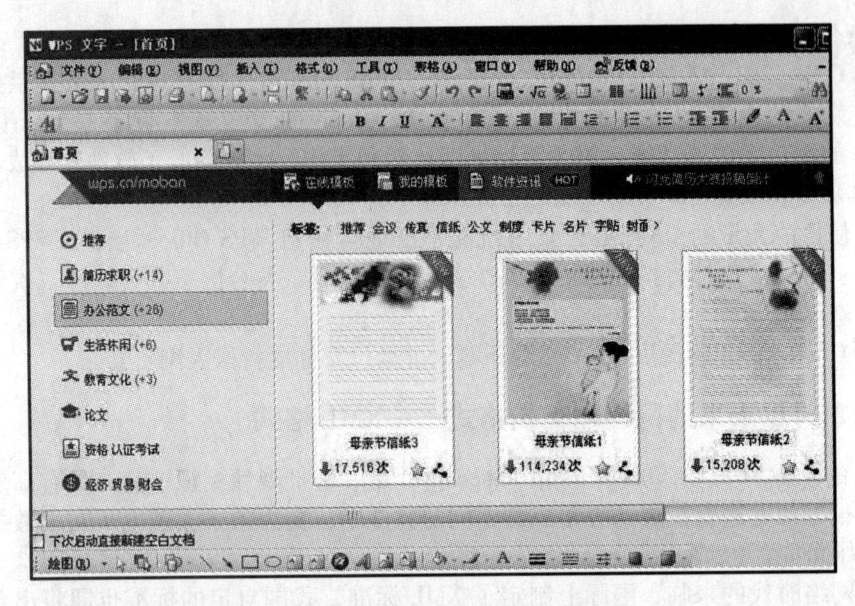

图 1-2 WPS 文字 2012 界面（首页）

1.2.2 WPS 表格

电子表格制作模块能实现对数据资源系统化的管理，并有优化的计算引擎和强大的处理功能，支持七大类、近百种函数和条件表达式，还可以跨表计算。我们可以通过创建柱形图、饼图等图表，使单调繁杂的数据变成直观明了的图表，还能够直接存取 Excel 文档。如图 1-3 所示为 WPS 表格 2012 界面（首页）。

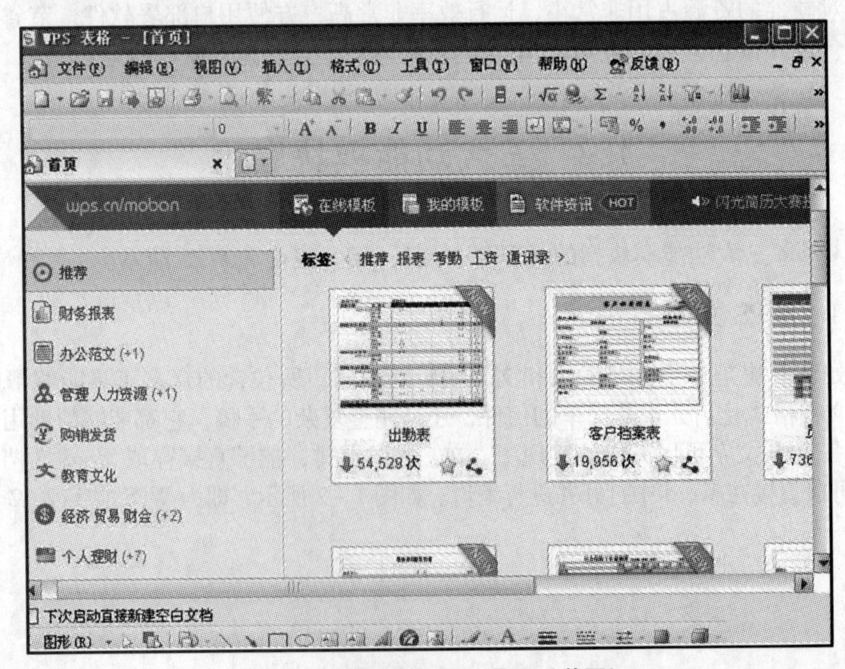

图 1-3 WPS 表格 2012 界面（首页）

1.2.3 WPS 演示

演示文稿编辑模块可以创建和显示图形演示文稿，它所生成的演示文稿可以包含动画、声音剪辑、背景音乐以及全运动视频等。WPS 演示可以让冗长枯燥的报告变成条理清晰、富有表现力的幻灯片，全面提高会议质量，并能够直接存取 PowerPoint 文档。如图 1-4 所示，即为 WPS 演示 2012 界面（首页）。

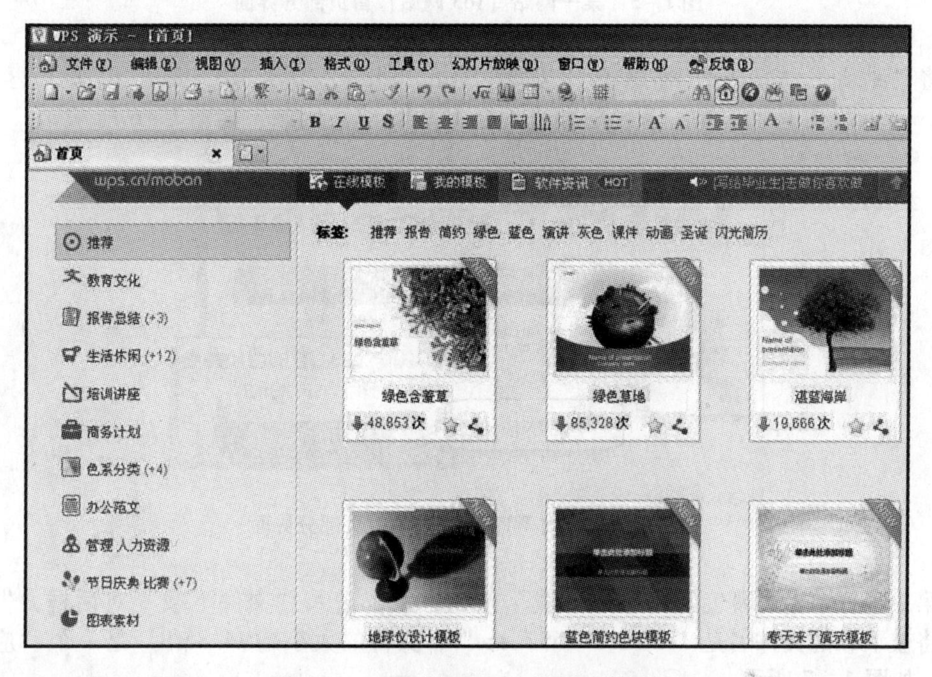

图 1-4 WPS 演示 2012 界面（首页）

1.3 WPS Office 2012 的安装、运行与卸载

WPS Office 是中国人自己的办公软件，WPS Office 2012 的独特优势是永久免费，这是其他任何办公软件（如 MS Office）所不及的。因此，系统安装自然不是传统的系统光盘安装，而是从金山 WPS 官方网站免费下载而完成其安装。

1.3.1 WPS Office 2012 的安装与运行

以下共分 6 步完成 WPS Office 2012 的安装与运行。

第 1 步：在联网的前提下，双击屏幕上进入互联网（Internet Explorer）的图标，系统进入某一网页或空白页，因为屏幕上“地址”栏中可能没有输入指定网站名，如图 1-5所示。

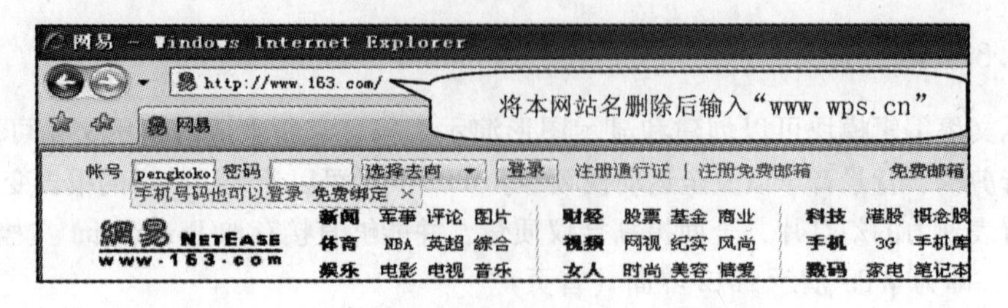

图1-5　某一网站（163网站）首页部分界面

将“地址”栏中的网站名（如图中的 http://www.163.com）删除，再输入“www.wps.cn”并按回车键，系统随即进入金山 WPS 官方网站，如图1-6所示。

图1-6　金山 WPS 官方网站首页部分界面

第2步：单击屏幕上的“立即下载”按钮，系统进入“文件下载”对话框，告知用户即将被下载的文件名是“WPS.19.552.exe”，文件的大小是44.8MB，是一个“应用程序”，如图1-7所示。

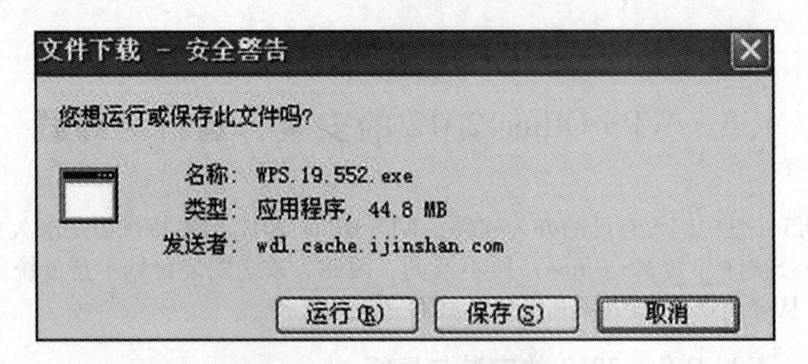

图1-7　“文件下载”对话框

第3步：单击“保存”按钮，系统进入“另存为”对话框，如图1-8所示。

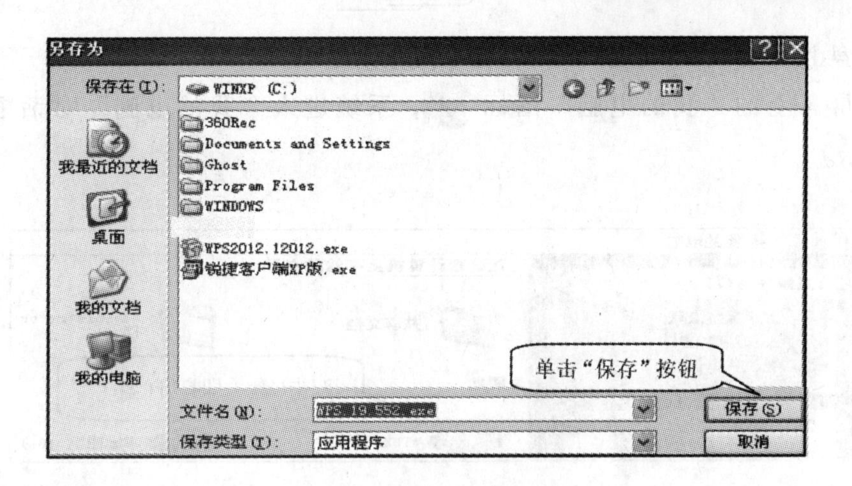

图 1－8 “另存为”对话框

本对话框提示：该文件保存在你个人电脑的 C 盘上。

注：所谓“对话框”是人与电脑对话、交流意向的界面。一般总是由电脑预先提出一些方案，如果你同意，就回答“是”、“确定”、“保存”等；否则，就通过“更改”、“浏览”或其他命令按钮执行你的想法。本例中你同意放在 C 盘上就单击“保存”，否则换到 D 盘或 E 盘。电脑预先提出的方案通常叫做“系统默认值”。

第 4 步：单击“保存”按钮，系统即将该文件自动下载到你的个人电脑指定的硬盘（即 C 盘）中。一般耗时几分钟，屏幕上会有下载进程，如图 1－9 所示。

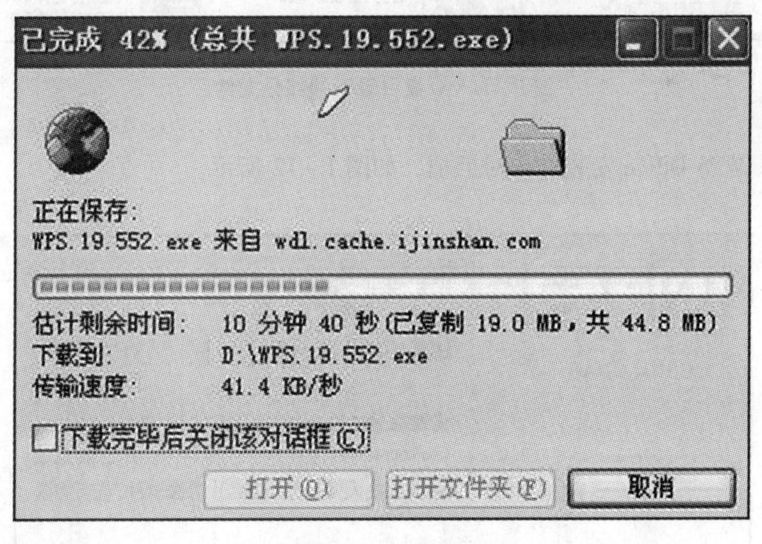

图 1－9 下载进程

下载完成后，单击屏幕右上角的“关闭”按钮 ☒，系统返回 Windows 界面。

第 5 步：从 WPS 官网上下载的应用软件压缩包，需解压安装才能使用。由于该压缩包是在 C 盘上，为此还需通过“我的电脑”找到 C 盘。

双击屏幕上的“我的电脑”图标，系统进入“我的电脑”对话框，如图 1－10 所示。

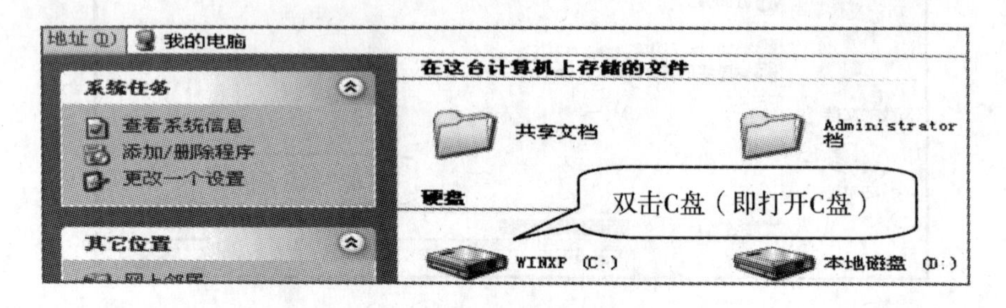

图 1－10　“我的电脑”对话框部分界面

在“我的电脑”对话框中发现了 C 盘、D 盘、E 盘……双击 C 盘（即打开 C 盘）后，在 C 盘文件显示中发现了 WPS Office 2012 应用软件压缩包，双击该图标（即打开该软件压缩包），如图 1－11 所示。

图 1－11　C 盘目录下的部分文件

系统进入 WPS Office 安装向导对话框，如图 1－12 所示。

图 1－12　安装向导对话框

单击“立即安装”按钮，接下来显示正在安装的一些提示画面，如图 1 - 13 所示。

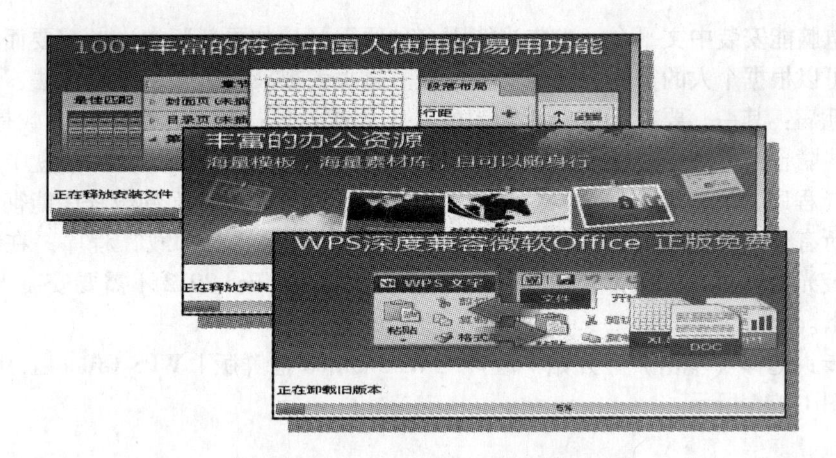

图 1 - 13 “正在安装”进程提示框

数秒后，真正的安装全部完成。此时单击屏幕右上角的“关闭”按钮 ☒，系统返回 Windows 界面后，你会意外地发现屏幕上新增加了四个小图标，它们分别是：WPS 文字图标 、WPS 表格图标 、WPS 演示图标 和 WPS 快盘图标 。

第 6 步：现在可以运行中文网络协同办公软件 WPS Office 2012 了。双击 WPS 文字图标 ，系统进入 WPS 文字界面（首页），如图 1 - 14 所示。WPS 文字界面（首页）非常漂亮。

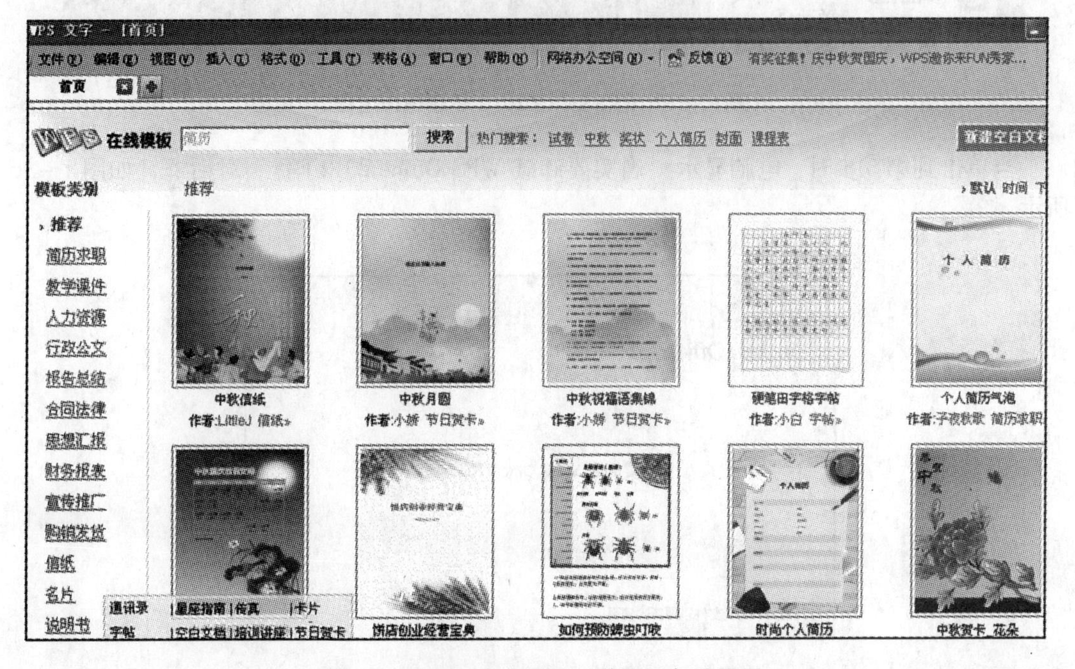

图 1 - 14 WPS 文字界面（首页）部分界面

1.3.2 WPS Office 2012 的卸载

一台电脑能安装中文平台，也应当能因多种原因（比如更新版本）的需要而清除平台重装，即可以根据个人的需要，卸载这个平台。过去大都采用删除程序的方法，而这种方法有两大毛病：其一，要有一定专业知识的人士才能处理；其二，删除与卸载是不同的，删除对某些隐含文件和某些链条是删不掉的（如注册表中的调用），会在硬盘中留下一些垃圾文件（程序）和空操作等，既浪费资源又影响系统的速度，而卸载程序能彻底、干净地清除掉所有程序和链接。人性化的 WPS Office 2012 带有"自卸载"程序，在卸载时无需插入安装光盘（过去一般都要插入安装光盘，但 WPS Office 2012 不需要安装光盘）。具体操作如下。

第 1 步：选择（单击）"开始｜程序｜WPS Office 抢鲜版｜WPS Office 工具｜卸载"命令，如图 1－15 所示。

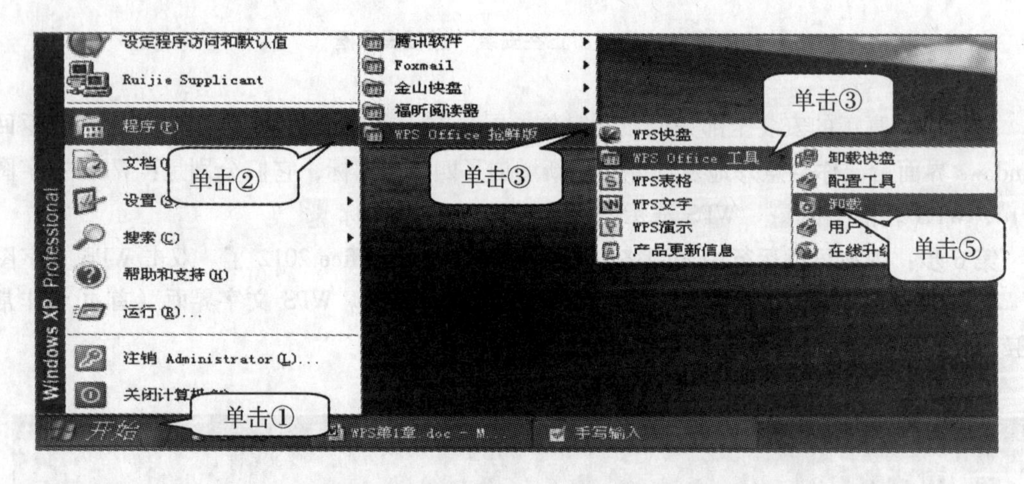

图 1－15 WPS Office 2012 卸载操作过程

当单击到第⑤步时，电脑显示"确实要卸载 WPS Office 2012 吗?"对话框，如图 1－16 所示。

图 1－16 卸载 WPS Office 2012 对话框

第2步：单击“卸载”按钮，电脑进入“卸载进程”对话框，如图1－17所示。

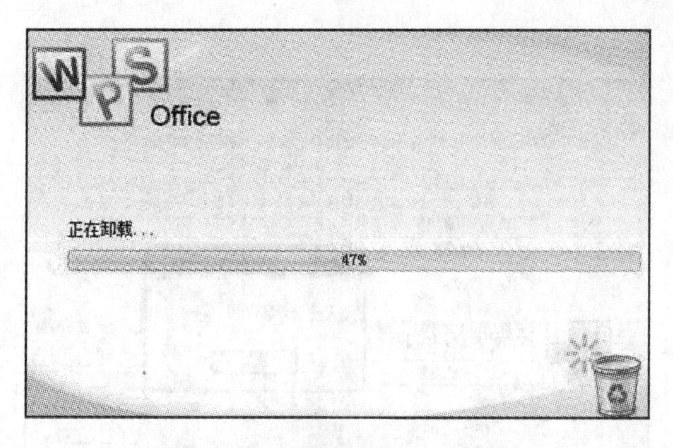

图1－17 “卸载进程”对话框

当卸载完成时，可单击屏幕右上角的“关闭”按钮 ，系统返回 Windows 界面。此时，WPS 文字图标 、WPS 表格图标 、WPS 演示图标 也就消失了。

1.4 WPS 安全工具的配置

开车外出旅游，你需要考虑车辆在运行中可能出现的小故障。为了保证安全、可靠，一般需配置一些小工具，如灭火器、钳子、起子、套筒扳手、备用胎等。同理，WPS Office 中文平台投入运行也得配置一些常用的、可以修复系统的必备工具。

WPS Office 2012 提供了多种工具供用户使用，如升级设置、文件关联、备份清理、重置修复等。这些操作都可以在“配置工具”中进行。

下面学习安全工具的配置与使用。

(1) 调出配置工具的方法，可参照图1－15，具体操作如下。

第1步：选择“开始｜程序｜WPS Office 抢鲜版｜WPS Office 工具｜配置工具”命令，如图1－18所示。

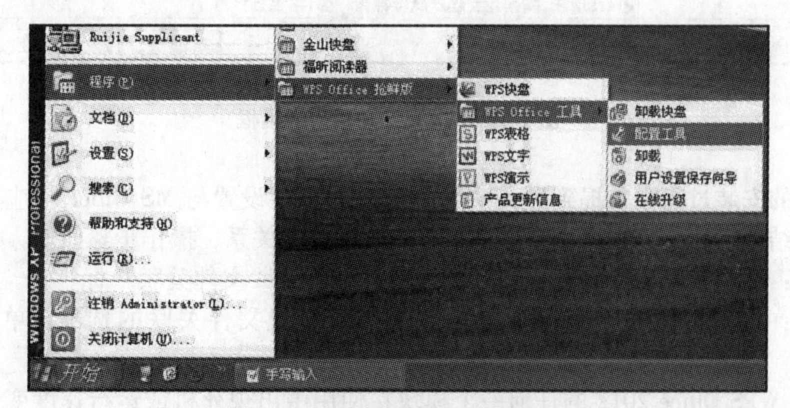

图1－18 配置安全工具的操作过程

第2步：单击“配置工具”按钮，打开“WPS Office综合修复/配置工具”对话框，如图1-19所示。

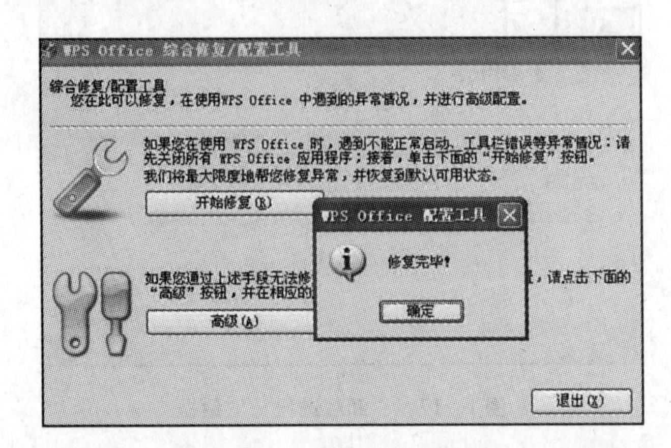

图1-19 “WPS Office综合修复/配置工具”对话框

单击对话框中的“开始修复”按钮，电脑很快对自身进行修复并报告“修复完毕!”

如果用户通过上述手段无法修复异常，或需要进行其他“高级”设置，请单击下面的“高级”设置按钮，并在相应的选项卡中进行设置，如图1-20所示。

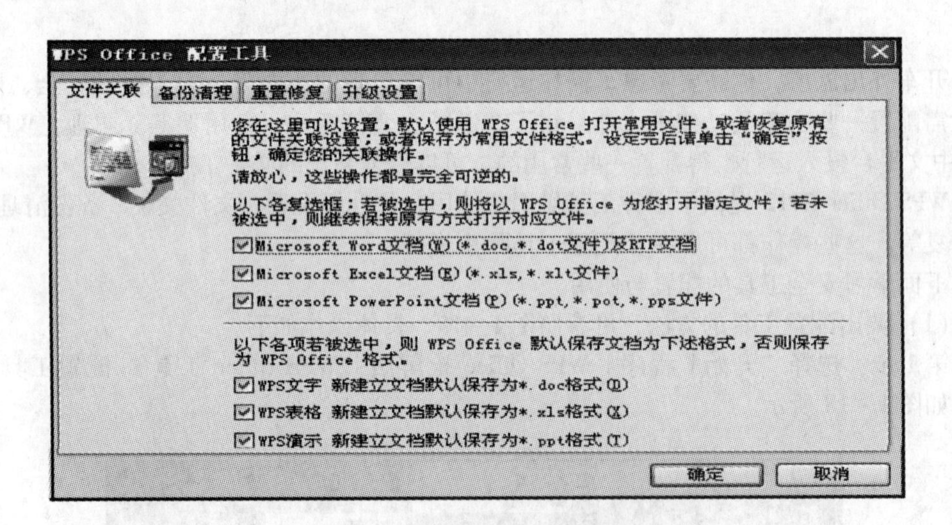

图1-20 “高级”设置对话框

在前面的安装过程中曾提到过，WPS在安装时可以设置与MS Office相应文件的关联关系；安装结束后，仍可根据需要取消或改变这种关联关系，操作步骤如下。

第1步：在“WPS Office配置工具”对话框中单击“文件关联”标签。

第2步：在“文件关联”选项卡中选择需要设置文件关联的选项，单击“确定”按钮。

（2）当WPS Office 2012的任何一个模块在使用中出现死机或运行速度变慢、工具栏按钮消失和窗口变化等不正常情况时，可以对系统进行快速调整和修复，操作步骤如下。

第1步：在“WPS Office 配置工具”对话框中单击“重置修复”标签。

第2步：在“重置修复”选项卡中单击“重新注册组件”按钮或“重置工具栏”按钮，如图1-21所示。

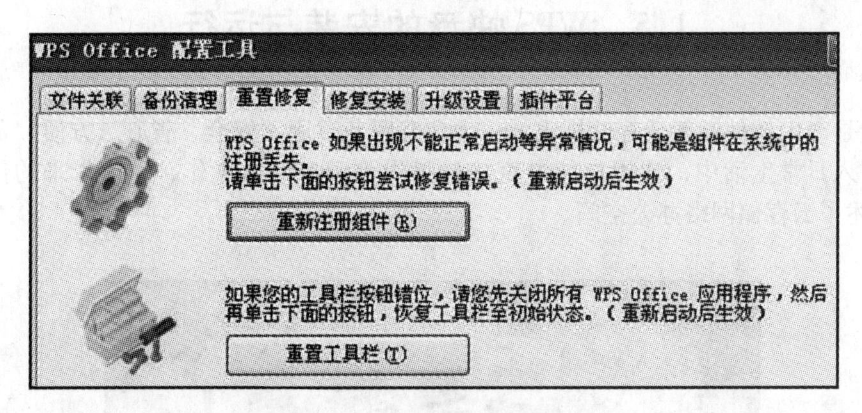

图1-21 “重置修复”选项卡

经过以上的操作处理，一般系统均能正常运行。

（3）WPS Office 处理的文件在第一次存盘（保存文件）时，在生成一个原文件（如文件名为 peng. wps）的同时，还会自动生成一个备份文件（如 peng. bak），其目的是为了保障数据的安全，万一原文件在运行中由于多种原因不慎被删掉了，还有一个备份文件可用。当然备份文件与原文件是占用同等大小的磁盘空间，一般在正常情况下，备份文件是多余的，必须删除。

如果需要删除备份文件以释放磁盘空间，可以参考如下操作。

第1步：在“WPS Office 配置工具”对话框中单击“备份清理”标签，其选项卡如图1-22所示。

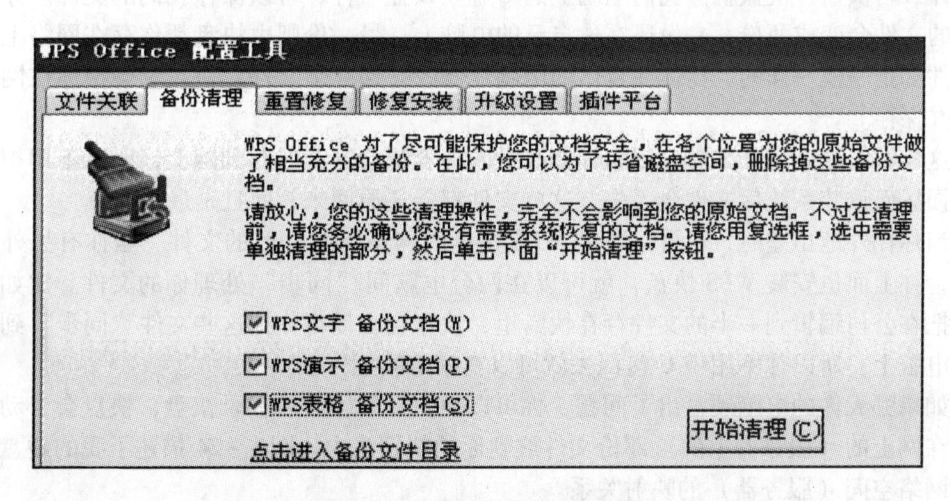

图1-22 “备份清理”选项卡

第2步：选择需要清除的备份文件类型，单击“开始清理”按钮。
第3步：如需查看备份文件，可以通过“点击进入备份文件目录”进入。
第4步：单击“确定”按钮。

1.5 WPS快盘的安装与运行

快盘是金山软件基于云存储推出的一项免费服务，用“安全、省心、方便”的理念将云存储引入日常生活中，让用户能最直接地感受到云存储给工作、生活带来的便利。图1－23描述了云存储网络办公空间。

图1－23 云存储网络办公空间

1.5.1 WPS快盘

什么叫快盘？快盘就像我们电脑上的C盘、D盘一样，可以保存我们的文件。你存进快盘的文件会变成两份，一份还在你自己的电脑上，另一份则由快盘帮你存在网络上，两份文件都是一模一样的。当你在自己的电脑上修改并保存了文件，快盘也会帮你在网络上修改并保存。

这样做的好处是什么呢？因为你修改过的内容都会自动保存到网上，所以不用担心因硬盘损坏而重装系统后文件会丢失，这些文件都能还原回来，而且是最新的。

当你在外地出差时，也可以通过WPS快盘的网站下载自己的文件。当你有另外一台电脑，在上面也安装WPS快盘，就可以在两台电脑间“同步”处理你的文件。比如：你可以把在公司编辑到一半的文件存在快盘里，快盘会自动帮你把这些文件“同步”到你家中的电脑上，所以你不用带U盘回去就可以在家继续工作。

如果哪天你的电脑硬盘出了问题，你可以换上新的硬盘后登录快盘，快盘会自动帮你把存在网上的（服务器上的）那份文件放到你的新硬盘中。图1－24描述了我的硬盘、快盘和网络空间（服务器）的映射关系。

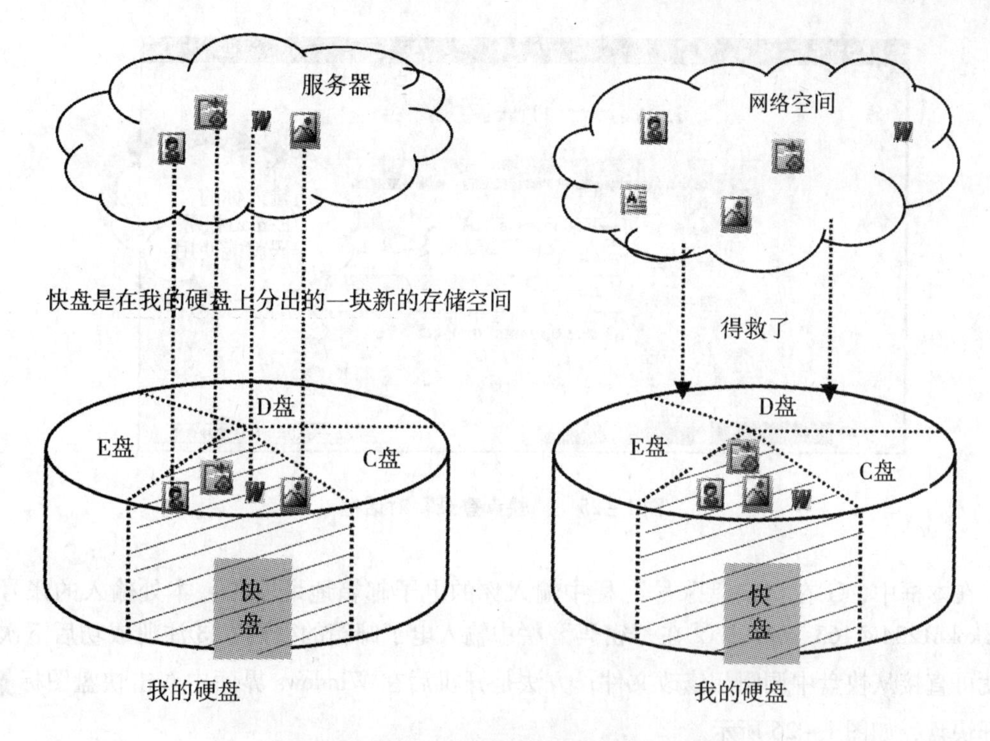

图1－24 硬盘、快盘和服务器的映射示意图

注：快盘实际上就是在你的个人电脑C盘中留一部分存储空间（可以理解为仓库）出来，专门存储你的办公文件（如文件、表格、图形、图像、声音、视频等）。如果你使用MS Office，就没有这个功能。

快盘的优点：

（1）大容量——注册就有5G空间，可升级至15G，还可以进一步扩容。

（2）自动同步——自动同步文件到电脑、手机和网络，保证随时访问最新的文件。

（3）本地加密——支持本地虚拟磁盘加密，防止数据被盗窃或被偷窥。

（4）共享——好友间轻松共享文件，工作中协同合作，提高团队工作效率。

（5）安全稳定——数据多重加密备份，服务器稳定，文件永不丢失。

（6）支持多平台——已支持PC、iPad、iPhone、Android等平台使用，随时随地查看文件。

1.5.2 快盘的运行

实际上，WPS应用软件压缩包“WPS.19.552.exe”已包含了WPS快盘，在1.3.1节WPS Office 2012的安装中，WPS快盘就已经安装好了，即在Windows界面中有快盘图标。

快盘投入运行的操作如下。

第1步：双击Windows界面中快盘小图标，显示“快盘登录”对话框，如图1－25所示。

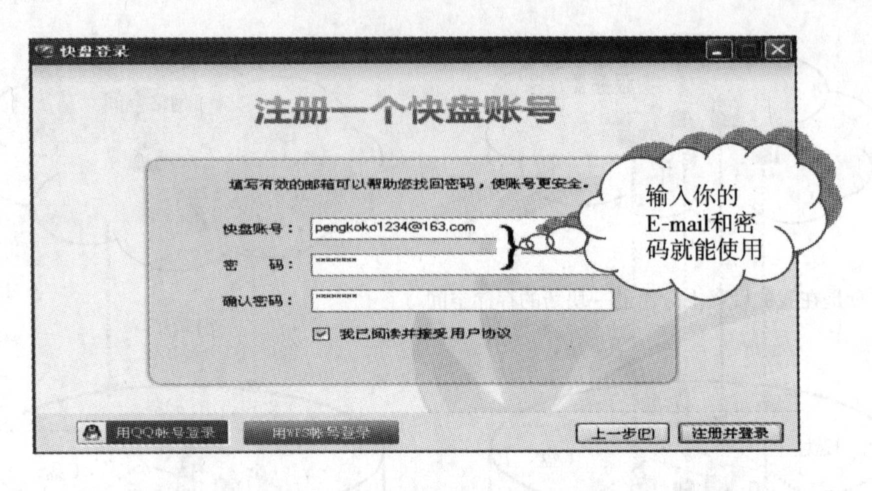

图1－25　“快盘登录”对话框

在本框中，①在“快盘账号”栏中输入你的电子邮箱地址（如：本处输入的账号是pengkoko1234@163.com）；②在“密码”栏中输入电子邮箱的密码；③注册成功后下次开机就可直接从快盘中调阅、修改文件，方法是开机后在Windows界面中双击快盘图标，打开快盘，如图1－26所示。

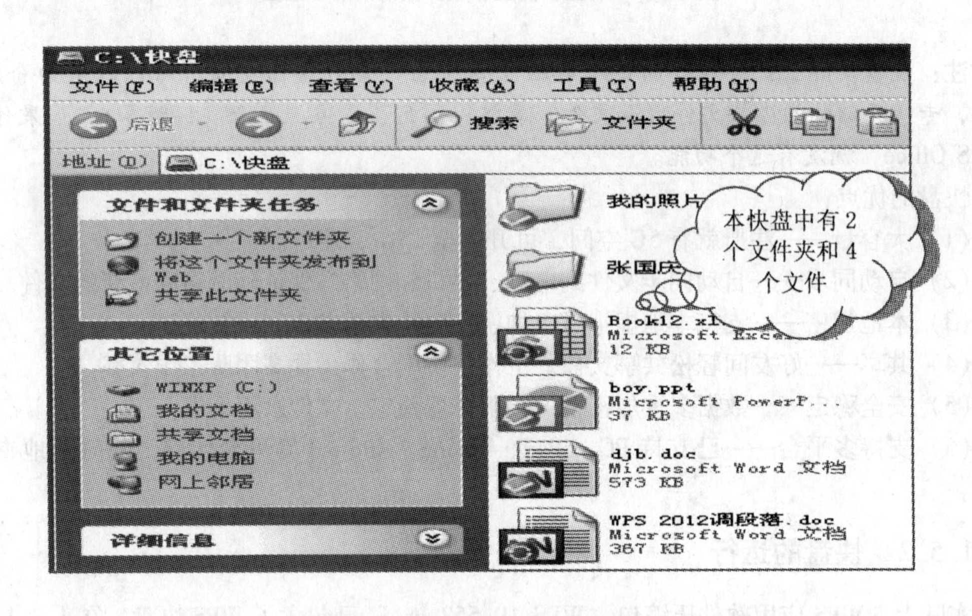

图1－26　打开快盘后的示例

说明：本快盘中有2个文件夹和4个文件，如要看动画“小男孩跳舞”，则用鼠标左键双击“boy.ppt”图标即可。

注：①如果你没有电子邮箱地址，请参阅第9章，自己动手在网上申请一个，那么你自然就有了“快盘账号”和相应的“密码”；②有关名词如文件、文件名、文件夹、盘

符、路径等内容将在下一章学习。

第 2 步：基于版本升级等多种原因，你做过了卸载与重装等工作，即你曾使用过你的快盘，聪明的电脑会向你报告 账号已经注册，立即登录，并显示“登录快盘”对话框，如图 1－27 所示。

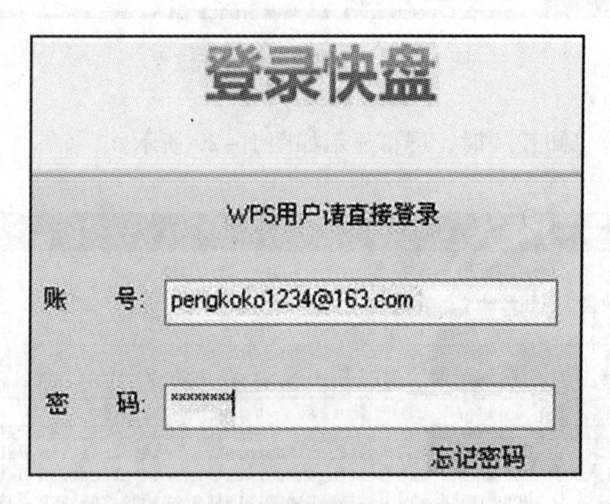

图 1－27　“登录快盘”对话框

注意：可以用原账号登录，亦可用新账号登录。不过用新账号登录的话，你原快盘在网上的内容就不能同步过来了。

1.5.3　快盘操作练习

目的要求：

（1）掌握快盘的下载与卸载操作。

（2）掌握快盘投入运行的操作。

（3）进入快盘并在其中查阅、编辑、修改文件。

实习操作参考：

在你的个人电脑与互联网连通的前提下。

第 1 步：双击 Windows 界面中的快盘图标，显示“登录快盘”对话框，如图 1－27 所示。输入你的 E-mail 和密码，根据中文提示，采用“一路回车法”。这样，你的快盘就与 WPS 官网服务器连上了。

第 2 步：卸载快盘的操作可参阅图 1－15，选择（单击）“开始｜所有程序｜金山快盘｜卸载”命令，如图 1－28 所示。

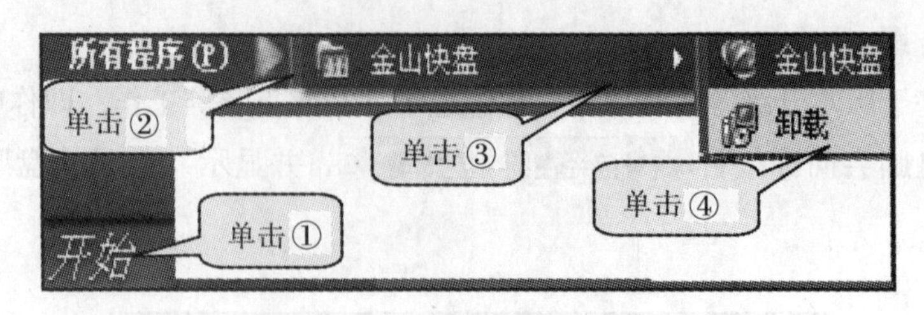

图 1－28　卸载快盘的操作过程

第 3 步：当单击“卸载”时，屏幕显示如图 1－29 所示。

金山快盘 卸载

正在卸载
“金山快盘”正在卸载，请等候...

输出目录：C:\Documents and Settings\Administrator\Application Data\Kingsoft

输出目录：C:\Documents and Settings\Administrator\Application Data\...
输出目录：C:\Documents and Settings\Administrator\Application Data\...
输出目录：C:\Documents and Settings\Administrator\Application Data\...
删除文件：C:\Documents and Settings\Administrator\桌面\WPS快盘.lnk
删除文件：C:\Documents and Settings\Administrator\「开始」菜单\程序...
移除目录：C:\Documents and Settings\Administrator\「开始」菜单\程序...
删除文件：C:\Documents and Settings\Administrator\「开始」菜单\程序...
移除目录：C:\Documents and Settings\Administrator\「开始」菜单\程序...
输出目录：C:\Documents and Settings\Administrator\Application Data\...

图 1－29　“正在卸载”进程示例

第 4 步：在快盘中查阅、编辑、修改文件。双击 Windows 界面中的快盘图标，显示“快盘”文件夹中的内容，如图 1－30 所示。

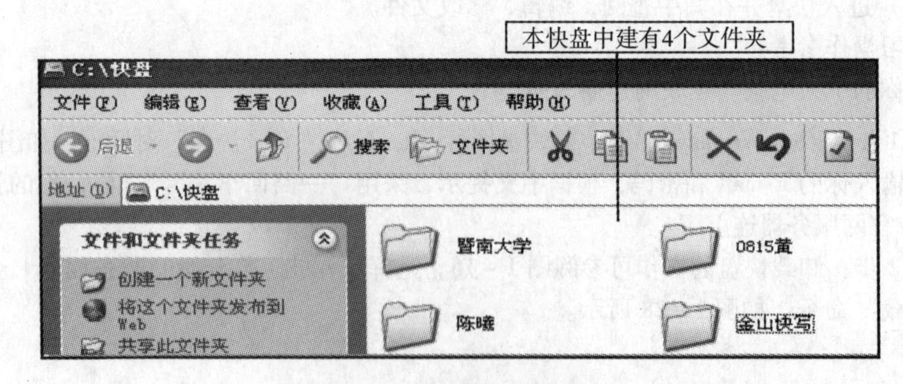

图 1－30　“快盘”对话框

本框说明：

①由此图标 C:\快盘 说明，在C盘的根目录下有一个快盘（即快盘文件夹），在此快盘中已建有4个文件夹，其文件夹名分别为“暨南大学”、“0815黄”、“陈曦”和“金山快写”，而每个文件夹中均存放了各自的文件。

②如果要进入（打开）某文件夹，比如要打开“暨南大学”文件夹，可双击该图标 暨南大学，进入该文件夹的界面，如图1－31所示。

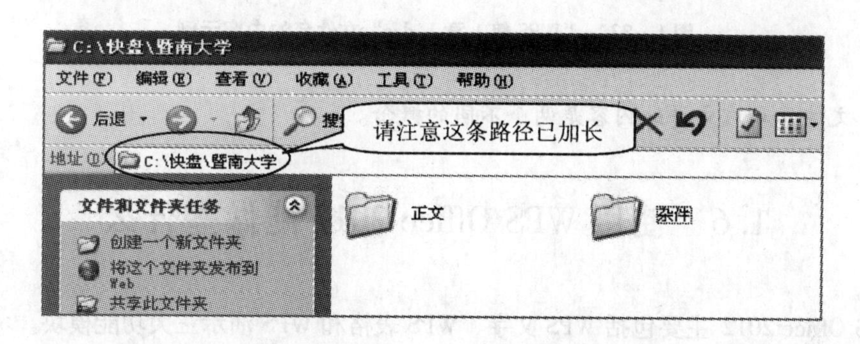

图1－31 “暨南大学”文件夹里面的内容示例

在“暨南大学”文件夹下面又发现了2个文件夹，它们分别是“正文”和“杂件”。

第5步：现在试着进入“正文”文件夹看看。双击该图标 正文（即打开该文件夹），电脑将该文件夹里面的内容显示在屏幕上，如图1－32所示。

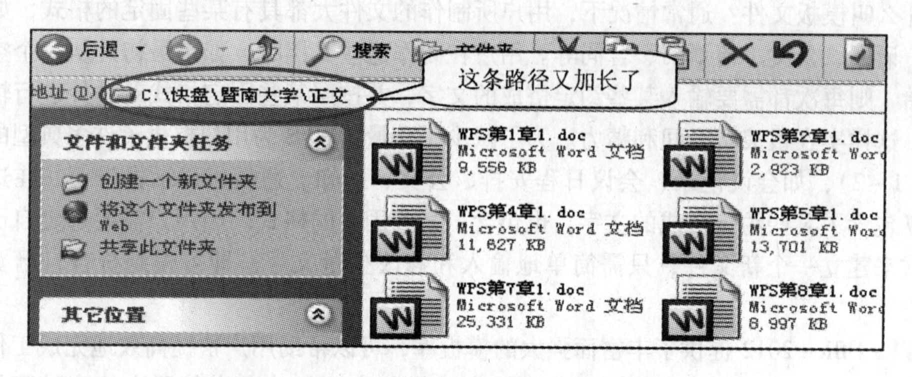

图1－32 “正文”文件夹里面的内容示例

该文件夹里面存储了编者的6个文件，它们是该书的各章内容。

第6步：现想看看第1章的内容，可双击文件名“WPS第1章1.doc”，电脑将该文件的内容显示在屏幕上，如图1－33所示。

第 1 章　初识 WPS Office 2012

历经19年锤炼，金山公司倾力锻造国之利器WPS Office 2012，屡获青睐。WPS Office 2012完全符合现有用户习惯和文档兼容要，以更加亲切的形象和旧越的性价比服务于中国政府。为了国家战略的需要，为了国家安全的需要，国人应使用国产正版办公软件。金山公司热切希望WPS运行在每一台电脑上，并由政府买单，对WPS个人版实行终身免费，且利用我国网络自身优势推出“快盘”、“云存储”……

图 1-33　“WPS 第 1 章 1. doc”文件名的内容示例

注：文件名和该文件的内容是两个不同的概念。

1.6　使用 WPS Office 2012 能做些什么

WPS Office 2012 主要包括 WPS 文字、WPS 表格和 WPS 演示三大功能模块。

1.6.1　WPS 文字

WPS 文字组件的主要功能包括：应用模板创建文件或根据自身的需要创建模板，支持多语种，编辑文档时可以进行文字编辑、修饰、段落、目录、书签等设置或插入文本框、图形、表格等对象，除此之外还包括图文混排、文件修订、样式应用和文件处理等功能。

1. 应用模板

什么叫模板文件？通常情况下，用户所制作的文件大都具有某些固定的格式，如请假报告、请柬、公文、申请书、合同等。用户在制作这些文档时，如果最初是从一个空白文件开始，则每次都需要输入某些约定俗成的文字，并按照某些固定格式对文件进行输入和编辑，这样实在很浪费时间和精力。为了减少工作量，WPS 为用户提供了许多典型的模板（见图 1-2），如会议记录、会议日程安排、公文、通知、通告、请示报告等。在这些模板中既包含了某些约定俗成的文字，也包含了某些固有的格式。当用户需要选定自己所要的模式来建立一个新文件，只需简单地输入和修改少量文字，即可得到符合自己要求的文件。

WPS Office 2012 提供了丰富而强大的模板库，可以帮助用户快捷高效地完成工作。专业模板包含精致的设计元素和配色方案，套装模板专业解决方案使用户的演讲稿与众不同，胜人一筹。可以为用户提供数千个精品模板的互联网模板，彻底解决了模板的丰富性和客户端的存储容量的矛盾。

WPS 文字组件中共包含有 5 大类模板，包括法律、日常生活、办公、科技、经济。每类模板下又都包含着不同的模板，例如经济类模板中的劳动合同、可行性研究报告、房屋租赁合同、订货合同等。利用这些模板可以让用户的工作变得更轻松，如图 1-34 所示的公文模板。

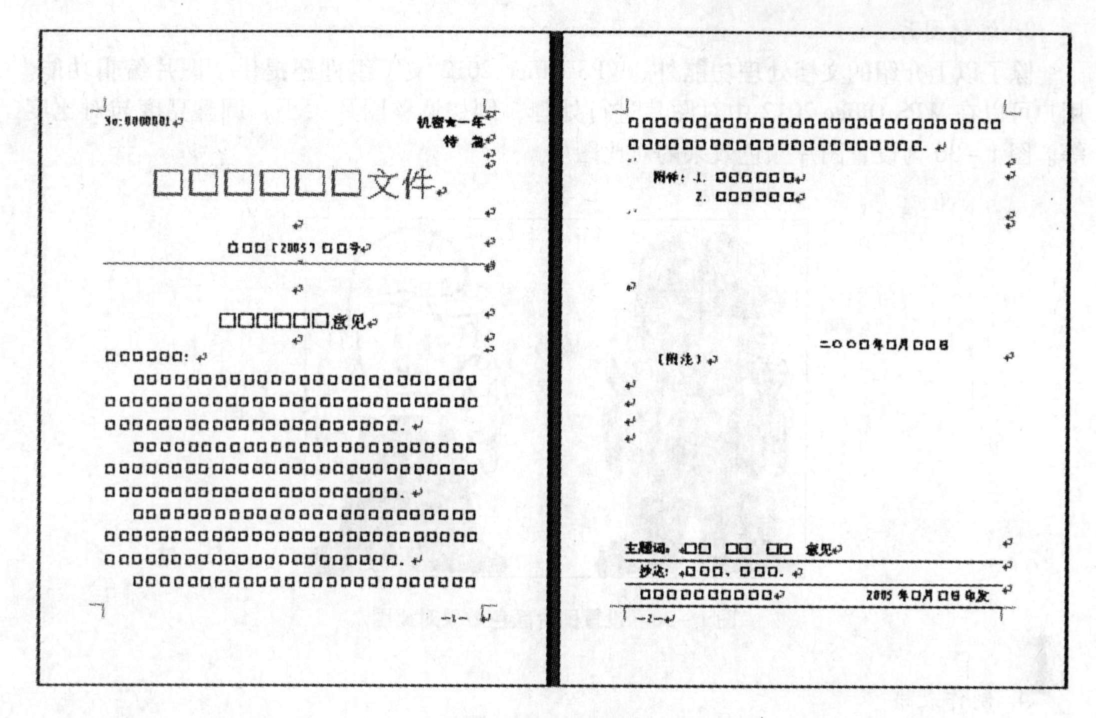

图 1－34　公文模板

2. 自定义文档内容

除了应用模板可以制作出所需的文档外，用户还可以自定义文档的内容，应用 WPS 文字组件制作出用户所需的各种文件，例如名片、贺卡、产品说明书等。图 1－35 为制作完成的贺卡。

图 1－35　制作完成的贺卡

3. 编辑图片

除了以上介绍的文档处理功能外，WPS Office 2012 文字组件还提供了图片编辑功能。用户可以在 WPS Office 2012 中对图片进行处理，例如调整图片大小、调整亮度与对比度等。图 1－36 为设置图片颜色效果的对比图。

图 1－36　设置图片颜色效果对比图

4. 制作表格

在 WPS Office 2012 中还提供了表格的制作功能，极大地方便了数据的统计，图 1－37 为设置的简易表格。

日期 \ 时间 \ 内容		会议课程内容
12月11日	上午 9：40—10：20	
	上午 10：30　11：30	
	上午 11：40—12：50	
	下午 3：30—5：50	

图 1－37　设置的简易表格

关于 WPS 文字的具体操作请参阅本书第 3 章。

1.6.2　WPS 表格

WPS 表格组件的主要功能包括：应用 WPS Office 2012 提供的 9 大类、百余种函数跨表计算，引用表达式、自定义函数生成各种直观的图表和数据透视表，对数据进行排序、自动求和、筛选等操作，还支持多种数据源导入，可以帮助企事业用户很好地进行数据处理，图 1－38 为制作的 ET 表格。关于 WPS 电子表格的具体操作请参阅本书第 7 章。

	A	B	C	D	E	F	G
1	员工工资表						
2	编号	姓名	出生日期	工资	税率	税金	
3	001	程小丽	1981年1月12日	¥1,234	13%	¥160.42	
4	002	张艳	1981年1月13日	¥8,754	13%	¥1,138.02	
5	003	卢红	1981年1月14日	¥3,455	13%	¥449.15	
6	004	李小蒙	1981年1月15日	¥7,554	13%	¥982.02	
7	005	杜月	1981年1月16日	¥1,234	13%	¥160.42	
8	006	张成	1981年1月17日	¥8,754	13%	¥1,138.02	
9	007	李云胜	1981年1月18日	¥3,455	13%	¥449.15	
10	008	赵小月	1981年1月19日	¥7,554	13%	¥982.02	
11	009	刘大为	1981年1月20日	¥1,234	13%	¥160.42	
12	010	唐艳霞	1981年1月21日	¥8,754	13%	¥1,138.02	
13	011	张恬	1981年1月22日	¥3,455	13%	¥449.15	
14	012	李丽丽	1981年1月23日	¥7,554	13%	¥982.02	
15	013	马小燕	1981年1月24日	¥1,234	13%	¥160.42	
16	014	李长青	1981年1月25日	¥8,754	13%	¥1,138.02	
17	015	张锦程	1981年1月26日	¥3,455	13%	¥449.15	
18	016	卢晓鹏	1981年1月27日	¥7,554	13%	¥982.02	
19	017	李芳	1981年1月28日	¥1,234	13%	¥160.42	
20	018	杜月	1981年1月29日	¥8,754	13%	¥1,138.02	
21	019	程小丽	1981年1月30日	¥3,455	13%	¥449.15	
22	020	张艳	1981年1月12日	¥7,554	13%	¥982.02	

图 1－38　制作的 ET 表格

1.6.3　WPS 演示

WPS 演示组件的主要功能包括：应用多种演示模板或通过自定义动画、配色方案、版式及插入多媒体对象等方式创作出精良专业的电子演示稿（幻灯片）。

WPS 演示除了可以插入表格、图形、图像等一般对象外，还可以直接从丰富的剪贴画库中选择自己喜欢的素材来增强演示文稿的表现效果。另外还支持多种多媒体对象，比如背景音乐、Flash 动画等；设置播放页的切换方式，如推出、抽出、展开、棋盘等；调用各种版式快速设置页面布局；根据个人喜好自定义配色方案；除此之外，还可以自己设置演示文稿中各个对象进入及退出的效果，并可选择多种路径动画及自定义路径，丰富演示文稿的动画效果，图 1－39 为制作的演示页。关于 WPS 演示的具体操作请参阅本书第 8 章。

图 1－39　制作的演示页

第2章 计算机中文件的组成和管理

为了更好地学习中文办公系统 WPS，本章先补充最基础的相关知识，如电脑对字符信息的处理、信息的保存、存储容量和存储器的概念、电脑中文件的组成和对文件的管理等。

2.1 计算机中的外文、汉字、图像和声音的处理

本节学习计算机中的字符信息和存储器中存储容量的概念。学习本节的目的是为后面写电子文稿作准备，因为文稿（文档、文件）有长有短，即所占的存储空间有大有小。

2.1.1 计算机中的字符信息

人们熟悉十进制计数，十进制有 0 ~9 共 10 个记数符号；运算规则为逢十进一，借一当十。而计算机中采用二进制，只有0、1 两个记数符号（可理解为高电位为1，低电位为0），运算规则为逢二进一，借一当二。

我们在向计算机中输入数据时，还是按照人们的习惯输入十进制数，当1 被输进去以后，计算机会自动转换为对应的二进制数据，图 2 -1 为“十进制数的连加法”和“二进制数的连加法”，即每次加 1 的过程。

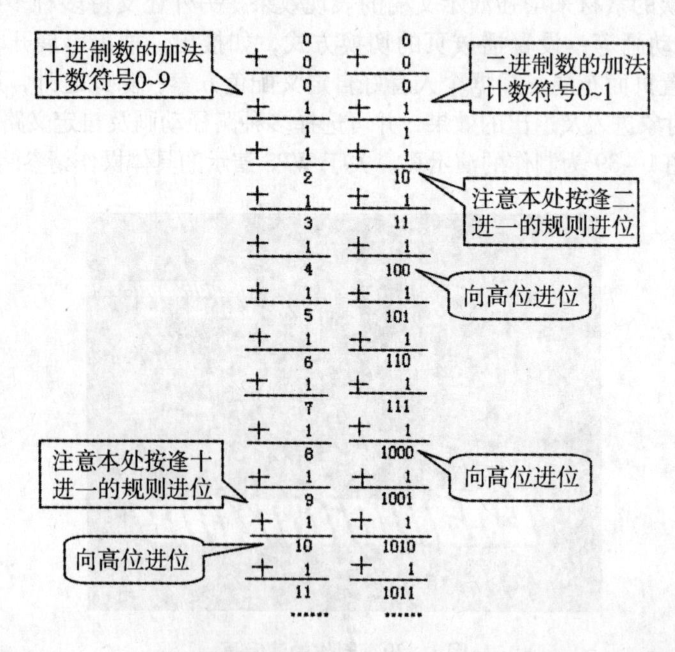

图 2 -1 “十进制数的连加法”和“二进制数的连加法”的过程

经过上面的演示过程，我们自然能理解十进制数与二进制数的等效关系，表2－1就反映了两种计数制的等效关系。

表2－1 十进制数与二进制数的等效关系

十进制数	0	1	2	3	4	5	6	7	8	9	10	11	12
二进制数	0	1	10	11	100	101	110	111	1000	1001	1010	1011	1100

表2－1说明：任何一个十进制数均能转换成等效的二进制数。因此我们用计算机高级语言编程时，程序里面总是用人们习惯的十进制数据。

可以这样理解：当你输入2时，计算机会自动转换成10（一个高电位一个低电位）；输入3，则自动转换为11（两个高电位）；输入4，则自动转换为100（一个高电位两个低电位）；当你输入13时，计算机的逻辑电路会自动转换成1101（它的读音应按二进制的原则读为“一一零一”，而不应该读成十进制的“一千一百零一”）。

汉字、英文、阿拉伯数字一经键盘输入以后，计算机将自动转换成相应的0、1代码，包括人们的图像、指纹、声音等；经过相应的输入设备（如扫描仪、数码相机、话筒等）后都以0、1代码进入计算机，再由计算机进行加工处理，并可以长期保存且不会丢失。

在计算机中二进制数据的处理、传输是以字节（Byte——发音为“拜特”）为单位的，一个字节由8个二进制位组成，如“01011011”就是一个字节，其中有8个二进制位（Bit——发音为“比特”）。

在二进制数据单位中人们习惯使用千字节（KB）、兆字节（MB）、吉字节（GB）。

千字节（KB）是这样规定的：1千字节 ＝ 1 024字节。如果要折合成二进制数位，则1千字节 ＝ 1 024字节 ＝ 1 024 × 8 ＝ 8 192位（Bit）0、1代码。

它们与人们习惯的科学记数法中使用的K（10^3）、M（10^6）、G（10^9）的意义是不同的。

二进制数的数据单位及各单位的意义如表2－2所示。

表2－2 二进制数的数据单位

英文名称	中文名称	意义
Bit	位	1位二进制数称为Bit（位），是数据的最小单位
Byte	字节	8位二进制数称为Byte（字节），是存储数据的最小单位
KB	千字节	1KB＝1 024Byte，即1千字节＝1 024字节
MB	兆字节	1MB＝1 024KB＝（1 024）^{2}Byte，即1兆字＝1 024千字节＝（1 024）^{2}字节
GB	吉字节	1GB＝1 024MB＝（1 024）^{3}Byte
Word	字长	是计算机的CPU一次能直接处理二进制数据的位数

表2－2的意思是：我们编写的文件包括了中文、西文、数据报表、图形、图像及声音等多媒体信息，这些0、1代码是需要房间（存储器）来保存的。这里因而引出了计算

机的“存储器”和“存储容量”的概念。

2.1.2　存储容量的概念

我们去商店买布，可以买一尺、两尺或一米、两米布，其中尺、米是我们量布的长度单位；到粮店买5斤、10斤米或一吨、两吨米，斤、吨是量米的重量单位。而计算机中保存数据量的多少用什么单位表示呢?

我们用“存储容量”来表示计算机保存数量的多少。通俗地说，就是能保存多少字符（汉字或西文）信息量，或者说计算机的数据（0、1代码）吞吐量。我们当然希望计算机的数据吞吐量越大越好，但也不能脱离实际、盲目追求，应根据用户的实际需要而定。一般IBM 586的内存容量在32MB以上就能用，建议配置512MB以上的内在容量。内存越大，计算机的运行速度会越快，当然，还要考虑CPU的档次。

注意：保存一个英文字母要一个字节，保存一个汉字要两个字节。像我们过去常用的3.5英寸软磁盘，它的存储容量为1.44兆字节（1.44MB），它能保存（1.44×1 024×1 024）÷2=75万多个汉字；一吉字节（1GB）的硬盘能装下5亿多个汉字；光盘一般在680MB以上，而硬盘规格不一。

硬盘是计算机中最重要的数据外存储设备之一。一般来说，它直接安装于机箱内部并紧固，它具有保存信息量大、速度快（相对于软盘）、寿命长等优点。目前，计算机中常配的硬盘有100GB、500GB、1TB以上的，大小不等，品牌多为Quantum、IBM、Maxton、Seagate、WD、富士通和三星等，价格也在300~800元不等（价格仅供参考）。

2.1.3　计算机存储器

在计算机中有两种存储器——内存储器和外存储器。内存储器是插在主机上的，一般称为内存条；外存储器一般指磁鼓、磁带、磁盘、光盘等，而磁盘又有软磁盘、硬磁盘（简称硬盘），另外还有U盘、快盘等，它们因放在机器外面而得名。应当说它们的共性是能保存数据信息。一般来讲，内存储器的造价高，但它比外存储器的运行效率要高，因为它在机器内部直接同CPU（指运算器和控制器）打交道。而外存储器不同，保存在磁鼓、磁带、磁盘、光盘上的信息，必须经过软盘驱动器（简称软驱）、硬盘驱动器或光盘驱动器（简称光驱）才能将信息调入内存储器，再与中央处理器（CPU）打交道并作有关操作处理，因此其运行效率相对内存储器要低，但它的价格低。基于这些原因，内存储器和外存储器的分工是不同的。我们一般将暂时不用的程序和数据都存放在外存储器中，像单位的工资管理系统、人事档案管理系统、各种应用程序等，这些程序和数据在必要时从硬盘调入内存储器，用完以后立即退出内存储器，保留在硬盘中。

2.2　计算机中的文件和文件管理

什么叫文件?一听名称，大家很自然地会想到平时所见到的红头文件、职工分房文件、上级的通知、领导机关的函件等。而我们在计算机领域里讲的文件、概念更为广泛，除了上面列举的文件之外，还包括一组程序、一幅图像、一段视频、一段音乐……既然是文件，自然是看得见，或者是听得见，更能打印和保存，随时可从电脑中把文件调出来。

2.2.1 计算机中的文件和文件的命名

存放在磁盘中的文件，叫做磁盘文件，我们这里讲的文件就是磁盘文件。磁盘文件按其内容，可分为程序文件和数据文件两大类。

如同每个人要取一个名字一样，每一个文件也要有一个名字，以便计算机区分不同的信息。一般来说，文件的名字由两部分拼接而成：文件名称（filename）和扩展名（extension），即文件名称．扩展名。其中，文件名称可用中文或西文字符的字符串表示，而扩展名是一个长度不超过3的字符串，文件名称和扩展名之间用点（.）隔开。一个文件的名称最好能描述该文件的内容，方便记忆、使用。扩展名也称后缀，在文件名字中也可以没有扩展名。扩展名一般用来区分文件的类型，例如：暨南社文件．wps、暨南社文件．bak、暨南社文件．doc、Peng. wps、wang. doc、wang. wps、wang. bak、wang1. doc、wang12. doc等，这些都是一些合法的、不同文件的文件名。

“暨南社文件．wps”、“暨南社文件．bak”和“暨南社文件．doc”是不同文件的文件名，尽管文件主名均为“暨南社文件”，但是“暨南社文件．wps”文件是一个由WPS系统编辑生成的文件，“暨南社文件．bak”文件是“暨南社文件．wps”原文件第一次存盘（保存文件）时自动生成的备份文件（.bak），“暨南社文件．doc”则是由Word系统生成的文件。由此可见，不同的扩展名（后缀）反映了不同类型的文件。图2－2是文件名的说明和示例。

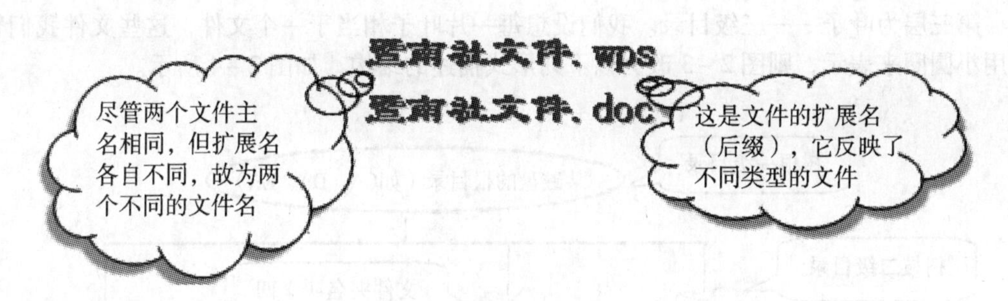

图2－2 文件名的示例和说明

需特别指出的是：用WPS软件所生成的文件的默认扩展名为．wps，比如peng. wps，亦可令其生成为peng. doc。它与MS Office是高度兼容的，即在WPS系统中可以打开Word（.doc）文件，同理，在Word系统中可以打开WPS（.wps）文件。

2.2.2 文件目录和倒树型目录结构

随着计算机存储技术的迅速发展，存储介质如光盘、硬盘等的容量越来越大，存储能力越来越强，可存放大量的文件。面对众多的文件，如何进行有效的组织、管理？因此，迅速存取这些文件就显得十分重要了。

计算机中成千上万的文件到底是如何存放的呢？是模拟一种“倒树”的方式，如图2－3所示。

图2－3的左半部分是一棵正常的树，有树根一级、树枝一级和叶子一级（图中为典型的三级结构），现将该树倒置（倒树），如图2－3的右半部分所示。

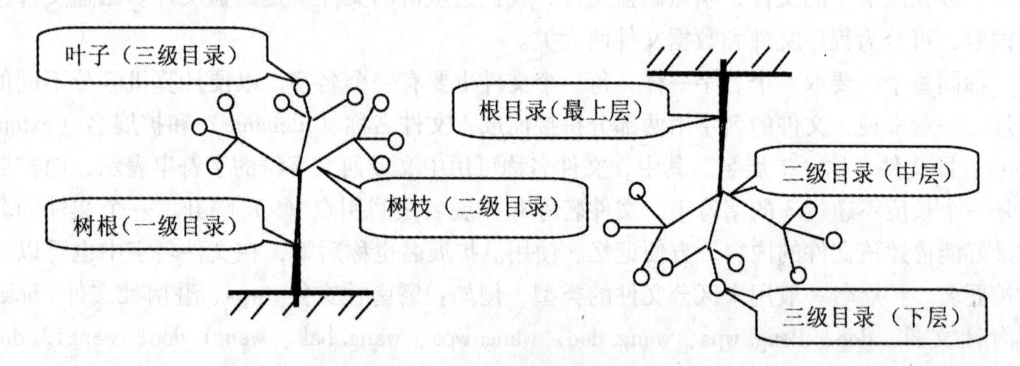

图2－3　倒树型目录结构

还是由上往下看，我们把最上面（最高）的这一层叫“根目录”。每一个磁盘只有一个最高根目录，比如C盘的根目录，计算机里用C:\ 来表示；D盘的根目录用D:\ 表示；软盘A的根目录用A:\ 表示，其中反斜杠“\”表示根目录。

树根下面是树枝——二级目录，计算机里面叫文件夹，其符号为▢（黄颜色的）。每一个文件夹均有一个名字，即文件夹名，由用户给它取名字，可以起中文名（如张三、李四、康康……），但一般用英文名（如Zhang、Liso、koko……）。

第三层为叶子——三级目录。我们设想每一片叶子相当于一个文件，这些文件我们暂且用小圆圈来表示，则图2－3改为以下列形式描述的结构，如图2－4所示。

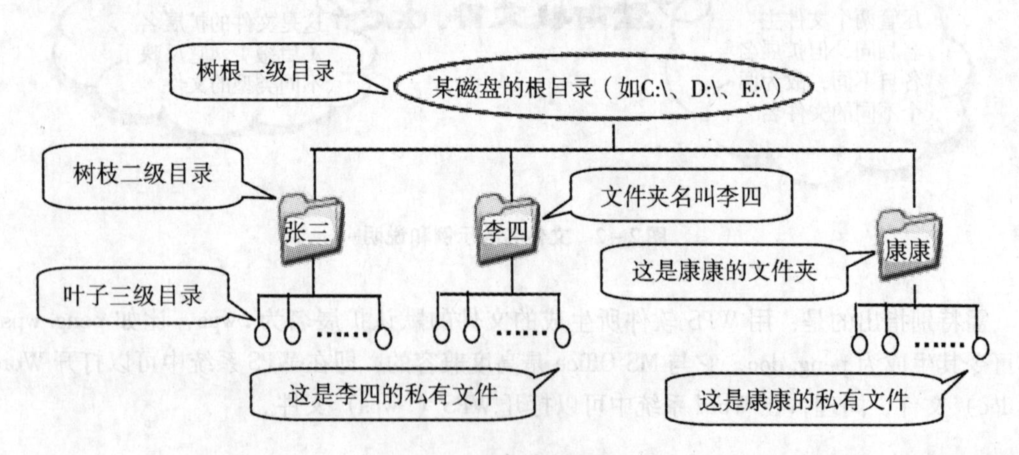

图2－4　磁盘文件目录结构

图2－4是描述某磁盘文件的目录结构，即在根目录下有3个文件夹（相当于树枝一级，即为二级目录结构），其文件夹名分别为“张三”、“李四”和“康康”，文件夹名是

由用户起的。文件夹是用来存放文件的，所以第三层（叶子）是各个文件夹里面的文件。

上述目录结构反映在计算机中的具体界面，我们一定要熟悉，因为这涉及以后我们对文件的查找和文件的存取问题。图2－5为磁盘中的文件目录层次示意图。

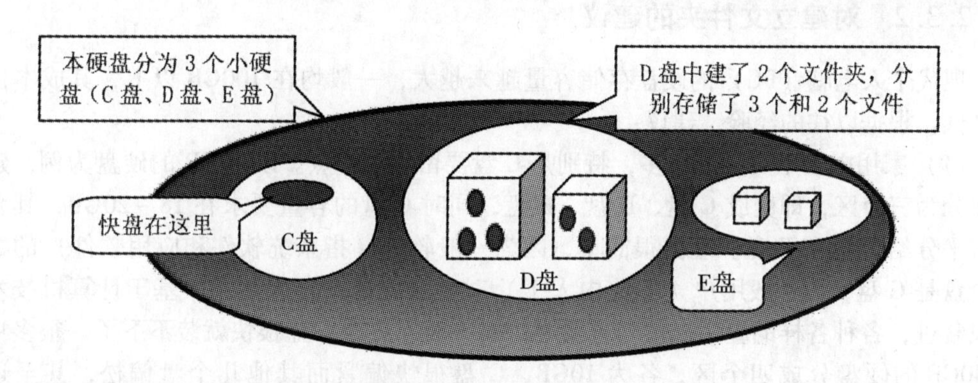

图2－5　描述磁盘中的文件目录层次示意图

本示意图说明：

（1）一般个人电脑中只配置一个较大容量的硬盘（如100 GB），是业内人士在装机（软件）时将其“分区”（图中分为C盘、D盘和E盘），以便用户对文件进行有效的管理，比如将不同类别的文件夹存放在不同的硬盘中，以便查找各自的文件。

（2）一般C盘用来放置系统文件，用户编制的文件应放置在D盘、E盘或快盘中。

注： 快盘不是装机时“分区”生成的，而是使用国产办公软件WPS时用户自己安装的，本书1.5节已讲解过快盘的生成。

（3）每个盘中可建立多个文件夹，图2－5所示的D盘中有2个文件夹，其中分别存有3个文件和2个文件（灰点表示文件）；E盘中还有2个空文件夹。

（4）每个文件夹中还可以建立多层、多个文件夹（按照树枝分叉的原则）。

（5）没有规定每个文件夹中到底可以存放多少个文件，用户可以放到该盘容量已满为止。

2.3　如何建立自己的文件夹

设置自己的文件夹，其目的是存放自己的文件。大家可能会问文件到底在哪里？编辑电子文稿后，文稿肯定要存盘，那只能存放到自己的文件夹里面。每个人都有自己的文件夹，因此，用户对电脑中的文件管理水平要提高一个档次。

2.3.1　建立文件夹的准备工作

在建立新文件夹以前，我们要很好地掌握几个要点：

（1）文件夹叫什么名字，由我们自定，可用中文名（如前面的张三、李四），也可用英文名（一般多用英文名）。

（2）这个文件夹要设置在哪一个磁盘中，是放在 C 盘还是 D 盘或快盘中呢？是放在该盘的根目录下还是放在某一指定文件夹里面呢？

2.3.2　对建立文件夹的建议

现代个人电脑（PC）的硬盘存储容量越来越大，一般均在 100GB 以上，其成本也逐步降低。根据以往的经验，建议：

（1）家用电脑不要分区太多，特别是 C 盘要留得大一点。以 40GB 的硬盘为例，建议最多分为三个区，即变成 C 盘、D 盘、E 盘，同时 C 盘的容量要求在 18 ~ 20GB，其余空间可平分给 D 盘和 E 盘。理由很简单，因为一般软件（指系统软件和应用软件）的默认系统盘是 C 盘，而一般用户（非业内人士）对系统配置并不太熟悉，基于计算机技术的突飞猛进，各种各样的应用软件与日俱增，故一般用户的 C 盘很快就装不下了。很多用户将 40GB 的硬盘分成四个区，各为 10GB，C 盘很快偏紧而其他几个盘偏松，甚至还有空盘。

（2）在 WPS 中有一个“金山快盘”，它的实质就是在 C 盘中留一块出来用以存储用户的办公文件等资料（关于“金山快盘”的优势、如何安装使用在本书中第 1 章已交代）。

（3）一般来说，用户文件夹不应该设置在 C 盘上，既然 C 盘一般作为系统盘，而用户文件的体积是有限的，D 盘、E 盘就够用了，故建议用户的文件夹放在数据盘 D 盘或 E 盘，千万不要放到 C 盘去凑热闹，占据有限空间。

2.3.3　建立文件夹的具体操作

建立文件夹有多种途径，考虑到读者是初学者，我们先讲要求，再讲具体操作。

首先要求每个人均在 D 盘的根目录下设置一个属于自己的文件夹，文件夹的名字可以自定，可用中文名，也可用英文名，本例定名为“康康”或英文名 koko。

第 1 步：双击“我的电脑”图标，系统弹出“我的电脑”对话框，如图 2－6 所示。窗口中有两个硬盘 C 盘、D 盘和 CD 驱动器——F 盘，还有一个“金山快盘”（注意：个人电脑的硬、软件配置是不同的，故显示出来的硬盘数目不尽相同）。

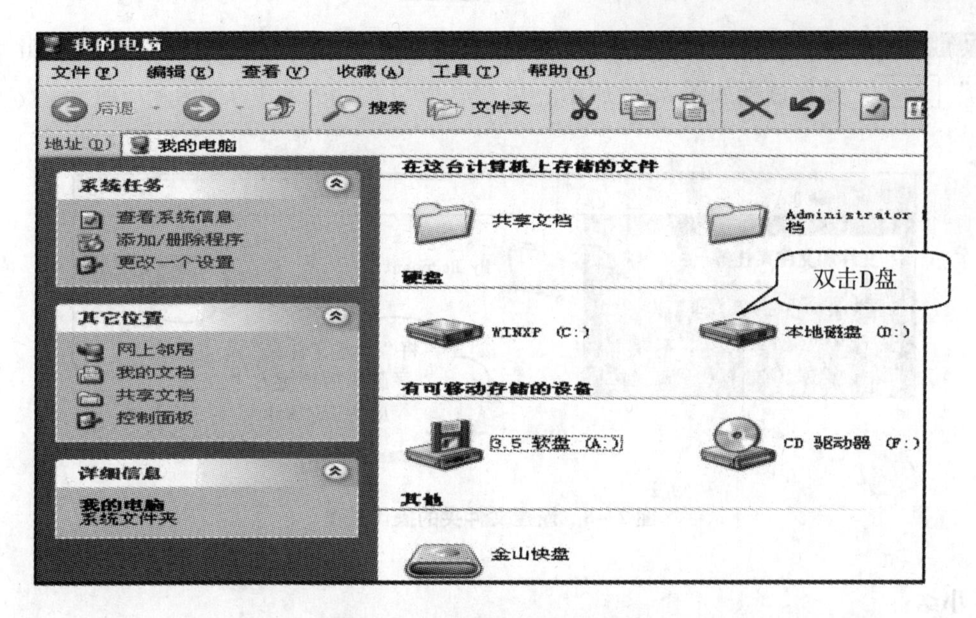

图2-6 “我的电脑”对话框

由于命题要求是在D盘的根目录下建立自己的文件夹，因此，确定进入D盘。

第2步：双击D盘（打开D盘），系统弹出D盘对话框，如图2-7所示。

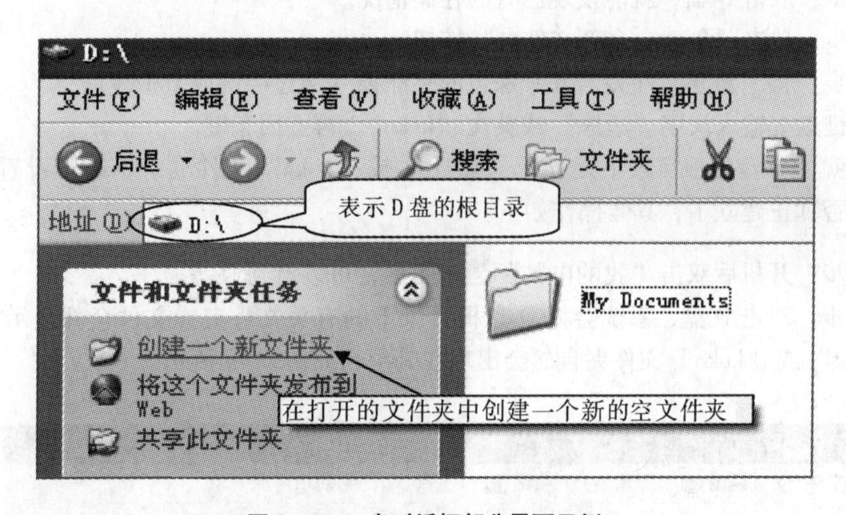

图2-7 D盘对话框部分界面示例

在对话框中发现已有1个文件夹（该文件夹名为My Documents），绝不能删除，因为它里面保存有大量文件。注意这个文件夹是在D盘的根目录下，特别要注意观察第一行总标题上面注明的是 D:\ （即D盘的根目录下）。

第3步：单击“创建一个新文件夹”按钮 创建一个新文件夹，系统弹出“新建文件夹”图标 新建文件夹，随即单击键盘上的“删除键” Delete ，以删除深色字符新建文件夹，再输入你喜欢的文件夹名，本处应输入“康康”或“koko”，最后单击“回车键” Enter 。操作过程如图 2－8 所示。

图 2－8　新建文件夹的操作过程

小结：

现将建立自己的文件夹的思路整理一下。要求新建一个在 D 盘根目录下的文件夹，文件夹名暂定为 koko（康康）。

第 1 步：双击“我的电脑”图标，看到了 D 盘。

第 2 步：双击 D 盘，就能发现已有的存储情况。

第 3 步：单击“创建一个新文件夹”按钮。

第 4 步：将“新建文件夹”几个深色的字删掉（通过←键或 Del 键）。

再从键盘上输入汉字“康康”或英文“koko”，再按回车键。

这样就在 D 盘的根目录下建立了“康康”或“koko”文件夹。不妨再看看“康康”文件夹是否真正建立了，具体操作如下。

第 1 步：开机后双击“我的电脑”图标，可以看到 D 盘。

第 2 步：双击 D 盘，系统会将 D 盘根目录下的有关文件夹或文件全部显示在对话框中，“康康”或“koko”文件夹自然会出现在其中，如图 2－9 所示。

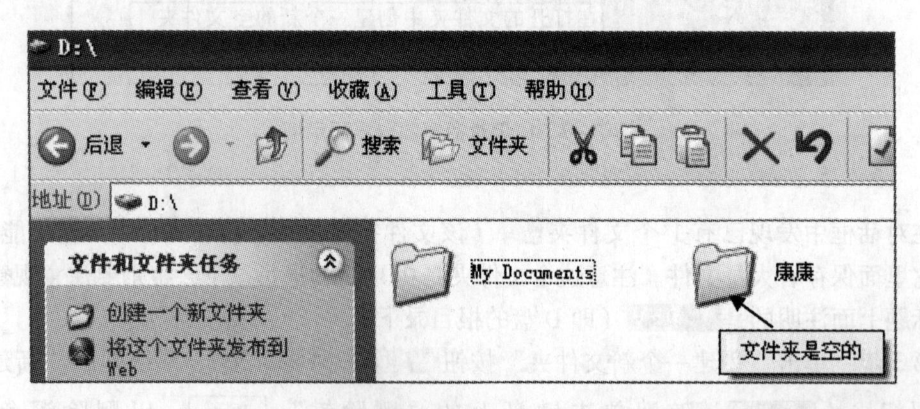

图 2－9　D 盘根目录下存放 2 个文件夹示例

请注意这是一个空的文件夹，你的电子文稿都将存放在里面。不过，要注意使用窗口的横、竖滚动条，才能看到D盘根目录下的全部内容。

作业与上机实习指导

（1）执行下列二进制算术加法运算：01010100＋10010011　其运算结果是：______。

A. 11100111　B. 11000111　C. 00010000　D. 11101011

（2）4个字节（Byte）是______个二进制位。

A. 16　B. 32　C. 48　D. 64

（3）1KB＝（　）Byte，1MB＝（　）KB＝（　）Byte

1GB＝（　）MB＝（　）KB＝（　）Byte

（4）一个爱国者U盘，其存储容量为4GB，请你估算一下它能装多少个汉字？能装多少个西文符号？

提示：实际上你还可将汉字文件进行压缩处理，这样还能多装30%～40%的汉字。同理西文字符、程序文件等更能进行压缩处理，当文件体积变小，其在网络中传输效率（速度）就会提高，故此类文件就是人们常说的“压缩文件”。

（5）名词解释：盘符、路径、文件夹和文件名。

（6）C：\ Program Files \ Kingsoft \ WPS Office 2012 这一段英文符号是什么意思？

（7）两个同名文件的内容一定相同吗？能否将它们放在同一个文件夹中？如何解决保存问题？

（8）上机实习——要求在电脑的D盘中建立一个属于你自己的文件夹，文件夹名用你的姓的拼音。

提示：双击Windows桌面上“我的电脑”图标；双击D盘；单击主菜栏中的“文件｜新建｜文件夹”命令；将“新建文件夹”5个汉字删除后，再从键盘上输入你的姓的拼音（英文）后按回车键。文件夹就在D盘上建好了。关机，再次开机查看你的文件夹有没有建立成功。

第 3 章　WPS Office 2012 的基础操作

如果要熟练应用 WPS Office 2012，就一定要先了解其中涉及的基础操作。WPS Office 2012 中涉及的基本操作包括：文档的基本操作、选择文本和对象、移动和复制、撤销与重复、窗口操作等。

一直讲求差异发展的 WPS，在 2012 版本上彻底调整了技术路线，把兼容作为最大的突破重点。在 WPS 文字这个模块中，特别保留宏代码，可以做到与微软相互读写，应用领先技术，将宏病毒拒之门外，并且兼容微软的所有图形及其操作。同时 WPS 文字自身的特色功能也是此款软件的亮点，包括蒙文竖排方式、文本框间文字绕排、稿纸格式、斜线表头、中文项目符号等，一一体现中文特色，尽量尊重中文使用者习惯；还有多种新添功能，例如 PDF 输出功能、带圈字符、邮件合并、艺术字、立体效果等，用户可以在娱乐中处理文字，轻松舒适地享受 WPS 带来的现代办公乐趣。

3.1　WPS Office 的最基础操作

在学习本章之前，先要熟悉字体、字号和字形等几个常用名词。

所谓“字体”，指的是字的形体，一般有楷体、宋体、黑体、方正字体、隶书等字体。有简体汉字，还有相应的繁体，共上百种。

所谓“字号”，指的是字的大小，用一个字的长度和宽度来描述。比如一本书的章标题，要求字要大一点，可用“三号字”；节标题相对要小一点，可用“四号字”；而正文一般则用“五号字”。

所谓“字形”，是指字的形状。WPS Office 提供了常规形、倾斜形、加粗形和加粗倾斜形。图 3－1 各种字体、字号、字形的实际效果。

这是常规形　三号字　宋体

这是倾斜形　三号字　宋体

这是加粗形　三号字　宋体

这是加粗倾斜形　三号字　宋体

这是三号 楷体_GB2312

这是三号 方正彩云_GBK

这是四号 方正铁筋隶书_GBK

这是四号 方正琥珀_GBK

图 3－1　字体、字号、字形的示例

所谓“字间距”，是指相邻两个字符间的距离。在 WPS Office 中，字间距的单位有 5 种——字宽的百分比、英寸、磅（1 磅 = 1/72 英寸）、毫米和厘米。

所谓“行间距”，是指行与行之间的距离。

因此，对于文字录入处理员而言，就有一些行话，如一本书的章标题就采用“三宋居中占五行”，即这本书的所有章标题（一级目录）一律定为三号字、宋体，排在一行的中间，并占用五行的高度；节标题（二级目录）规定用“四楷居中占三行”，即用四号字、楷体居中排版，占三行的位置等。

以上这些规定一般是由出版部门或人们沿用习惯而提出的。当然用户也可根据文件的要求自行定义，使电子文稿更具个性化。

3.1.1 输入汉字、字母及标点符号

在空的文档窗口中输入文字，就好像在一张空白纸上写字一样。在窗口顶部闪烁着的插入光标指示输入的文本将出现的位置。输入时，插入光标从左向右移动。

由于计算机技术和信息技术的突飞猛进，关于汉字输入的问题早已解决且输入方法越来越人性化，可根据用户的实际需要选择。可以这么说，只要会写汉字，就能用电脑写文章、编辑、排版。后面还将专节介绍手写输入法，使人人都能用电脑观看大千世界。

图 3－2 是多种输入法的示例，各种输入汉字的方法任你选择。

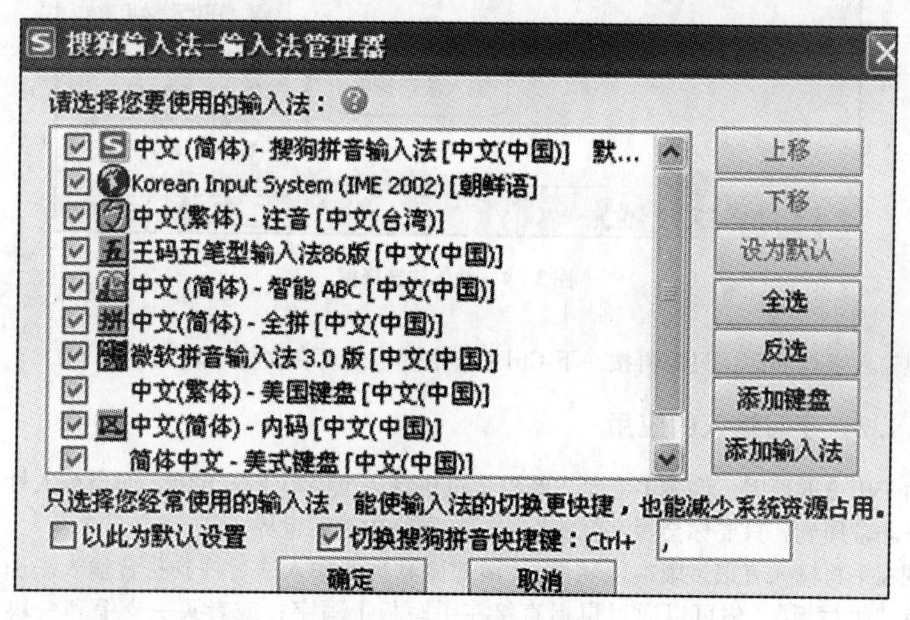

图 3－2　多种输入法的示例

电脑能输入中文，也能输入西文。当我们准备输入汉字时，必须先切换到中文输入法状态下。按 Ctrl + 空格键可在中、英文输入法之间切换。如图 3－3 所示进行操作，即可输入中文。

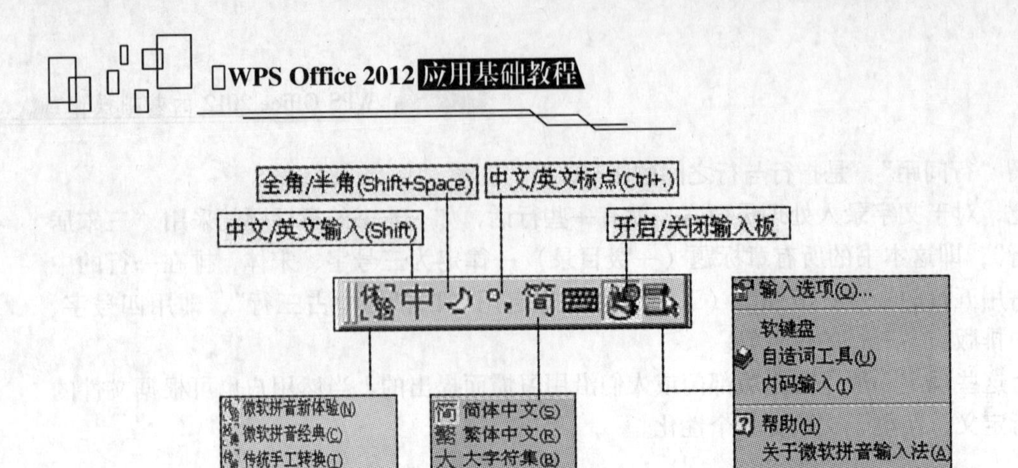

图 3－3　切换中、英文输入法

中文的输入法可根据自己的喜好进行选择，例如你可以选择全拼输入法。如果你不习惯全拼输入法，可以将鼠标指针移至窗口左（右）下方的输入法图标上单击，将弹出一个输入法选择框，如图 3－4 所示，从中选择合适的输入法。

图 3－4　输入法选择框

想输入字母的话，只需再按一下 Ctrl + 空格键，便可在文档中输入字母了。

3.1.2　手写输入的应用

由于历史的原因，许多中老年人既没学过拼音，也谈不上学五笔，而当今人性化的电脑服务非常周到，只要你会写字就能上网，在网络中遨游世界。

现在手写输入有很多版本（软件），诸如微软拼音输入法、搜狗拼音输入法……它们都附有“手写板”，你可以通过鼠标直接在手写板上写字；或者买一支笔和一块写字板（硬件），插到电脑上，然后在写字板（硬件）上写字即可。你写得多快，编辑界面中就显示得多快，当然后者的输入速度高于前者。

请参阅第 9 章中的“信息查找”部分，自行安装一个“手写板”，如图 3－5 所示。

图 3－5 “手写输入”板

在图 3－5 中用鼠标指针（鼠标指针已变成了一支笔）写了一个“日不像日，月不像月”的字。聪明的电脑会根据你的笔画先后，将所有可能出现的字显示在右边供你挑选，其中还包括常用的标点符号。

3.1.3 输入特殊符号

“插入”菜单内有一个“符号”命令，此命令可用于输入特殊符号。当执行命令后，可以看到如图 3－6 所示的“符号”对话框。

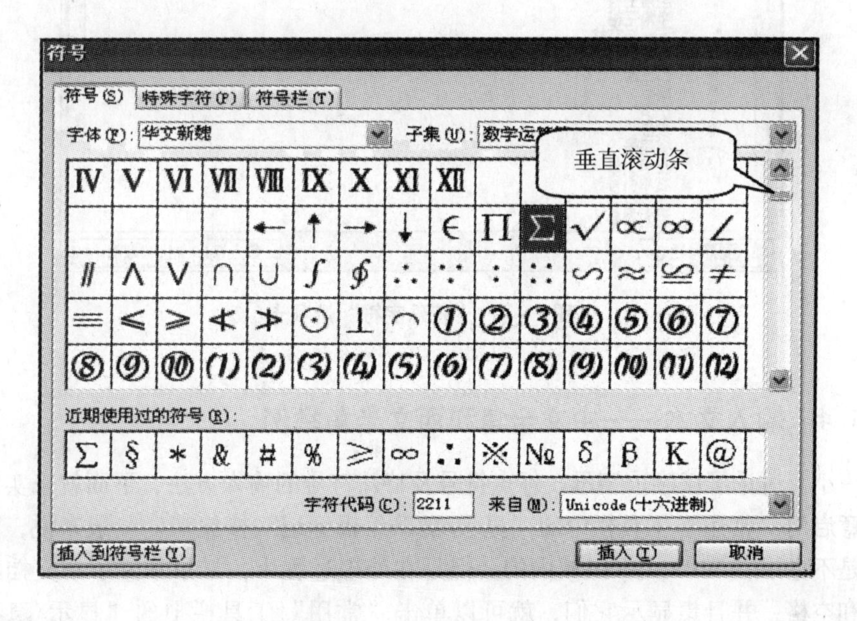

图 3－6 “符号”对话框

在“符号”对话框内有一系列的符号可供选择。此外，“字体”选项框内也有一系列的选项（每一选项都提供各种不同的符号）。如果在字体域内选择了“宋体”项，则在对话框中会出现一个“子集”选项框，每一个“子集”选项都对应着一系列不同的符号。

例如，如果想插入“Σ”符号，可用下面的方法来完成。

（1）单击“插入”菜单中的“符号”命令。

（2）单击“符号”对话框中的“字体”标签，同时注意使用“垂直滚动条”，设法找到所需符号。

（3）双击该符号，或者单击该符号后再单击 插入(I) 按钮，最后单击 取消 按钮。这样，符号Σ就跳到光标的插入点。

另外，WPS Office 还提供了插入特殊字符的方法，如长划线、版权符号和注册商标符号等，方法如下：

（1）单击“插入”菜单中的“符号”命令。

（2）单击“符号”对话框中的“特殊字符”标签，将弹出如图 3－7 所示的选项卡。

（3）在“特殊字符”选项卡中单击所要插入的符号。

（4）单击“插入”按钮。

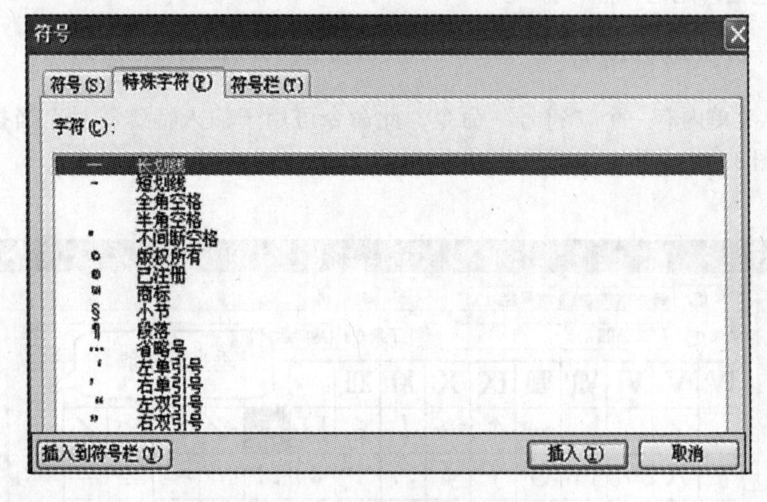

图 3－7 “特殊字符”选项卡

3.1.4 输入文本——中文全角和西文半角举例

上一小节讨论了汉字、字母、标点符号及特殊符号的输入方法，下面就来实际操作一下。注意启用“常用”工具栏中的“显示/隐藏编辑标记”按钮。一般来说，段落符号和空格是不显示在 WPS 文本区域内的。但是在处理过程中，如果你想了解文档哪些地方有段落和空格，并且想显示它们，就可以单击“常用”工具栏上的“显示/隐藏编辑标记”按钮，WPS 会把段落和空格显示出来，如图 3－8 所示。

请按照以下的步骤来输入文本。

（1）输入“爱莲说”、“（宋）周敦颐（1017～1073）”，然后按回车键，再按两次回车键（直接按回车键，相当于输入一个空行）。

（2）按两次空格键，然后输入“水陆草木之花……宜乎众矣。”，再按回车键。

输入完后，WPS 编辑界面如图 3－8 所示。

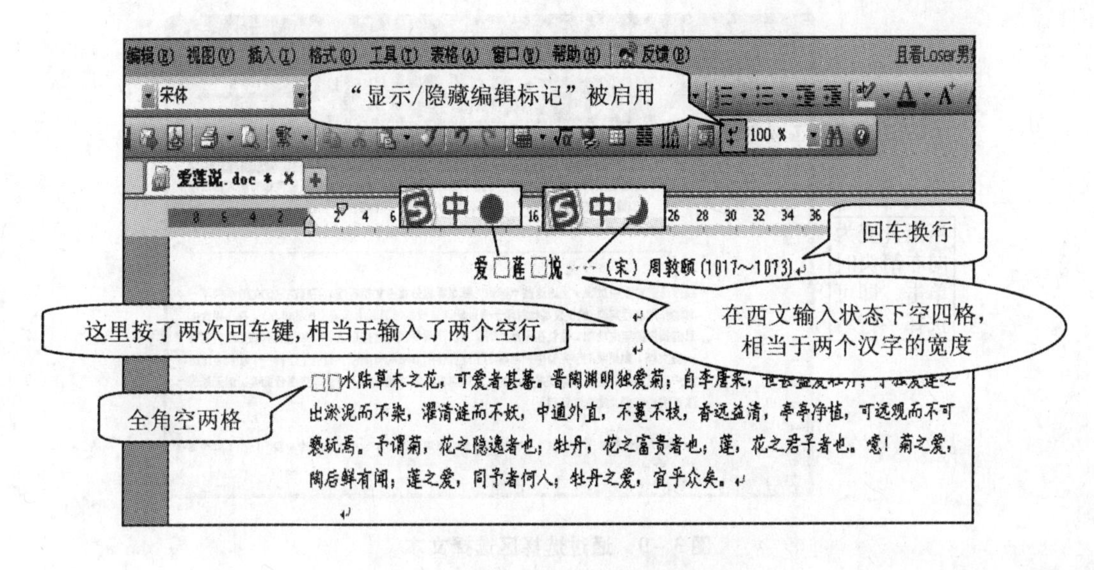

图 3－8　《爱莲说》录入编辑界面示例

对于一个很短的句子来说，在输入完一行之后，必须按一下回车键，但是对于一整段文字，则不需要在每输入完一行之后都按一次回车键。因为在某行数据输入太长时，WPS 会自动将它移到下一行，这个功能称为“自动换行”。因此，我们可以知道回车键只适用于换段落或创建空行。

“显示/隐藏编辑标记”按钮是一个开关按钮。如果想隐藏段落符号和空格，只要再单击“显示/隐藏编辑标记”按钮，就可把段落符号和空格隐藏起来。

3.2　选择文本和对象

文本也叫文件，就是你录入、编辑的一篇文章，文中可能插入了图片、表格等内容，在 WPS 术语中通常把纯文字（包括中、西文字符）文件称为文本文件，而其中插入的图片、表格等一般称为对象。

当要对文本或对象进行编辑时，需要先选定要操作的文本块（文字块）或对象。在 WPS 文字中，用户可以使用鼠标、键盘或键盘配合鼠标来选定文本，而对象只能通过鼠标或键盘配合鼠标来选定。

3.2.1　选定文本

根据要选择的范围的不同，执行的鼠标操作也不相同，具体如下：

●选择一句或一个单词：用鼠标在要选定的句子或单词上双击。

●选择一行：将鼠标指针放在正文左侧的选择区中，当指针变为右指箭头 时单击即可，如图3－9所示。

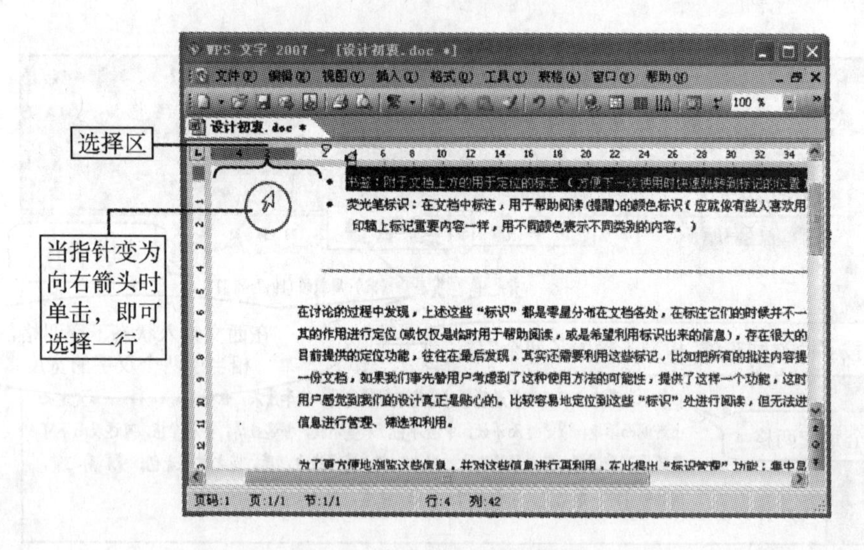

图3－9　通过选择区选择文本

●选择多行：将鼠标移动到要选中的文本的左侧时，按下鼠标左键并拖动鼠标，直到要选定内容的最后一行的左侧再释放鼠标，即可完成对多行的选择。

●选择一段：将鼠标指针放在正文左侧的选择区中双击。

●选择任意大小的文本块：将鼠标指针放在正文左侧的选择区中上下拖动，或者在要选定的文本起始处单击并拖动，选择所需的文本块后释放鼠标按键，如图3－10所示。

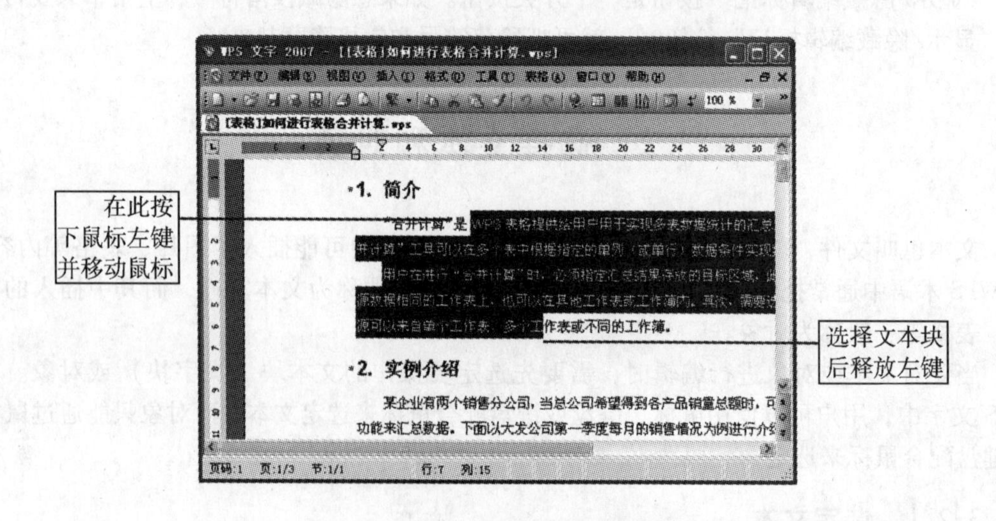

图3－10　使用鼠标选择文本块

如果要选定文档的全部内容，可以按 Ctrl + A 快捷键或者选择“编辑 | 全选”命令。另外，当插入点在文件开头或末尾时，按 Shift + Ctrl + End 或 Shift + Ctrl + Home 快捷键也可以选定所有文本。

如果要取消选定文本，可以执行以下任一操作。

●按 Esc 键。

●用鼠标单击文档中的任意位置。

●通过键盘执行移动光标的操作。

WPS 文字还提供了一套利用键盘选择文本的方法，主要是通过 Ctrl、Shift 和方向键来实现的。其方法如表 3 - 1 所示。

表 3 - 1 选择文本的快捷键

按键	作用
Shift + ↑	向上选定一行
Shift + ↓	向下选定一行
Shift + ←	向左选定一个字符
Shift + →	向右选定一个字符
Ctrl + Shift + ←	选定内容扩展至上一单词结尾或上一个分句结尾
Ctrl + Shift + →	选定内容扩展至下一单词结尾或下一个分句结尾
Ctrl + Shift + ↑	选定内容扩展至段首
Ctrl + Shift + ↓	选定内容扩展至段末
Shift + Home	选定内容扩展至行首
Shift + End	选定内容扩展至行尾
Shift + PageUp	选定内容向上扩展一屏
Shift + PageDn	选定内容向下扩展一屏
Ctrl + Shift + Home	选定内容扩展至文档开始处
Ctrl + Shift + End	选定内容至文档结尾处
Ctrl + A	选定整个文档

3.2.2 选定对象

如果要编辑或修改对象，首先要选定相应对象。选择对象的方法与选择文本有所不同，选择对象主要是通过鼠标进行。对象的编辑状态和选定状态的区别在于：前者有光标在屏幕上闪烁，提示在光标处可以输入字符；而后者没有光标，但在被选中的对象上会出现缩放点（控点）。对象的选定状态和编辑状态如图 3 - 11 所示。

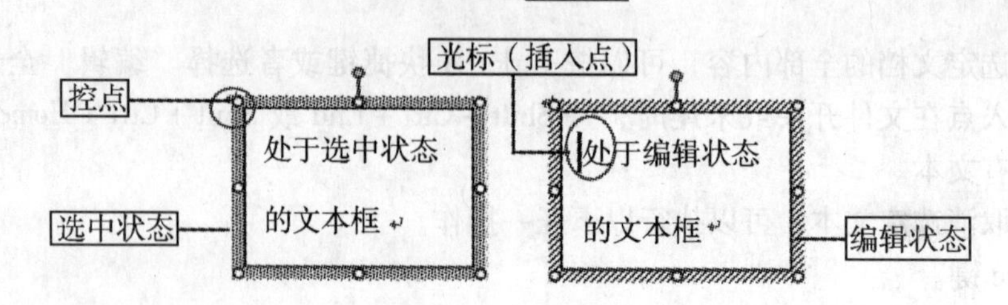

图 3-11 对象（文本框）的选定状态和编辑状态

可以通过下面的方法选定对象。

●要选定一个对象，用鼠标单击要选定的对象；

●要选定多个对象，按住 Shift 键不放，分别单击每个要选择的对象；

选定对象后如果要取消选定，可以执行下列任一操作。

●按 Esc 键；

●使用鼠标在选定范围以外的区域单击；

●当同时选定多个对象时，如果只取消部分选定的对象，可以按下 Shift 键然后单击要取消的对象。

3.3 文稿编辑中的字体、字号、字形和字符颜色的设置

WPS Office 提供了多种字体、字形和字符修饰。合理选用各种字符的格式和修饰，可以美化版面，使输出的文件显得赏心悦目。如果不对字符设置格式和修饰，则系统以默认的字体（宋体）、字号（五号字）及字形（常规）显示和打印。

3.3.1 显示和打印字体

在文件中，字母、汉字、空格、标点符号、数字和符号统称字符。字体是特定设置的字符的集合。WPS Office 可以使用的字体和字号的种类，取决于打印机可提供的字体、字号和 Windows 系统中装入的字库。在 WPS Office 中有三种字体对文件编排有影响，即可缩放字体、打印机字体和屏幕字体。

可缩放字体是一种矢量字体，其最大特点是可以任意缩放而不失真，可以在任何可打印图形的打印机上打印。通过使用可缩放字体（例如 TrueType 字体，意为真形字体），可以确保真正的所见即所得，即屏幕上显示的和打印出来的效果完全一致。WPS Office 提供的方正字库全部是 TrueType 字体，即全部都是真形字体，非常好用。

提示：文稿中的字体、字形、字号、着色（颜色）和字符修饰等问题，实际上很简单。可以将要处理的字符选中，利用主菜单栏中的“格式|字体”命令，在“字体”对话框中一次解决。只要你提出要求后单击“确定”，它都能一次搞定。然而在实际编辑工作中，大都是分步进行的。

3.3.2 设置字体

WPS Office 可以使用自带的方正字库所提供的64 种中文字体，也可以使用 Windows 提供的各种中、西文字体。

WPS Office 使用的汉字基本字体是宋体、仿宋体、楷体、黑体 4 种字体的简体字体，扩充字体有标宋、隶书、行楷、魏碑、细圆、准圆、琥珀、综艺等。

系统默认的汉字字体为宋体，默认的西文字体为 Times New Roman。

使用“文字”工具栏中“字体”列表框来设置字体的步骤如下。

第 1 步：选中需改变字体的文本。

第 2 步：单击“文字”工具栏中“字体”列表框的下三角按钮，系统弹出“字体”下拉列表，从中选择一种字体（本处是选楷体），如图 3－12 所示。

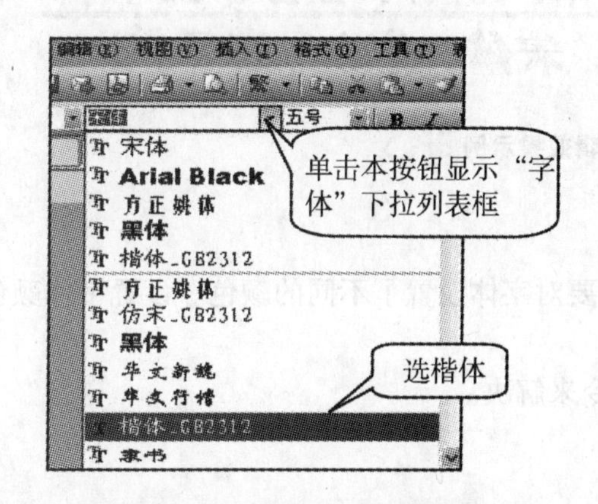

图 3－12 “字体”下拉列表框

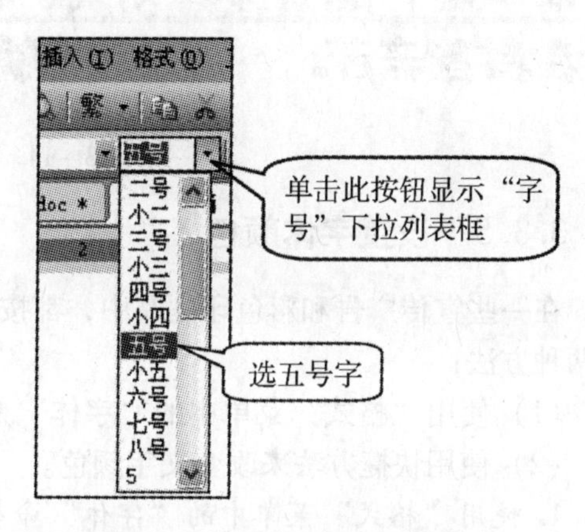

图 3－13 “字号”下拉列表框

3.3.3 设置字号

汉字字号分为初号、小号直到七号、八号共 16 种。系统默认的字形是常规形，字号是五号。

字的大小设置有两种方法：

（1）使用“字号”列表框来改变大小。

（2）使用“字符缩放”按钮 来改变字的大小。

1. 使用“字号”列表框改变字号

第 1 步：选中要改变字号的文本。

第 2 步：单击“文字”工具栏中“字号”列表框的下三角按钮，系统弹出“字号”下拉列表，如图 3－13 所示。

第 3 步：在“字号”下拉列表中单击所需的字号（本处是选五号字）。

2. 使用“字符缩放”按钮改变字号

第 1 步：选中需改变字号的文本。

第 2 步：单击“文字”工具栏上的“字符缩放”按钮 A▾。每单击一次“增大字号百分比”按钮或“减小字号百分比”按钮，选中的文本就会被放大或缩小。

3.3.4　设置粗体、斜体和下划线

设置粗体、斜体和下划线的操作很简单。在屏幕的“文字”工具栏上有一排图标 B I U，分别单击 B、I、U 时，则被选文字分别变为粗体、斜体或带有下划线，其编辑效果如图 3－14 所示。

锄禾日当午，（加粗、黑体、阴文、红色、三号字）

汗滴禾下土。（倾斜、隶书、阳文、绿色、三号字）

谁知盘中餐，（带下划线、楷体、阴影、蓝色、三号字）

粒粒皆辛苦。　（加粗倾斜、宋体、空心、三号字）

图 3－14　编辑效果示例

3.3.5　设置字体颜色

在一些宣传广告和彩色印刷品中，都按需要对字体设置了不同的颜色。设置字体颜色有两种方法：

（1）使用“格式”菜单中的“字体”命令来解决。

（2）使用快捷方法来改变文字颜色。

1. 使用“格式”菜单中的“字体”命令

具体操作如下。

第 1 步：选定要设置颜色的文字，或者在新颜色开始的位置设置插入点。

第 2 步：在主菜单中选择“格式|字体”命令，弹出“字体”对话框，如图 3－15 所示。

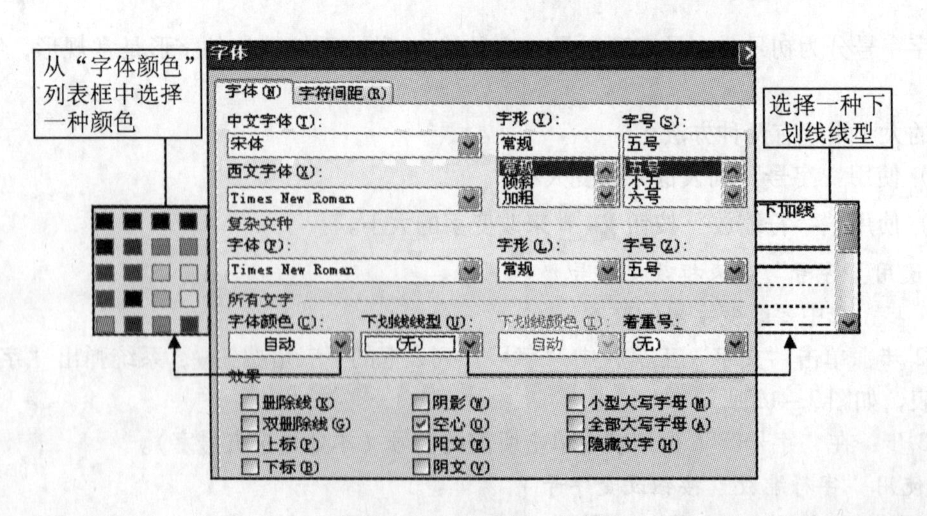

图 3－15　“字体”对话框

第3步：在对话框中的“字体颜色”列表框中选择一种颜色。

第4步：单击“确定”按钮。

2. 使用快捷方法来改变文字颜色

第1步：选定要设置颜色的文字，或者在新颜色开始的位置设置插入点。

第2步：单击“文字”工具栏上的“字体颜色”按钮，或者单击“绘图”工具栏上的“字体颜色”按钮，弹出“颜色设置”对话框，如图3－16所示。

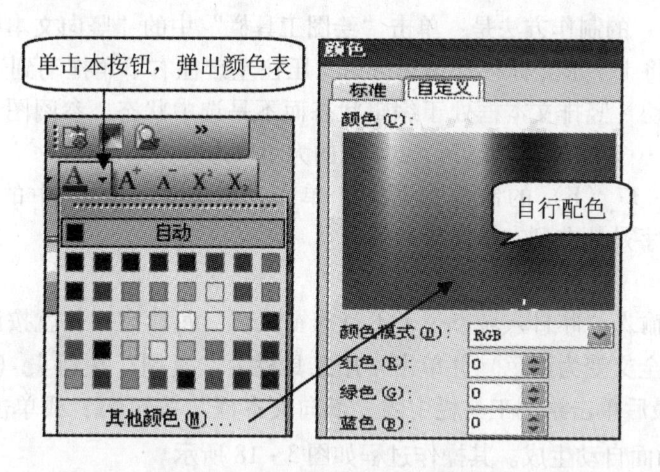

图3－16 “颜色设置”对话框

第3步：在对话框中选择一种颜色。若在“标准颜色”中没有合适的色彩，则单击“其他颜色(M)...”按钮，自行设定一种颜色，还可以将其加入“用户颜色”中，以便日后使用。

第4步：单击“确定”按钮。

3.4 设置字符格式实例分析

综合以上基本操作，通过以宋代诗人张俞的《蚕妇》为内容，设置各种（字体、字号、字形、颜色等）修饰，范例如图3－17所示。

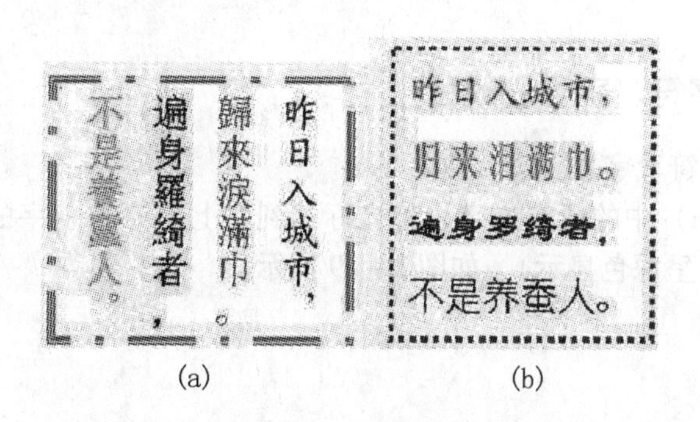

图3－17 范例图示

以下内容将讨论范例画面是如何做出来的，再通过设定各种（字体、字号、字形、颜色等）进行修饰。

3.4.1 调用“文本框”命令生成

上述画面可以通过多种方法做出来，这里介绍两种方法。

方法一：

图3－17（a）的制作方法是：单击“绘图工具栏”中的“竖向文本框”按钮，光标变为十字形，将十字形光标移到编辑区后，压住左键往右下角拖动到适当大小后释放，光标在右上角闪动（竖排文本框处于编辑状态而不是选中状态，参阅图3－11），然后输入“昨日入城市……不是养蚕人。”，文本框的大小可通过控点调整。

同理，图3－17（b）的制作过程是：单击“绘图工具栏”中的“横向文本框”按钮，注意文字是从左到右横向排列的。

方法二：

先在屏幕上输入“昨日入城市……不是养蚕人。”，每输完一句就按回车键，即4行；接着选中4行（全文变为深色）并单击常用工具栏中“复制”按钮（所选中内容已复制到剪贴板）；最后单击绘图工具栏中的“横向文本框”按钮，或单击“竖向文本框”按钮，上述画面自动生成。其操作过程如图3－18所示。

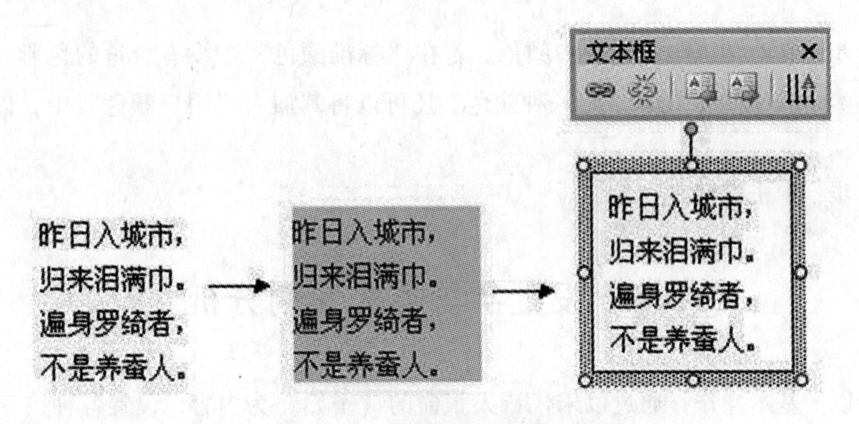

图3－18　示例画面的生成过程

3.4.2 设置字符、字号、颜色

第1步：设置字符、字号。

选中图3－17（a）中的所有文字，将光标移到右上角“昨”字的上面按住左键拖往左下角（俗称打黑，呈深色显示），如图3－19所示。

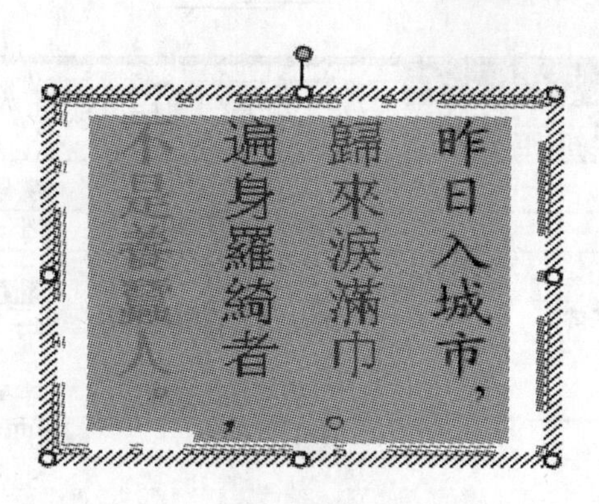

图 3－19 “选中全文”的操作过程

在“文字”工具栏上的“字号”栏中选择字号为“小二”，在“字体”下拉列表框中选取“隶书”，参阅图 3－12 或图 3－15，经确定后页面效果如图 3－20 所示。

图 3－20 字号为“小二”号，字体为“隶书”

第 2 步：设置字符效果。

①选中“昨日入城市,”，在“文字”工具栏上的“字体”栏中选择“方正姚体”字体，设置效果如下：

昨日入城市，

②选中“归来泪满巾。”，在主菜单栏中单击“格式 | 字体”命令，在“中文字体”栏中选择“幼圆”字体，在“字形”栏中选择“加粗 倾斜”，在“字号”栏中选择“小一”，在“字体颜色”中选取红色，在“效果”栏中勾选“空心”，最后单击“确定”。如图 3－21 所示。

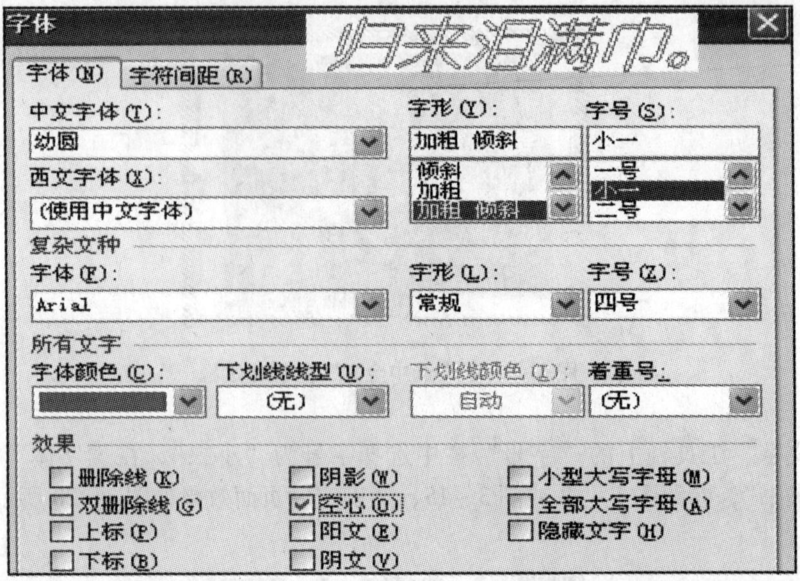

字体　归来泪满巾。

字体(N)　字符间距(R)

中文字体(T)：幼圆

字形(Y)：加粗 倾斜（倾斜／加粗／加粗 倾斜）

字号(S)：小一（一号／小一／二号）

西文字体(X)：(使用中文字体)

复杂文种

字体(F)：Arial

字形(L)：常规

字号(Z)：四号

所有文字

字体颜色(C)：

下划线线型(U)：(无)

下划线颜色(I)：自动

着重号：(无)

效果

删除线(K)　阴影(W)　小型大写字母(M)

双删除线(G)　空心(O)　全部大写字母(A)

上标(P)　阳文(E)　隐藏文字(H)

下标(B)　阴文(V)

图 3－21　字体、字形、字号、颜色效果选取过程

③选中“遍身罗绮者,”，在“文字”工具栏的“字体”栏中选择“隶书、繁体”字体、“一号”字号、“常规”字形。单击“文字工具”栏中的“字体颜色”按钮 A ▾，从下拉列表中选取“鲜绿”，效果如下：

遍身羅綺者，

④选中“不是养蚕人。”，在“文字”工具栏的“字体”栏中选择“华文新魏”字体，“一号”字号、“常规”字形、浅橙色并勾选“阴文”效果，效果如下：

不是養蠶人。

注意：如果在基本颜色中找不到合适的颜色，可以单击“其他颜色(M)...”按钮进入用户自定义颜色界面，参阅图 3－16“颜色设置”对话框中的自定义颜色。

3.5　文稿录入、字符设置与美化处理

新建一个文件，在页面上的光标处输入文字。在输入过程中，输入点从左向右移动。如果不小心输入了一个错字或字符，可以按 Backspace 键删掉，然后再输入正确的文本。

当输入的文字到行尾时，输入点会自动换行。如果按回车键，则开始新的段落。

3.5.1 在文件中设置日期和时间

用户可以直接在文件中输入一个固定的日期和时间，还可以插入一个自动更新的日期和时间（因为电脑里有一块“电子表”，随时提供当前日期和时间）。具体操作步骤如下。

第1步：将光标定位到要插入日期和时间的位置，选择（单击）“插入|日期和时间”命令，弹出对话框，如图3－22所示。

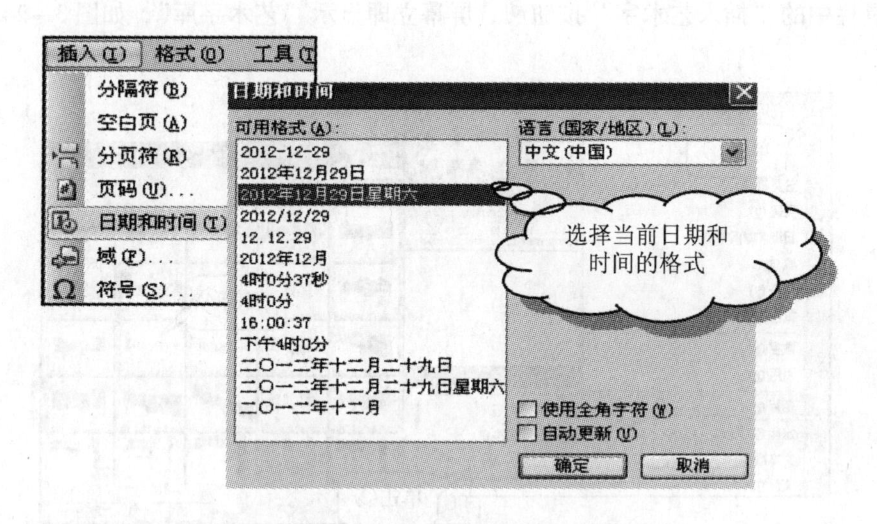

图3－22 插入“日期和时间”对话框

第2步：在“语言（国家/地区）”下拉列表框中选择一种语言。

第3步：在“可用格式”列表框中选择日期和时间的表示方式。

第4步：如果要以自动更新方式插入日期和时间，则选中“自动更新”复选框。当用户打印该文件时（一段时间以后打印），打印出来的日期总是最新的（当天、当时的）日期。

第5步：最后单击“确定”按钮，即可在文件中插入当前日期。

3.5.2 设置文字效果

WPS Office 2012 提供丰富的文字特殊效果，其中包含了下划线线型及颜色、着重号、单双删除线、上下标、小型大写字母、全部大写字母、隐藏（水印）文字等效果。

艺术字是具有特殊视觉效果的文字，常用于演示文稿（幻灯片）、海报、广告、宣传册等文档的特殊文字修饰，以丰富文字版面效果。请看下面一行文字，如图3－23所示。

WPS Office 2012个人版

图3－23 艺术字的效果

实际上这行文字由三项内容组成——①“WPS Office”是艺术字；②“2012”设定为一号字（字的大小）、字体为 Arial Black 体，再通过“格式 | 字体”命令定义为空心字并带下划线；③“个人版”设为小初号字、加粗、倾斜，再通过“格式 | 字体”命令定义为下标、“阳文”效果，字体颜色设为绿色。

先调用艺术字完成第一部分，操作如下。

第 1 步：将光标插入点移到要插入艺术字的位置。

第 2 步：单击（选择）主菜单栏中的“插入 | 图片 | 艺术字”命令或者单击“绘图”工具栏中的“插入艺术字”按钮，屏幕立即显示“艺术字库”，如图 3－24 所示。

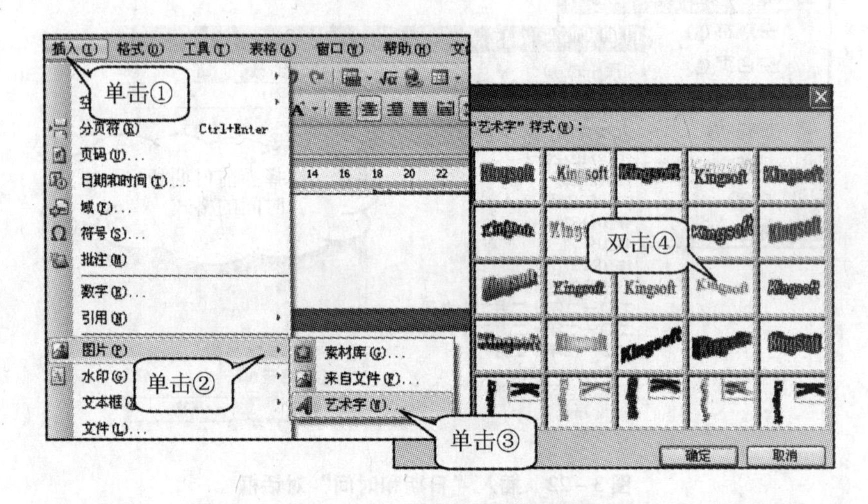

图 3－24　调用艺术字的过程

注：为了宣传、广告、幻灯片等美化版面的需要，在 WPS 里存储了大量的艺术字样式，用户可根据自己的创意随时调用各种模板。

第 3 步：选择库中某一艺术字模式，屏幕提示：“请在此键入您自己的内容”，如图 3－25 所示。随即将“请在此键入您自己的内容”删除，并输入“WPS Office ”并利用对话框中的工具栏设置字体（本处为宋体）、字号（本处为三号字）并单击“确定”按钮完成第一部分。

图 3－25　“WPS Office”艺术字的编辑过程

第4步：将光标移到“WPS Office ”的后面，输入“2012”，接下来调用“格式 | 字体”命令，分别定义“2012”为空心字并带下划线，“个人版”为小初号字、加粗、倾斜，再通过“格式 | 字体”命令定义为下标、阳文字。字体颜色设为绿色。

第5步：选中“个人版”，单击主菜单栏中的“格式 | 字体”命令，弹出“字体”对话框，如图3-26所示。

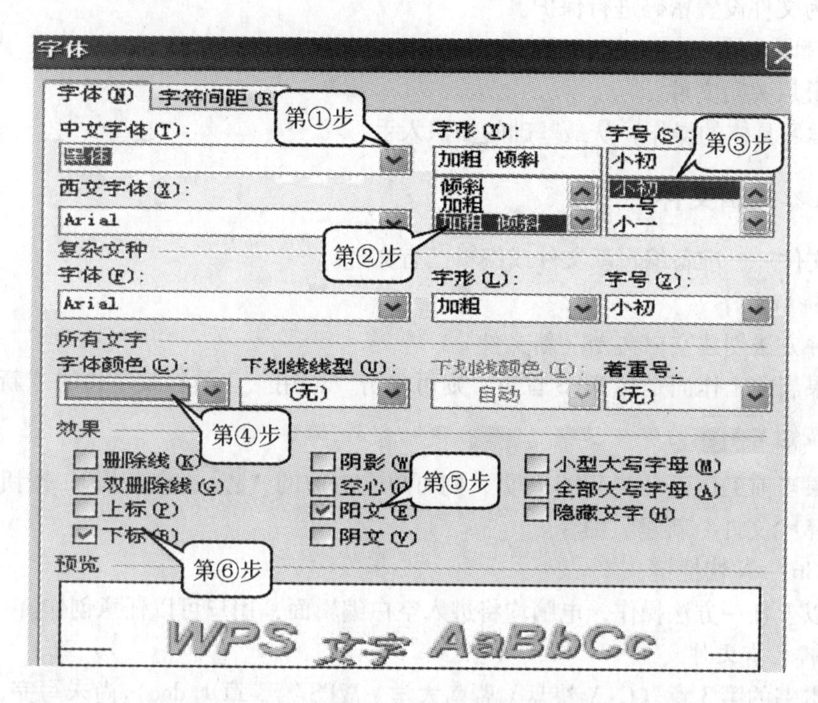

图3-26 “格式 | 字体”命令的设置过程

在“字体”对话框中的操作是：①“个人版”的字体为“黑体”（注意第4步改为绿色）；②字形选取“加粗 倾斜”（字的形状）；③选取“小初”号字（字的大小）；④“字体颜色”定为绿色；⑤在“效果”栏中选取“阳文”；⑥选取“下标”，此时注意看“预览”框中显示的模式是否满意，否则就重新设置，直至满足用户自己的要求，最后单击“确定”按钮。

建议：初学者模拟上述操作，改成不同的字体、字号，分别加上红、蓝、黄等不同的颜色，达到学以致用的目的。

3.6 文件（文档）的基本操作

文件（文档）的基本操作包括：

(1) 创建（生成）一个文件——有多种方法创建文档（诸如调用模板、录入编辑等）。

（2）保存文档——将录入编辑的文件存储到硬盘，以免丢失，在操作时要交代该文件具体存放位置（盘符、路径、文件名）。

（3）打开文档——继续加工的“老文件”就有一个打开文档的问题（即将原文件从电脑存储器里调出来——定义为打开文件）。要打开某文件，就必须知道某文件的文件名以及原存放的具体位置（盘符、路径、文件名）。

（4）为文件设置密码进行保护。

（5）打印文件。

（6）最后关闭文件。

以下学习具体的操作，从最基础的知识入手。

3.6.1 编辑文件

编辑文件——准备编辑新文件或编辑已有文件。

1. 编辑新文件

有多种方法创建空白文档（新文件）：

●如果当前工作面是在 WPS 首页，则可单击“常用”工具栏最左边的“新建空白文档”按钮 。

●如果当前工作面是在 WPS 首页，则可单击右边的“新建空白文档”按钮。

●选择“文件 | 新建”命令。

●按 Ctrl + N 快捷键。

按照以上任一方法操作，电脑均将进入空白编辑面，用户可以任意创作。

2. 编辑已有文件

比如本书的第 3 章（C:\ 快盘\ 暨南大学\ WPS 第 3 章 1. doc）尚未写完，现需调出来写完。学习的重点是如何将“WPS 第 3 章 1. doc”这个已有文件由本机硬盘调入内存，也就是如何打开“WPS 第 3 章 1. doc”这个文件。已知该文件的存储路径“C:\ 快盘\ 暨南大学\ WPS 第 3 章 1. doc”，即这个已有文件原是存储在快盘“暨南大学”文件夹里面（下面），要将此文件找到（调出）的话将分两种情况：①该文件刚处理过；②该文件在月初写了一部分，现在又需写其他章节。

注意：情况不同，处理方法就不同。

第一种情况：该文件刚处理过（即最近刚存盘）。具体操作如下。

开机进入 Windows 平台，双击 WPS 文字图标，电脑进入 WPS 文字编辑界面。单击主菜单栏最左边的“文件”菜单，如图 3－27 所示。

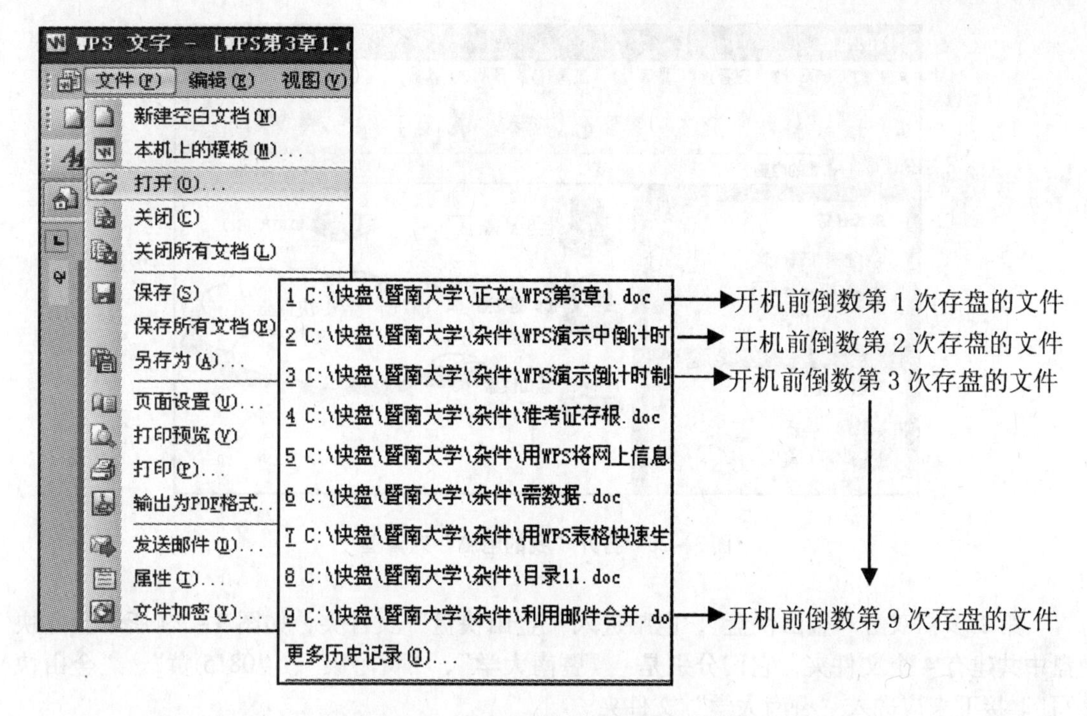

图 3 – 27　“文件”菜单的下拉菜单

图 3 – 27 说明两个问题：第一，我们一下子就看到了“WPS 第 3 章 1. doc”这个文件名，只要单击该文件名，其内容就会显示在屏幕上，供你继续加工处理；第二，图中一共显示了 9 个不同的文件名，这 9 个文件也叫“最近文档”，意即刚加工过的文件。WPS 第 3 章 1. doc、WPS 演示中倒计时 . doc……它们分别是开机前倒数第 1 次存盘的文件、开机前倒数第 2 次存盘的文件……这里所说的“开机前倒数第 1 次存盘的文件”，也就是该机上次（比如说昨天）运行最后 1 次存盘的文件。这几个文件确实是你最近加工处理过的文件，电脑都已列出来，不必每次开机进入 WPS 后到处找文件（不必去“回忆”盘符、路径、文件夹、文件名），这是智能化电脑为用户提供的方便服务。

第二种情况：该文件在月初写过，因忙不过来而改写其他章节。言下之意即文件根本不在“最近文档”之内。好在我们知道该文件的盘符、路径（文件夹）和文件名，即“C：\ 快盘 \ 暨南大学 \ 正文 \ WPS 第 3 章 1. doc”。具体操作如下。

第 1 步：开机进入 Windows 平台，双击 WPS 文字图标，电脑进入 WPS 文字编辑界面。单击主菜单栏最左边的“文件 | 打开”菜单，电脑进入“打开”文件对话框，要通过“我的电脑”设法找到“金山快盘”下的“ 暨南大学 ”文件夹，如图 3 – 28 所示。

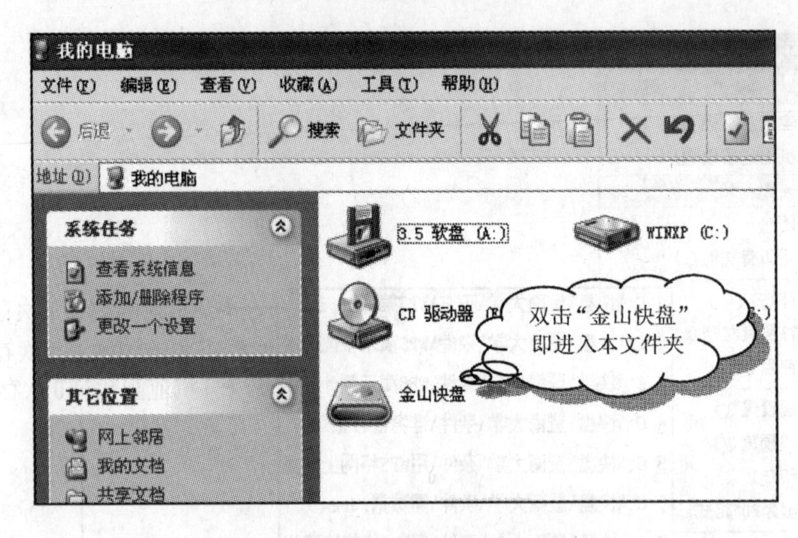

图 3－28　打开“我的电脑”对话框

第 2 步：双击“金山快盘”，电脑进入“金山快盘”文件夹，如图 3－29 所示。此快盘中共建有 4 个文件夹，它们分别是：“暨南大学”、“黄沁康”、“0815 黄”、“金山快写”。接下来应进入“暨南大学”文件夹。

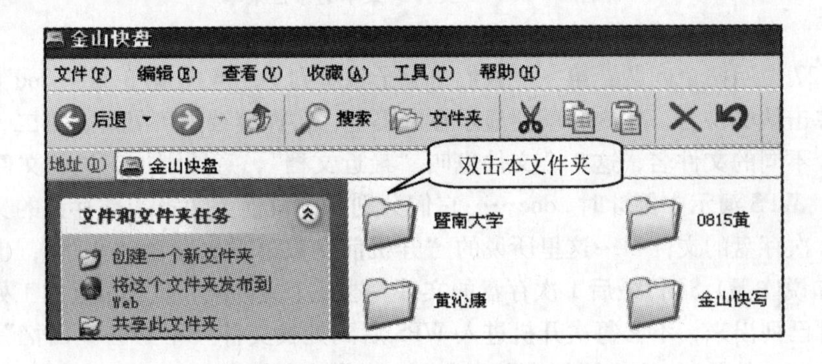

图 3－29　打开“金山快盘”对话框

第 3 步：双击“暨南大学”文件夹，即电脑进入“暨南大学”文件夹。在此文件夹下又发现了 2 个文件夹，它们分别是“杂件”和“正文”，如图 3－30 所示。

图 3－30　打开“C:\ 快盘\ 暨南大学”文件夹示例

预计“WPS 第 3 章 1. doc”文件是放在“正文”文件夹下面，故需打开“正文”文件夹。

第 4 步：双击“正文”文件夹，果真发现了“WPS 第 3 章 1. doc”文件，如图 3－31 所示。

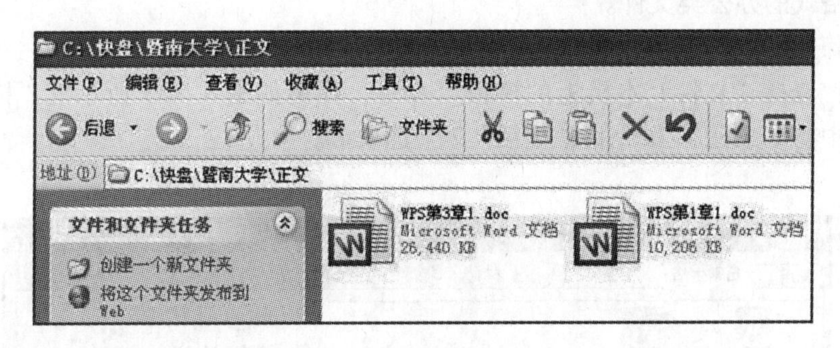

图 3－31 打开“C:\ 快盘\ 暨南大学\ 正文”文件夹示例

第 5 步：双击“WPS 第 3 章 1. doc”文件图标（即打开该文件），电脑将该文件的内容显示在屏幕上，供你编辑、补充、修改，继续加工处理，如图 3－32 所示。

第3章 WPS Office 2012 的基础操作

如果要熟练应用 WPS Office 2012，就一定要先了解其中涉及的基础操作。WPS Office 2012 中涉及的基本操作包括：文档的基本操作、选择文本和对象、移动和复制、撤销与重复、窗口操作等。

图 3－32 该文件名的部分内容示例

小结：

（1）仔细回忆一下本小节内容，可以先模拟生成一个“小文件”——写一句话，哪怕只是一个符号（中文、西文），只要存盘，就算创建了一个文件，给它起个名字，存到“我的文件夹”中，强调“文件名”和“文件的内容”是两个不同的概念。

（2）再根据倒树型目录结构在电脑中查找文件（存取文件），这是使用电脑的最基础知识。

3.6.2 编辑模板文件

什么叫模板文件？在本书 1.6 节中已有说明。模板文件是 WPS 的亮点，很符合我们的需要，这是 MS Office 所不及的。办公系统中包含大量的模板文件，任你调用。

关于模板文件的使用可分为两种：①利用“本机上的模板”；②利用“网站上的模板”。所谓“本机上的模板”，即如果你的个人电脑安装了 WPS，某些模板文件就固化在你的硬盘里，可以脱机（没有联网）调用，但文件数有限且不能即时更新，并非软件的发展方向。而“网站上的模板”文件数量无限且随时更新，时效性特别强，符合当前社会的发展需要，受到人们的关注，给办公平台提供了即时有效的资源。

1. 利用“本机上的模板”文件

为了操作方便，WPS 文字 2012 提供了法律、科技、经济、办公、日常生活方面的各种模板组。通过套用不同模板组中的模板可以创建各种风格的空白新文件，也可以创建带有一定固定格式的办公类文件。

操作步骤如下。

第 1 步：选择“文件 | 本机上的模板”命令，弹出如图 3－33 所示的“模板”对话框。对话框中有“常用”和“日常生活”2 个选项卡。

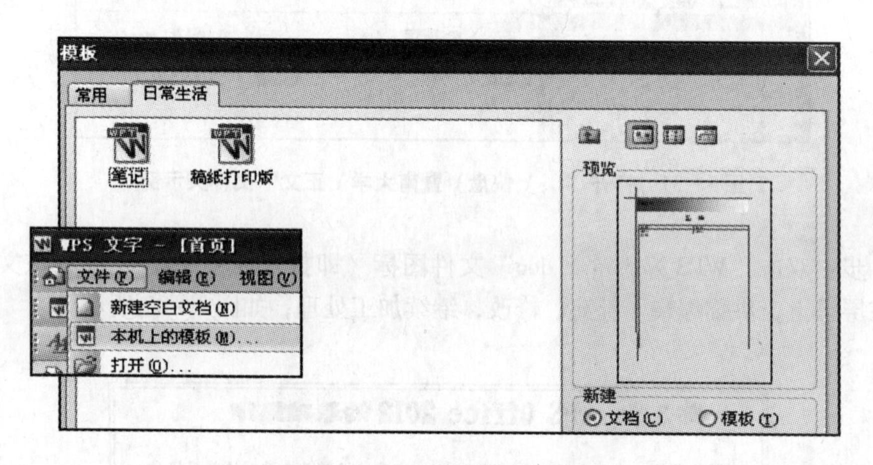

图 3－33　打开“模板”对话框

第 2 步：单击“日常生活”选项卡，图中显示“笔记”、“稿纸打印版”文件图标，供你选择。

第 3 步：双击“笔记”图标，有关会议记录格式文件就显示出来，你可直接在有关栏目输入会议纪要，如图 3－34 所示。

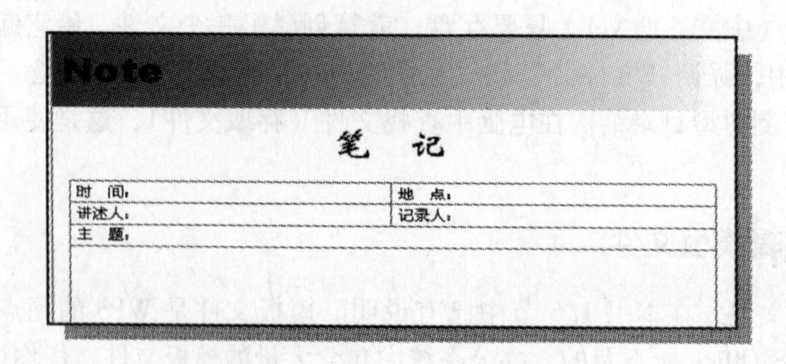

图 3－34　会议记录格式文件示例

2. 利用“在线模板”文件

在 Windows 平台双击“WPS 文字”图标、“WPS 电子表格”图标、“WPS 演示动漫”图标，均将进入它们的首页。首页提供了大量的模板文件图标并附有中文说明，单击某模板文件图标，系统立即从 WPS 网站上下载该模板文件，供你使用。

如果屏幕上看不到你想要的模板文件，可单击屏幕左边的“模板类别”下的“推荐”项目，定将找到你心仪的模板文件。现将三者的“模板类别”列表如图 3－35 所示。

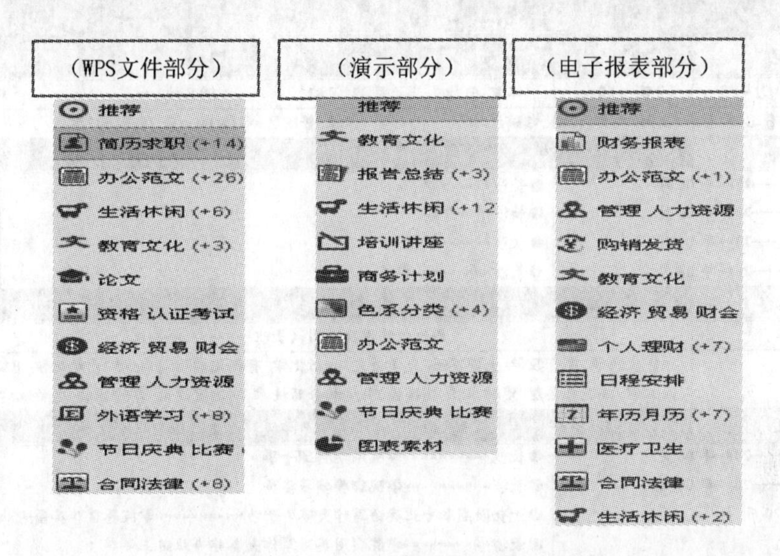

图 3－35 WPS 模板类别列表

以调用在线“简历求职”模板写“个人简历”为例。

第 1 步：开机进入 Windows 平台，双击 WPS 文字图标，进入 WPS 文字界面，单击左侧“推荐”下拉列表中的“简历求职”按钮，此时各式各样的简历求职标准文件样式将显示在屏幕上，任你选用。

第 2 步：单击其中某一模板图标，电脑即从网上将该图标的内容下载下来并显示在屏幕上，如图 3－36 所示。

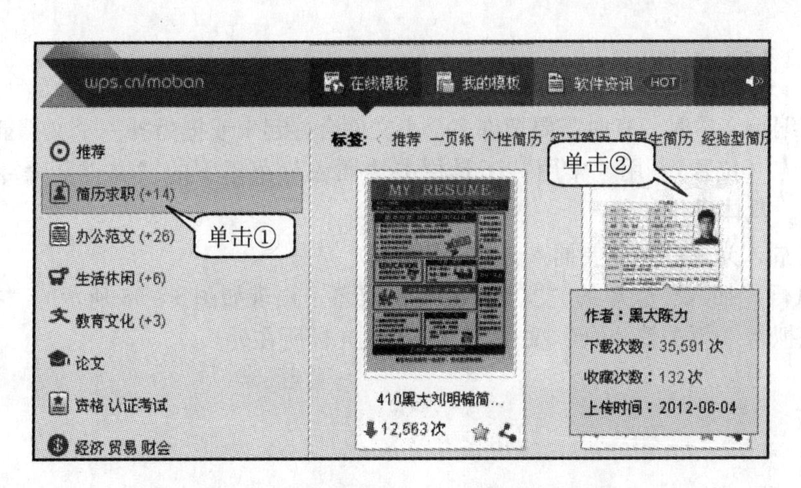

图 3－36 “简历求职”模板部分界面示例

第 3 步：显示在屏幕上的模板文件是处于编辑状态，可删除、编辑文字，包括其中的照片，如图 3－37 所示。

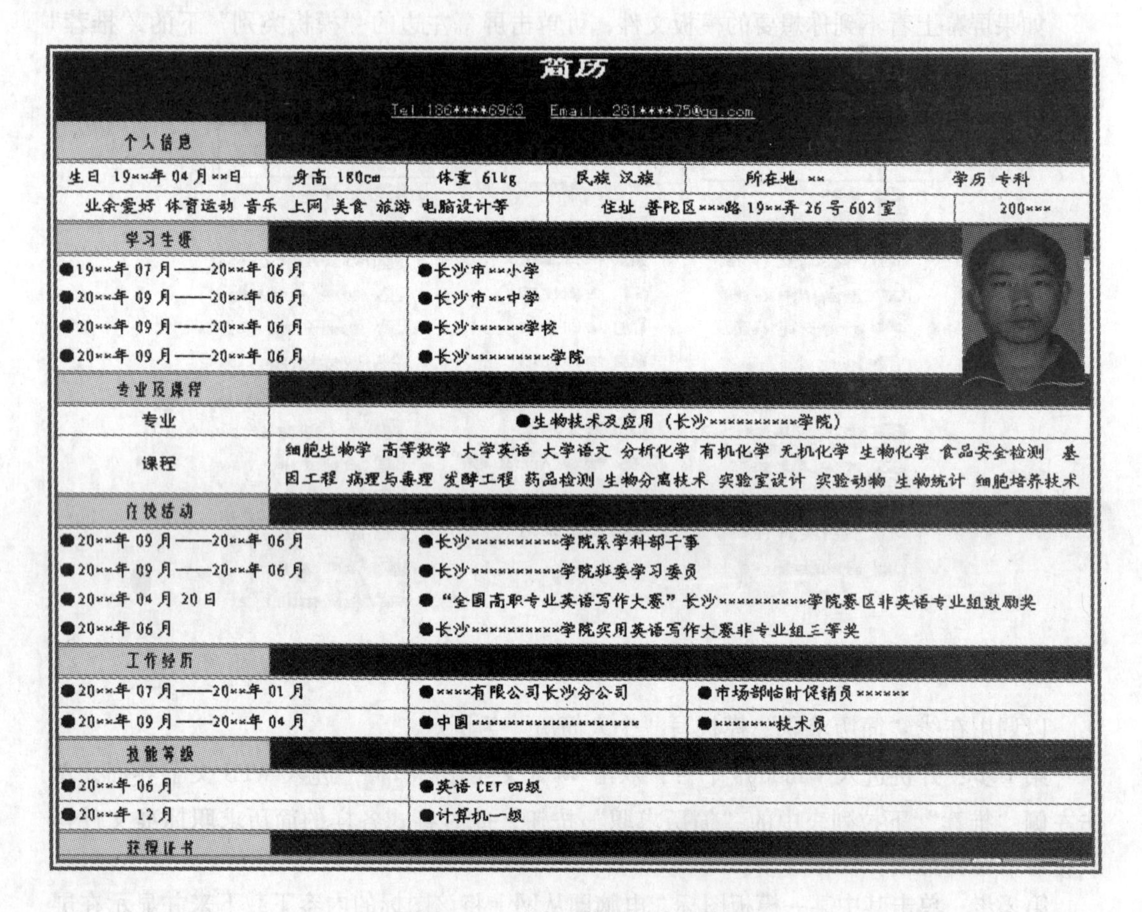

简历

Tel:186****6963 Email: 281****75@qq.com

个人信息					
生日 19**年 04 月**日	身高 180cm	体重 61kg	民族 汉族	所在地 **	学历 专科
业余爱好 体育运动 音乐 上网 美食 旅游 电脑设计等			住址 普陀区***路 19**弄 26 号 602 室		200***

学习生涯	
●19**年 07 月——20**年 06 月	●长沙市**小学
●20**年 09 月——20**年 06 月	●长沙市**中学
●20**年 09 月——20**年 06 月	●长沙******学校
●20**年 09 月——20**年 06 月	●长沙**********学院

专业及课程	
专业	●生物技术及应用（长沙**********学院）
课程	细胞生物学 高等数学 大学英语 大学语文 分析化学 有机化学 无机化学 生物化学 食品安全检测 基因工程 病理与毒理 发酵工程 药品检测 生物分离技术 实验室设计 实验动物 生物统计 细胞培养技术

在校活动	
●20**年 09 月——20**年 06 月	●长沙**********学院系学科部干事
●20**年 09 月——20**年 06 月	●长沙**********学院班委学习委员
●20**年 04 月 20 日	●“全国高职专业英语写作大赛”长沙**********学院赛区非英语专业组鼓励奖
●20**年 06 月	●长沙**********学院实用英语写作大赛非专业组三等奖

工作经历		
●20**年 07 月——20**年 01 月	●****有限公司长沙分公司	●市场部临时促销员******
●20**年 09 月——20**年 04 月	●中国******************	●*******技术员

技能等级	
●20**年 06 月	●英语 CET 四级
●20**年 12 月	●计算机一级

获得证书

图 3－37 “个人简历”模板示例

3.6.3 插入文件

我们在编辑文本时，有时需要把许多个小文件合并起来或把另外一个文档插入当前文档的某个地方（位置）。用“常用”工具栏中“插入”菜单下的“文件”命令便可以解决这类问题，具体操作如下：

（1）将插入光标放置在要插入文档的位置。

（2）执行“插入”菜单的“文件”命令，屏幕上出现如图 3－38 所示的“插入文件”对话框。现拟将“第 1 篇 . doc”文件的内容插入光标所在处。

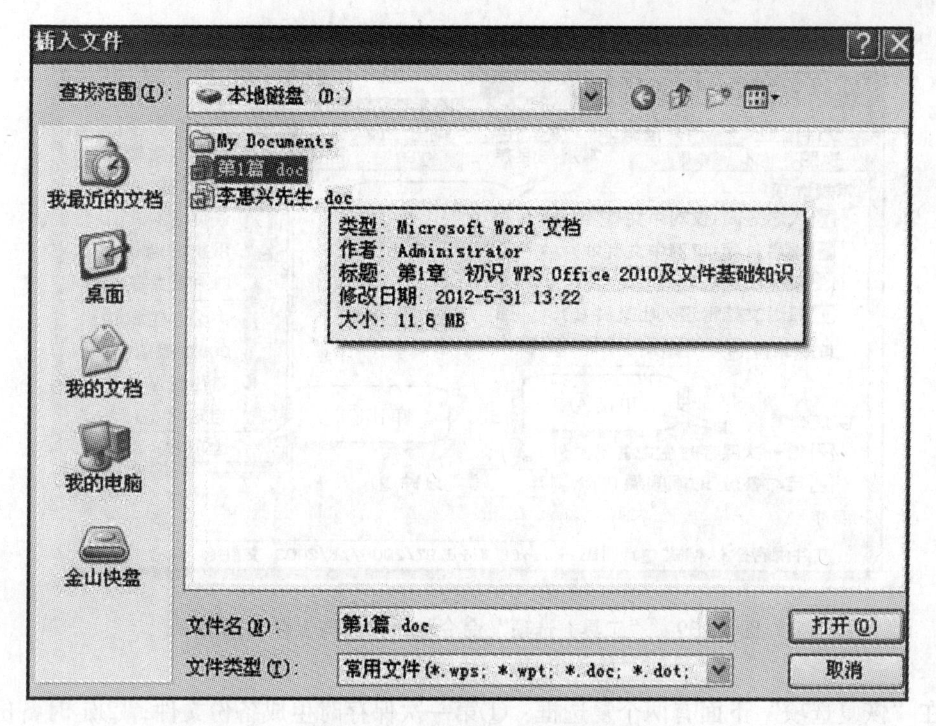

图 3－38 “插入文件”对话框

（3）单击“第 1 篇 . doc”文件名，此时该文件的有关信息（文件的类型、作者、修改日期、大小）会自动弹出，以告知用户确认，避免出错。

（4）单击“文件名”右边的“打开”按钮，则该文件的内容自动跳入插入点。

3.6.4 保存文档

保存文档包括以下几种情况：第一次保存时生成备份文件、保存新建的文件、保存已有的文件等。

1. 第一次保存时生成备份文件

WPS Office 2012 允许在第一次保存文档时生成备份文件，如果遇到停电或其他异常退出的情况，再次启动 WPS 时，系统将自动打开“备份管理”窗口，可以方便用户在该窗口中找到文件。该功能的实质就是避免丢失文件。设置第一次保存时生成备份文件的操作步骤如下。

第 1 步：选择“工具 | 选项”命令，单击“常规与保存”标签，其选项卡如图 3－39 所示。

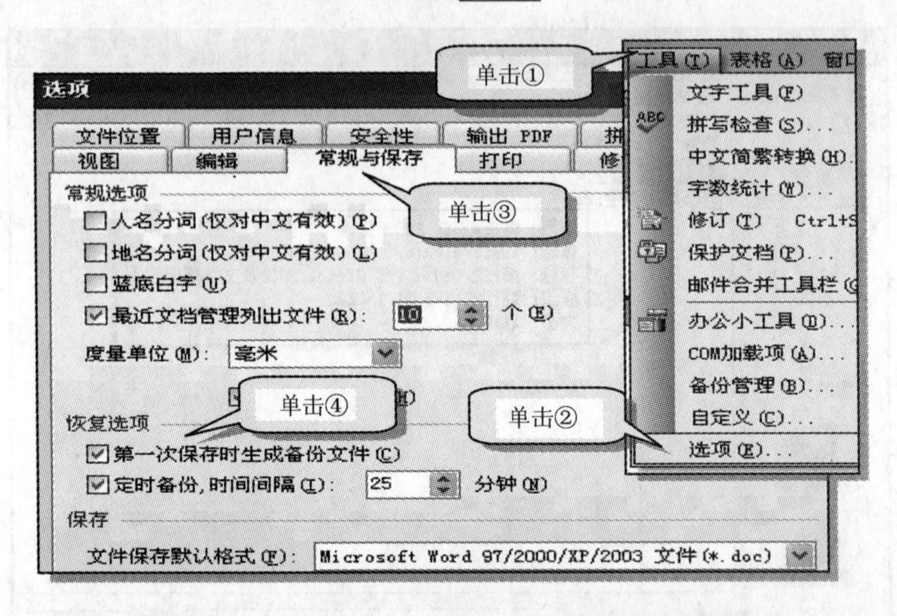

图 3-39 “工具|选项”命令与“常规与保存”选项卡

在“恢复选项”下面有两个复选框：①第一次保存时生成备份文件；②定时备份，时间间隔（分钟）。

第2步：选择“第一次保存时生成备份文件”复选框（即在左边方框内打√）。

第3步：单击“确定”按钮，完成设置。

说明：“定时备份，时间间隔”可以设定为1~120分钟，一般取10分钟。“定时备份”可以每隔一段时间自动存储当前编辑的文件。正常退出或存盘时，系统会自动删除自动存盘文件。如果遇到停电或其他异常退出的情况，再次启动WPS Office时，系统将自动打开上次自动保存的文件。其实质是系统为用户提供的一种保护性措施，当用户的电脑所处环境（指供电等）不好时，其存盘时间间隔控制短一点（如5~8分钟）；当供电条件较好（比如使用了不间断电源UPS），同时用户的操作又比较熟练时，用户自然感觉到必须加长自动存盘的时间间隔。因为存盘总是要花费主机的时间，若影响用户的工作效率就不好了。

2. 保存新建的文件

保存新建的文件的具体操作如下。

第1步：单击“常用”工具栏中的“保存”按钮，系统弹出“另存为”对话框，如图3-40所示。

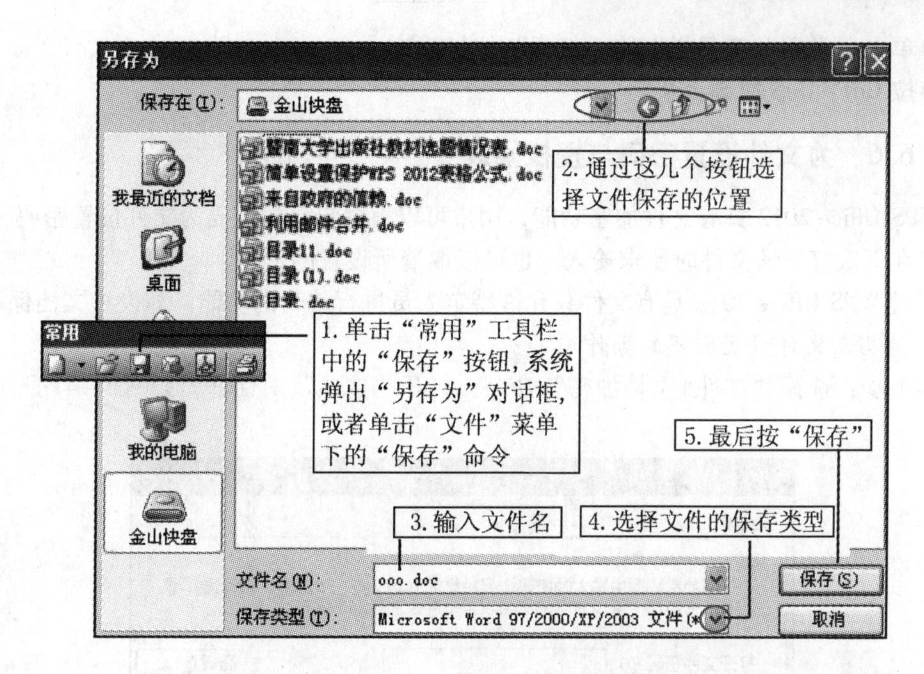

图 3-40 “另存为”对话框

第 2 步：通过 这几个按钮选择文件保存的位置，也就是选择该文件存放的盘符、文件夹（存放路径）。

第 3 步：输入文件名并确定文件的类型（可以存成 Word 文件、WPS 文件、TXT 文本文件……）。

第 4 步：最后单击“保存”按钮。

3. 保存已有的文件

什么叫“已有的文件”？是指该文件早已生成并存储在电脑里，是再次调入内存（也叫打开该文件）继续修改加工。更通俗地说，这是一个老文件，已经解决了盘符、路径（文件夹）和文件名的存盘问题。

因此在不改变文件名及其位置（路径）的情况下，若要保存对文件的修改，可执行下列任一操作：

●单击“常用”工具栏上的“保存”按钮 。

●选择“文件 | 保存”命令。

●按 Ctrl + S 快捷键。

如果要将修改后的文件换名存储，可选择“文件 | 另存为”命令。

3.6.5 打开文档

什么叫“打开文档”？电脑的硬盘里存储了成千上万的文件，由于工作的需要想看看某文件，即将某一磁盘文件再次调入内存继续修改的这一过程称为打开文档。要打开某一文档，可执行下列任一操作：

●选择“文件 | 打开”命令。

●单击“常用”工具栏上的“打开”按钮。
●按 Ctrl + O 快捷键。

3.6.6 为文件设置密码与授权修改

WPS Office 2012 具有文件加密功能，用户可以根据自己的需要为文件设置密码，这个密码将在下次打开该文件时要求输入，也可以取消所设置的密码。

同时 WPS Office 2012 具有文件只允许特定人员进行编辑的功能，即设置文档保护。

1. 为当前文件设置密码的操作

第 1 步：选择“文件 | 文档加密”命令，打开“选项”对话框，如图 3 - 41 所示。

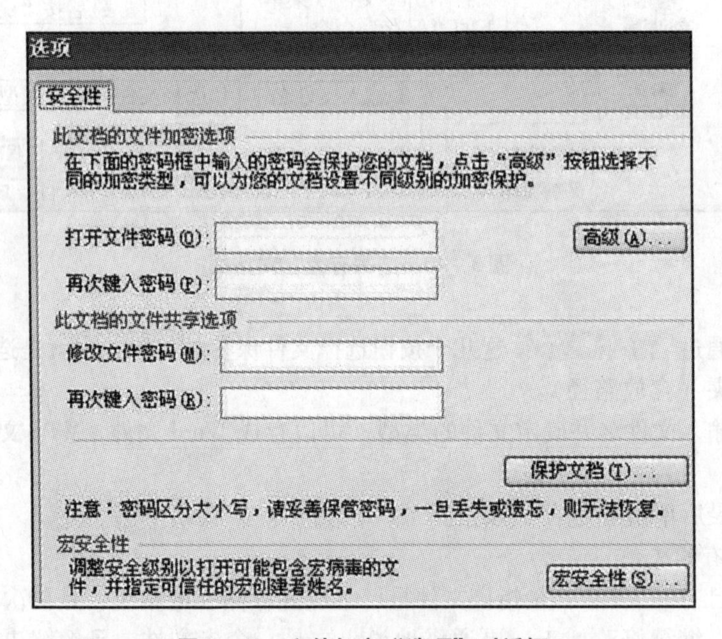

图 3 - 41 文件加密“选项”对话框

第 2 步：在“打开文件密码”文本框中输入密码，在“再次键入密码”文本框中再次输入密码，最后单击“确定”按钮。

为文件设置了密码后，再打开该文件时，电脑会弹出“密码”对话框。只有输入正确密码后才能打开该文件。如果微软（MS Word）的文件设置了密码，那么用 WPS Office 2012 相应的组件打开该文件时，只要输入正确的密码也能打开它。

2. 为当前文件设置“文档保护”

什么叫文档保护？众所周知，在一般情况下电脑里的文件是可以调出来（打开文件）进行阅读或编辑修改等操作的。如果对某些文件采取了“保护”性措施，别人就不一定能看到，更无法编辑修改。

在电子政务办公系统中，很多政府指令性文件，只许阅读，不许复制、转发，如很多上传下达的文件、政务上报数据的报表文件等，一般将这一类文件设置为“只读”文件。

“文档保护”包含两项内容：①将文件设置为“修订”，只有授权特定人员（也就是知道密码的人员）才能对文件进行编辑修改；②将某些特定文件设置为“只读”文件。

设置文档保护的操作方法如下。

第1步：选择“工具｜保护文档”命令，打开“保护文档”对话框，如图3－42所示。

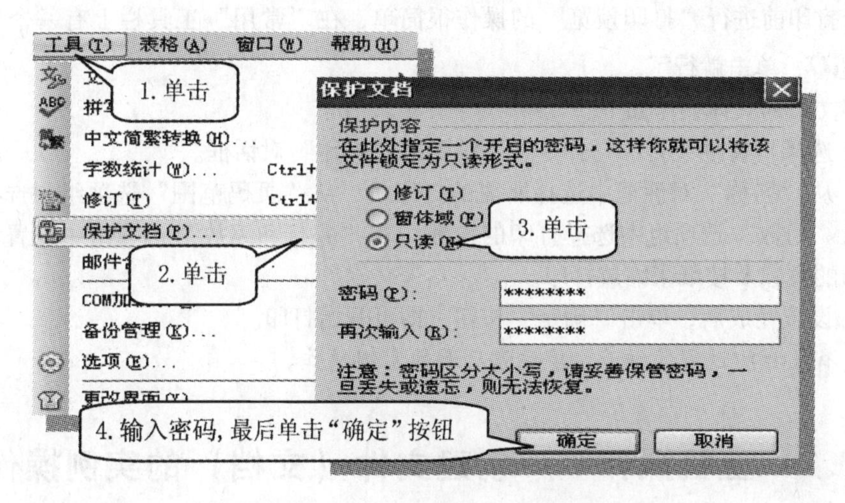

图3－42 “保护文档”对话框

第2步：在“保护内容”选项组中选定保护的内容为修订或只读。

第3步：在“密码”文本框中输入密码，在“再次输入”文本框中再次输入密码。

第4步：单击“确定”按钮后保存文档，完成对文档的保护设置。

注意：如果要取消文件密码，可按设置密码步骤进入“安全性”对话框，删除密码框中的密码，单击“确定”按钮即可。

3.6.7 关闭文档

什么叫“关闭文件”？当你在编写一篇文章时，不管你写完还是没写完，总得要结束编辑状态而返回 Windows，这一过程必经“关闭文件”这一操作。当然接下来的工作就是保存文件。

关闭文件可以分为两种情况：关闭当前正在编辑的文档与关闭所有文档。

若要关闭当前文档，保存完毕后可选择下列任一操作：

●选择“文件｜关闭”命令。

●单击文档窗口右上角的“关闭”按钮☒。

●按 Ctrl＋F4 快捷键。

●选择“窗口｜关闭窗口”命令。

●在文件标签栏上单击右键，选择“窗口｜关闭窗口”命令。

关闭所有文件的方法：选择“文件｜关闭所有文件”命令。

3.6.8 打印文档

文档设置完成后，可以将其打印出来，以便传阅。不过，建议在打印前先“预览”一下。尽管Windows界面是“所见即所得”，但用户见到的毕竟只是文件的编辑界面，而经“预览”处理输出的界面，可以见到文件每一面的整体布局模式，特别是图文混排的文稿。看看视觉效果如何，如不满意可返回编辑界面再次调整，直到版面美观才打印，因为预览的效果同打印的效果差不多。

至于打印前进行“打印预览”的操作很简单，在“常用”工具栏上有一个“打印预览”按钮，单击就行了。

打印文档的具体操作如下。

(1) 选择“文件|打印”命令，系统弹出“打印”对话框。

(2) 从“名称”对话框中选择所需的打印机，从“页码范围”选项组中选择打印的页数，从“份数”选项组中选择打印的份数，在“并打和缩放”选项组中设置每张打印纸上打印的页数及按纸张缩放打印。

(3) 设置完成后，单击“确定”按钮，即可开始打印。

注：有关打印过程的细节，请注意后面的实例操作。

3.7 上机操作——创建文件（文档）的实例操作

目的与要求：

请模拟下述步骤进行操作，重点是掌握存取文件的目录层次和文件存取的具体位置。本操作的前提是：在E盘的根目录下先要建一个文件夹，本处为koko文件夹（用路径描述为：E:\koko\）。

我们希望生成一个简单的文件保存到规定的位置，以期举一反三。

现采用最简便的方法来创建（生成）一个文件，具体操作如下。

第1步：双击Windows窗口中的WPS文字小图标，系统进入WPS文字首页。由于不调用模板，故单击“新建空白文档”按钮或单击新建空白文档，电脑进入文稿编辑状态，如图3-43所示。

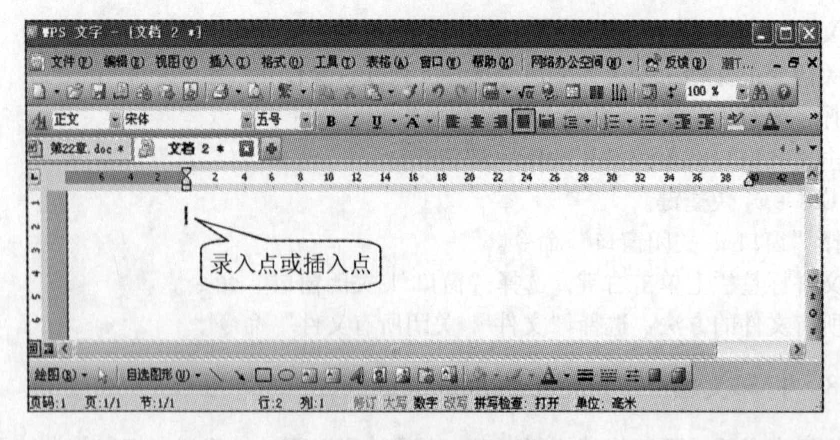

图3-43 WPS文稿编辑界面

注意光标在录入编辑区的左上角呈黑色竖线闪动（也叫录入点或插入点），系统等待用户录入编辑文稿。

第2步：从键盘上输入："作为第一款国人自主研发的文字处理软件，金山 WPS Office 以其中文办公特色、绿色小巧、易于操作、最大限度地与 MS Office 产品兼容等优势，已成为众多企事业单位的标准办公平台。"

第3步：进入保存文档。

注意文件的来源不同，保存文稿的方法略有差别。比如保存已有的文件，该文件原已存盘，已经交代过盘符、路径和文件名，故每次补充修改后仍存回原位置。

保存文档可用下列任一操作：

●单击"常用"工具栏中的"保存"按钮。

●选择（单击）"文件|保存"命令。

●在键盘上按下 Ctrl + S 快捷键。

上述新建的文件到底准备保存在哪里呢？要求读者保存到自己的文件夹中（文件夹名是你的姓的拼音，放在盘的根目录下，比如 E:\ 康康、E:\ koko）。

单击主菜单栏中的"文件|保存"命令，如图 3-44 所示。

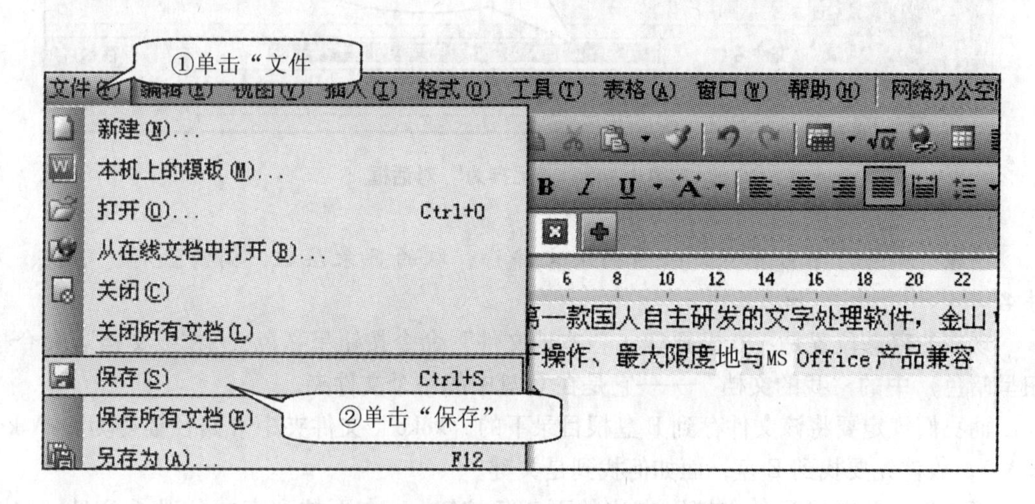

图 3-44 "文件|保存"命令

或者单击"保存"按钮，打开"另存为"对话框，如图 3-45 所示。

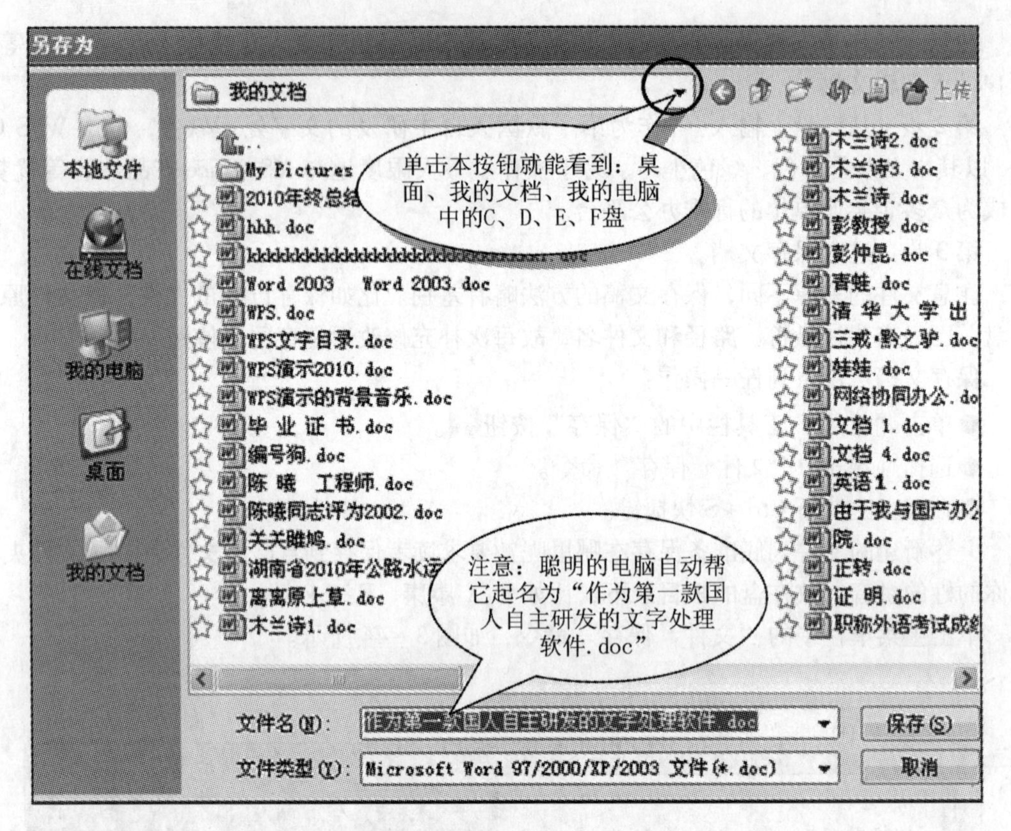

图3-45 “另存为”对话框

注意：本处为学习重点，必须搞清文件存、取的目录层次，搞清盘符、路径、文件名。

现在的存储位置是：本机硬盘（“本地文件”命令按钮呈亮色，“在线文档”命令按钮呈暗色）中的“我的文档”——它是在C盘中的一个文件夹。

而我们规定要将该文件存到E盘根目录下的“koko”文件夹中（路径描述为E:\koko\），故首先要找到E盘，而如何找到是关键。

第4步：单击“我的文档”右边的下三角按钮，在下拉列表中发现了E盘，如图3-46所示。

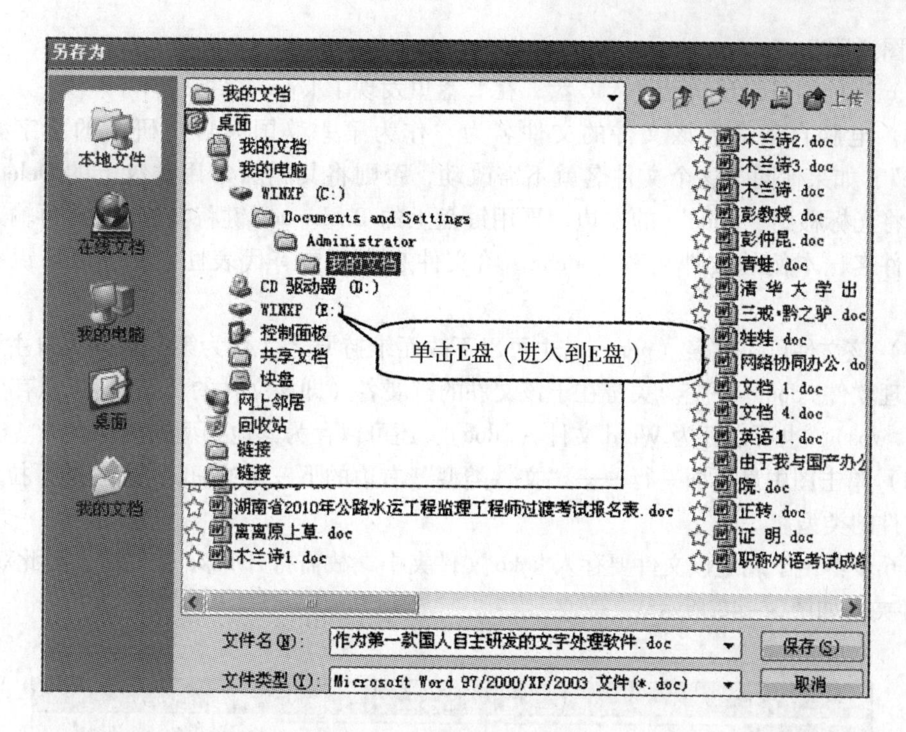

图 3-46 “另存为”对话框

第 5 步：单击 E 盘，显示如图 3-47 所示。

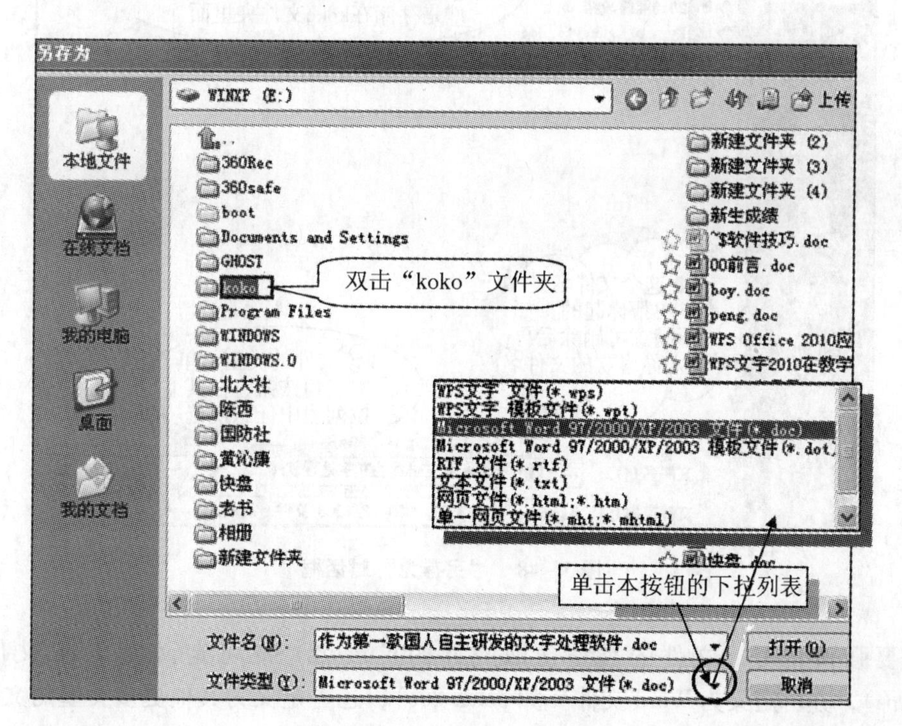

图 3-47 “另存为”对话框

本图说明：

（1）当前的目录层次已进入 E 盘，在 E 盘里发现了 koko 文件夹。

（2）电脑自动命名该文件的文件名为"作为第一款国人自主研发的文字处理软件.doc"，如果你同意这个文件名就不需改动，否则将其删除（用键盘上的 Delete 键删除，或将光标移到".doc"的左边，再用键盘上的 Backspace 键将其删除），再输入你喜欢的文件名，本例的文件名改为 peng。给文件起名字要有代表性，便于以后识别文件内容。

（3）该文件可以改名（peng），也可以不改而维持原名（作为第一款国人自主研发的文字处理软件.doc）不变。关键在于该文件的扩展名（即该文件的类型），可以存为 WPS 文件（.wps），也可以存为 Word 文件（.doc），还可以存为其他类型的文件。

（4）单击图中最下面一行——"文件类型"右边的下三角按钮，在它的下拉列表中选取文件的类型。

第 6 步：由于规定该文件要存入 koko 文件夹中，故需打开 koko 文件夹。因此双击 koko 文件夹，如图 3－48 所示。

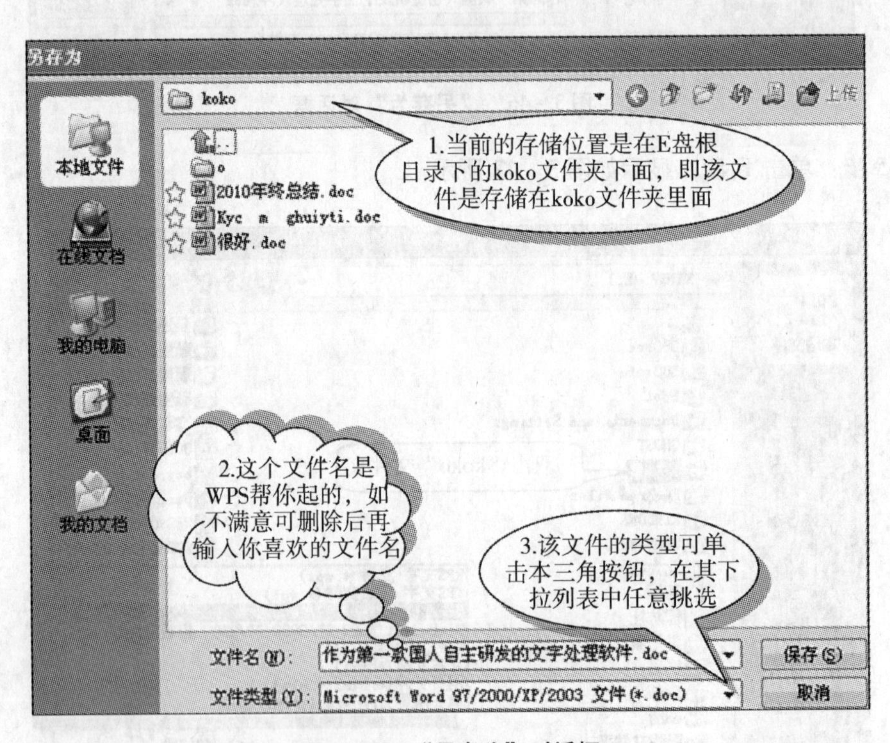

图 3－48 "另存为"对话框

需要强调的是，文件的类型（即文件的扩展名）既可定义为 .wps 文件（如 peng.wps），亦可定义为 Word 文件（如 peng.doc），还可定义为其他更多类型的文件。其指导思想是让该文件的兼容性更好，能适用于更多的工作平台。具体操作是：单击"文件类型"右侧的下三角按钮，从下拉列表中选取你希望的类型，最后单击"保存"按钮。

现在已将我们录入的内容由电脑命名为“作为第一款国人自主研发的文字处理软件.doc”，并存储到E盘koko文件夹中，用路径的方式描述为：E:\koko\作为第一款国人自主研发的文字处理软件.doc。

下次想看该文件的内容，必须记住该文件原所在的盘符（E:）、路径和文件名。要打开该文件，先进入该目录层次，见到“作为第一款国人自主研发的文字处理软件.doc”文件名时，只要双击该文件名，屏幕上就能显示该文件的内容。

注意：文件名同该文件的内容是两个不同的概念。当你忘了给文件起名字就急于存盘时，聪明的电脑就将你输入的文章的“打头一句”截取作为整个输入内容生成的文件的文件名。

第7步：进入打印文件。文件存盘设置完成以后，可以将其打印出来，以便查阅。打印文件的具体操作如下。

（1）单击（选择）主菜单栏中的“文件|打印”命令，或者单击工具栏中的“打印”按钮，均可打开“打印”对话框，如图3-49所示。

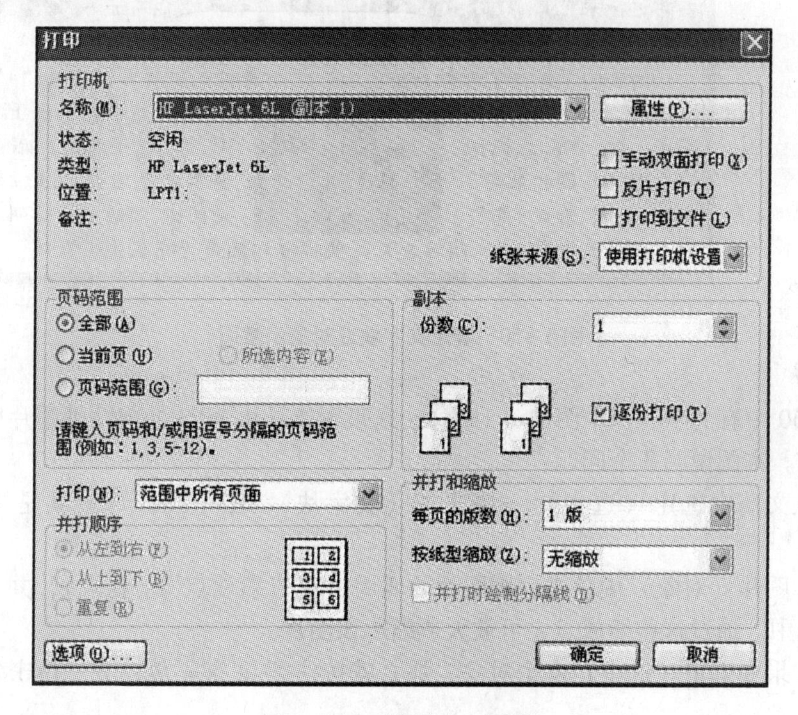

图3-49 “打印”对话框

（2）在所示对话框中，从“名称”框中选择所需打印机（一般电脑均已连好了打印机，并已显示了打印机的型号等信息），从“页码范围”选项组中选择打印的页数，从“份数”框中选择要打印的份数，在“并打和缩放”选项组中设置每张打印纸上打印的页数及按纸张缩放打印。

（3）当所有设置完成后，单击“确定”按钮，即可开始打印。

3.8 文件和对象的选定、移动、复制和删除

当要对文本（文字块）或对象（图、表）进行编辑时，首先要选定文字块或对象，才能进行各种加工，诸如移动、复制或删除。

3.8.1 文件和对象的选定操作

用户可以通过鼠标或鼠标同键盘的配合进行选定（选中），再通过菜单命令、工具栏按钮、快捷键完成相应的操作，如图3-50所示。

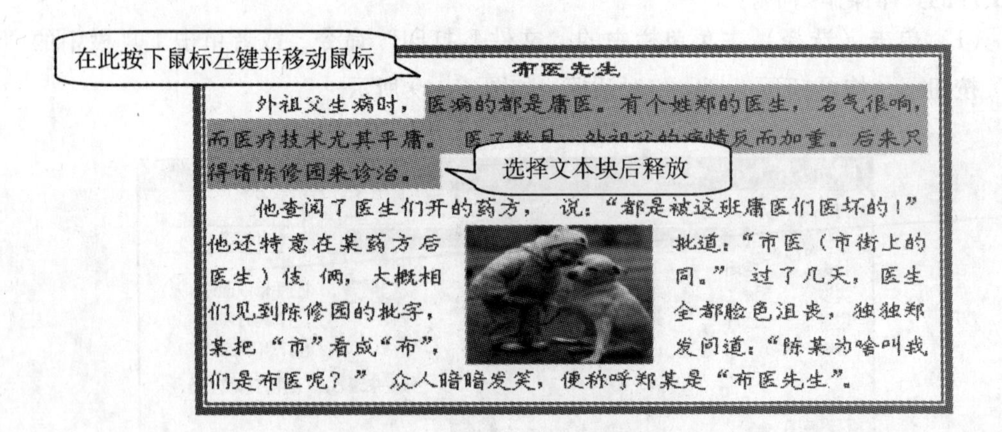

图3-50　选定文字块或对象示意图

图3-50中有文字、一个图像（对象），这张图像是从WPS的剪贴画图片库中找来插入文稿中的。本图说明3个问题：

（1）从文稿中选定（选中）一块文本（文字块），图中阴影部分就是被选定的文本块。

（2）在图片（对象）中单击，则图片的四周出现"缩放点"（控点），共8个，表示该对象被选中。通过这些缩放点，可放大或缩小该图片。

（3）如果要选定（选中）多个对象，那么就按住Shift键不放，分别单击每个要选定的对象。

3.8.2 剪切、复制和粘贴

要有布、纸等原材料，剪切才有可能。同理，在编辑文稿时，只有在选定的前提下，才能做剪切、复制和粘贴等操作。

1. 剪切操作

剪切是指将当前选定的内容从文件中剪掉（清除），并将其被剪下的内容暂时存放在"剪贴板"中，必要时还可以粘贴到其他位置去。实现剪切的具体操作如下。

●选择“编辑｜剪切”命令。

●单击“常用”工具栏中的“剪切”按钮。

●按 Ctrl + X 快捷键。

●右击对象，在随即出现的快捷菜单中选取“剪切”命令。

注：凡按一下鼠标右键，一定会出现菜单——快捷菜单。电脑会给你提供下一步的操作命令，任你挑选。

剪贴板是在窗口之间用于传递信息的临时存储区，它可以多次粘贴而保留原信息，直到再次剪切新内容而冲掉旧信息（后入为主），或因退出 Windows、断电而消失。

2. 复制操作

大家熟悉复印机，知道复印完了原稿还在。复制是指将当前选定的内容复制到系统剪贴板中，再粘贴到文件的另一位置。而被选定的内容还继续保留在原位置的文件中。复制的方法如下。

●选择主菜单栏中的“编辑｜复制”命令。

●单击“常用”工具栏中的“复制”按钮。

●按 Ctrl + C 快捷键。

●右击对象，在快捷菜单中选取“复制”命令。

3. 粘贴操作

上述剪切或复制的内容均放在剪贴板上，接下来是将这些内容粘贴到光标插入点。粘贴的方法如下。

●选择主菜单栏中的“编辑｜粘贴”命令。

●单击“常用”工具栏中的“粘贴”按钮。

●按 Ctrl + V 快捷键。

●右击对象，在快捷菜单中选取“粘贴”命令。

3.9 编写文件的上机操作

目的与要求：

详细阅读 3.7 节，模拟各步骤的操作，完成一篇文章的录入、编辑等全过程。

（1）要求录入 50 ~ 100 个汉字加西文（内容自定）。

（2）因为录入的内容均为五号字、宋体（系统默认值），所以在编辑中可选择文中部分文字，通过“文字”工具栏来修改字体、字号。

（3）通过“文字”工具栏中“字体颜色”的下三角按钮，分别选取红色、蓝色、黄色（注意选中文字后，再改变颜色）。

（4）注意，到目前为止的所有操作均是在内存中进行的，如果遇到突然断电、机器异常或死机的情况，刚才输入的所有内容将全部丢失。因此需存盘（交代盘符、路径、文件夹和为该文件命名），要求存进 D 盘的文件夹中。

（5）强调在打印前，增加一项操作——“打印预览”。所谓打印预览，就是在打印前看看整个文件的幅面大小、文字段落、图表的布局……如果符合你的编辑意图，版面美观就打印；否则，继续调整版面直到符合要求——因为预览的效果基本上就是打印效果。

具体操作：在录入、编辑完成后，单击工具栏中的“打印预览”图标，屏幕立即显示文件每面的打印效果，其幅面能按比例放大或缩小，可逐页审核全文。按“关闭”按钮可返回编辑状态。

(6) 如果文件做了进一步的调整修改，修改结束后必须再次存盘，即单击工具栏中的“保存”按钮，以新信息覆盖旧信息。“后入为主”，不断更新。

提示：请注意观察单击“保存”按钮时，屏幕上有什么变化。看看要不要重新交代文件具体存放的位置（即盘符、路径、文件夹和文件名）。

(7) 预览通过以后，立即打印。

请大家按以下步骤进行操作，以掌握复制、剪切和粘贴的操作过程。

1. 复制和粘贴操作

现将“暨南大学出版社”这个名称，先复制一次（进入剪贴板），再连续粘贴5次，生成一段话，如图3-51所示。其操作如下。

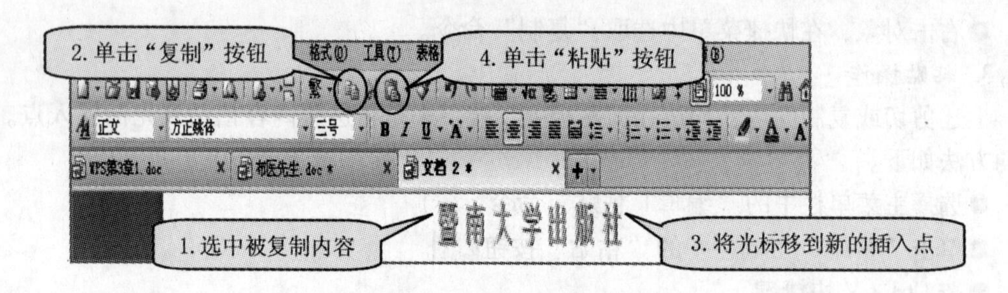

图3-51 复制操作过程

第1步：选中被复制内容（对象）——将光标移到“暨”字的左边，压住鼠标左键后拖到“社”字的右边为止；或者将光标移到“暨”字的左边，左手按住Shift键将光标移到“社”字的右边。上述两种方法均将被选对象“打黑”，即选中。

第2步：单击“常用”工具栏中的“复制”按钮，此时被选对象进入剪贴板。

第3步：将光标移到新的插入点。

第4步：单击常用工具栏中的“粘贴”按钮，连点5下，即连续粘贴5次，其效果如图3-52所示。

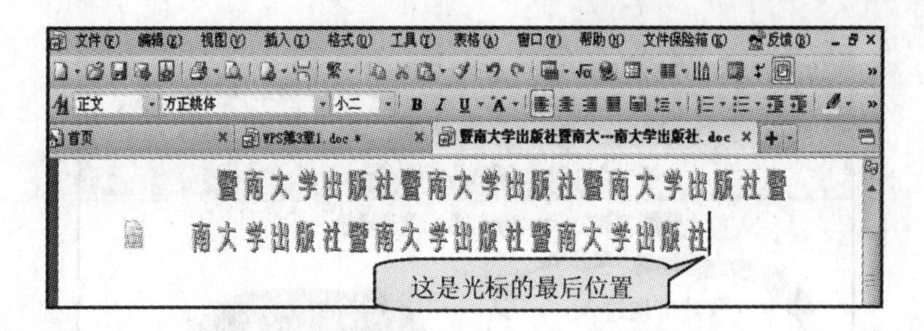

图 3－52　连续粘贴 5 次的效果

2. 剪切和删除操作

如图 3－53 所示，版面上有 3 个“独立的”对象，马、文字块、小鼠，两张图片是粘贴上去的。现在拟将对象“马”剪掉，相当于删除，具体操作如下：

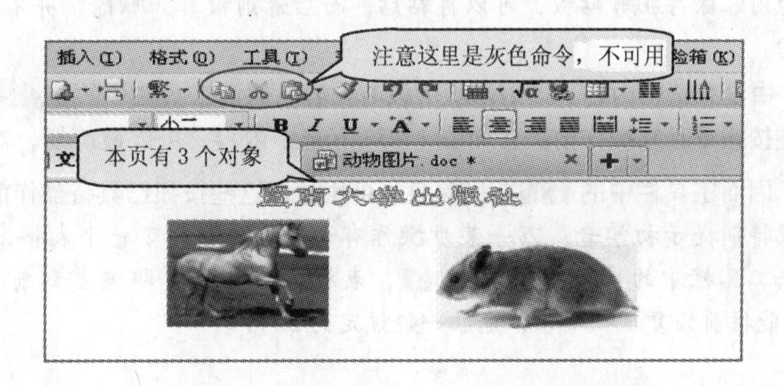

图 3－53　版面上有 3 个“独立”的对象

第 1 步：单击（选中）图片马，此时马的四周出现编辑点 8 个（缩放点、控点），表示此图片被选中，如图 3－54 所示。

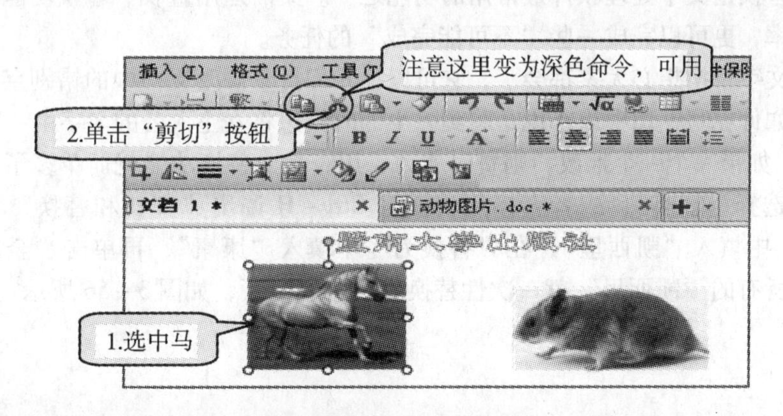

图 3－54　图片马被选中示例

第 2 步：单击“常用”工具栏中的“剪切”按钮 ，马被剪切掉，如图 3－55 所示。

图3-55 马被剪切示例

注意：对象被选中后可通过剪切工具剪切掉，亦可单击键盘上的Delete删除键，不过前者被剪掉的内容保存在剪贴板，可以再粘贴；而后者则被真正删除，并不进入剪贴板，操作时需留意。

图3-53中没有选中内容，即剪贴板中没有内容，因而工具栏中的 呈灰色，不可用，即这些按钮不存在操作前提；而图3-54有选中内容，可以被剪切，对剪切而言具有操作前提，因而工具栏中的 呈深色，可用，即这些按钮已具备操作前提。

注：在此特别提示初学者：万一某步操作有误，比如删错了一个表格，千万不要紧张，赶紧单击工具栏中的“恢复”按钮 ，表格便能恢复，即恢复到前一步的操作。“恢复”按钮能往前恢复0~99步，电脑一般设定为20步。

3.10 WPS文字中查找与替换的应用

查找与替换是文字处理软件最常用的功能之一。灵活运用查找、替换功能，不仅可以提升工作效率，更可以完成一些“不可能完成”的任务。

简单的文字替换想必大家都会了，它可以让我们批量修改文档中的错别字或者其他任何词语。比如你在写一篇中篇小说，写到一半的时候想将女主人公的名字由“凯西里”改成“康康”，如果一个一个地改，则费时费力；用查找、替换功能就简单多了——从“编辑”菜单中选择“替换”，或者直接用快捷键Ctrl+H调出“查找和替换”对话框，在“查找内容”中填入“凯西里”，在“替换为”中填入“康康”，再单击“全部替换”按钮，文档中所有的“凯西里”就一次性替换成“康康”了，如图3-56所示。

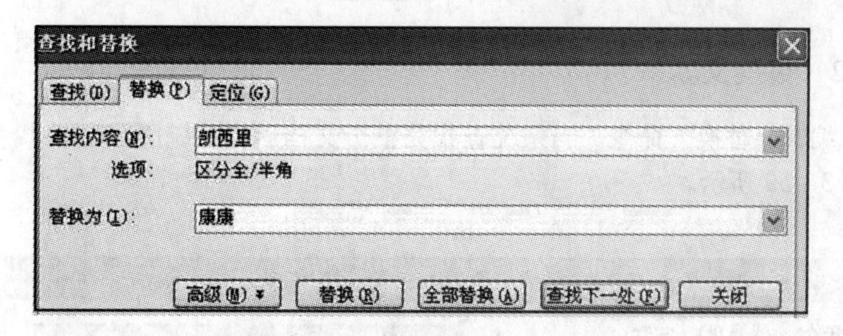

图 3－56 “查找和替换”对话框

查找是指在一篇文章中查找一个词或一句话出现的地方。替换是指将某一字符串替换成另一字符串，比如将“其它”替换成“其他”，将“Wps office 2012”替换成“WPS Office 2012”。若用人工查找的方法，费时费力，效率很低。WPS 文字提供了查找与替换功能，能方便快速地从正文、文字框、表格中查找字符串，并可以把查找到的字句替换成其他内容，使用各种通配符可以实现全文模糊查询。

3.10.1 查找文本

使用“编辑｜查找”命令，系统弹出“查找和替换”对话框，如图 3－57 所示。

在“查找内容”文本框中输入要查找的字符串，如图中输入“wpsoffice2012”，单击“查找下一处”按钮，则电脑将所找到的第一个字符串标记成文字串，并呈反白显示。

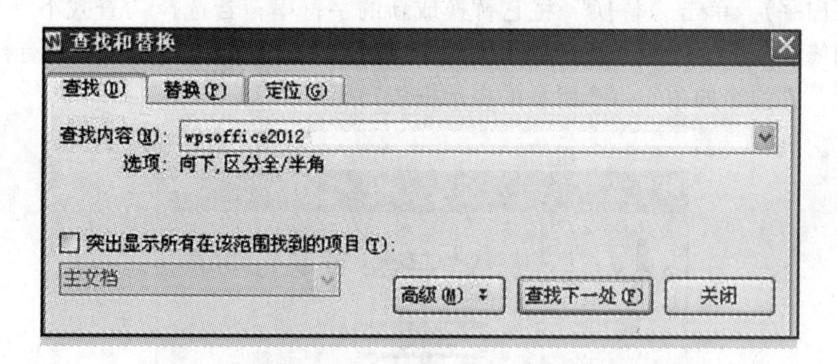

图 3－57 “查找和替换”对话框

在查找过程中，如果找不到待查找的字符串，系统会提示用户，如图 3－58 所示。

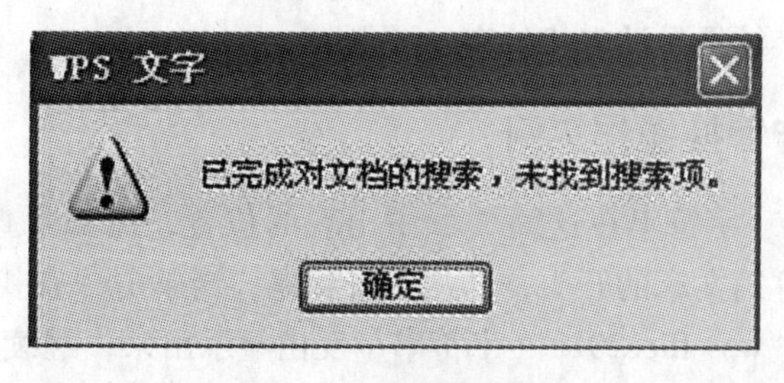

图 3－58 系统提示框

3.10.2 替换文本

选择“编辑 | 替换”命令。当系统查找完整个文档后，系统弹出“查找和替换”对话框，如图3－59所示。

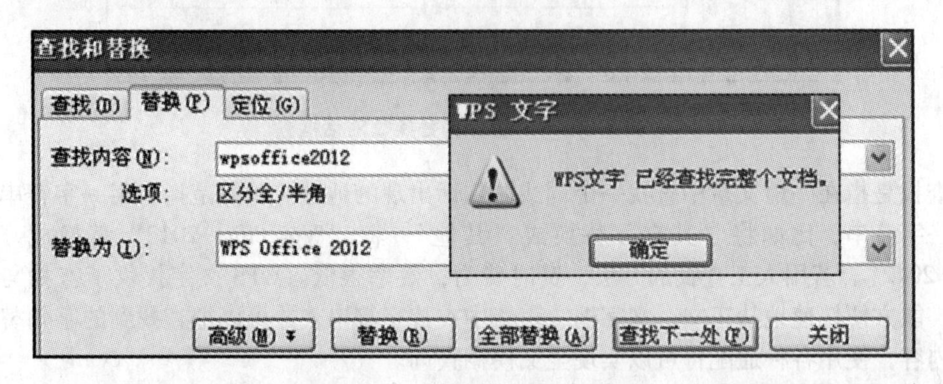

图3－59 “查找和替换”对话框

(1) 在“查找内容”文本框中输入要替换的字符串，在“替换为”文本框中输入要替换成的字符串，单击“查找下一处”按钮。

(2) 当电脑找到一个要替换的字符串时，系统将该字符串标记成文本块（呈反白显示，即黑底白字）。单击“替换”将它替换成新的字符串；若选择“查找下一处”，则电脑不做任何修改，继续向后寻找；如单击“全部替换”按钮，电脑将会把所有找到的字符串全部替换，并弹出如图3－60所示的提示框告知用户。

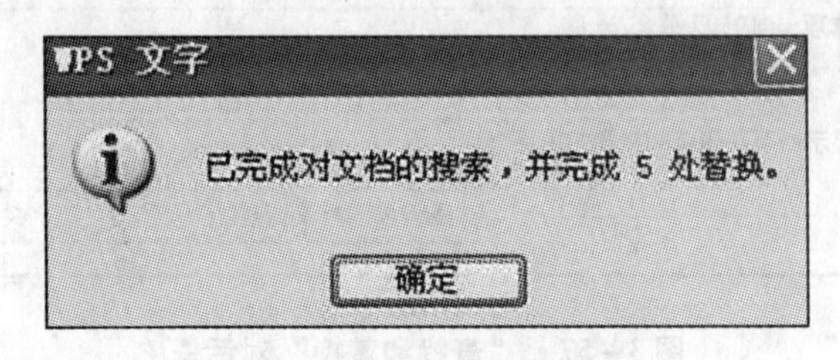

图3－60 系统提示框

(3) 有一个特例：如果在“替换为”文本框中没有输入任何字符串，即以空白替换被查找的字句，则替换结果是被查找的字句被删除。

3.10.3 查找与替换操作实例

“查找”是查找某一字符串在这篇文章中出现的位置，比如要查找“wpsoffice2012”，当光标插入点定位在这篇文章的开头，即从头查到尾，当单击“查找下一处”时，屏幕上会将文中第一个出现“wpsoffice2012”字符串呈反白显示出来；继续单击“查找下一处”，电脑会将文中第二个“wpsoffice2012”找出来……可以看出该字符串出现在文中的具体位置以及文中一共有多少个该字符串。

通常情况下是怀疑这个字符串有某些问题，可能不规范或有错别字，特别是西文，如单词的大小写或空格等不符合要求等，因而必将“替换”成符合要求的字符串。故一般情况下查找和替换是配套使用的，即查出一个接着替换一个，直到全文符合要求。

本例是该书的第3章录入的“wpsoffice2012”不规范，字母有大小写的错误，西文中的空格不规范（半角/全角）。具体操作如下。

第1步：打开该文件，将光标定位在文首，单击“编辑 | 替换”命令，在“查找和替换”对话框中的“查找内容”文本框中输入“wpsoffice2012”，在“替换为”框中输入“WPS Office 2012”。

第2步：单击“查找下一处”，电脑已找到文中第一处不规范字符串并呈深色显示，是否替换由用户决定。如图3－61所示。

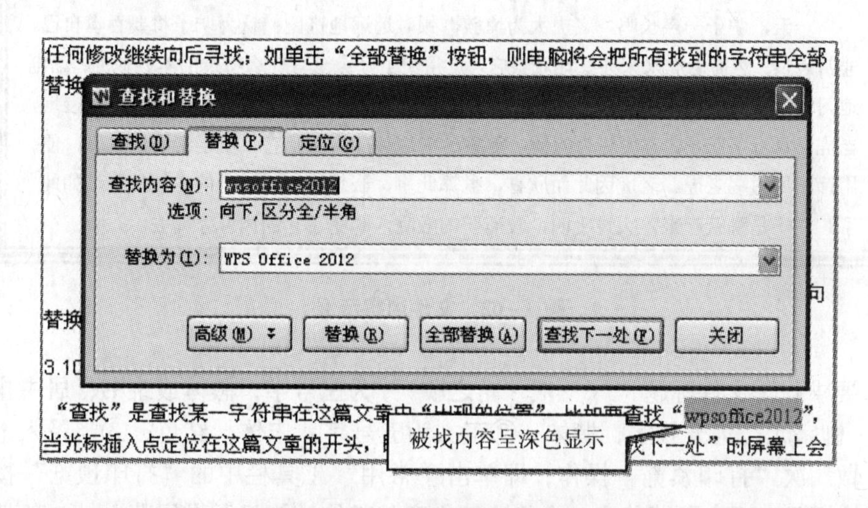

图3－61 “查找和替换”对话框

如果发现有不规范的字符串，则单击“替换”按钮，接着单击“查找下一处”。建议在没有足够把握的前提下不轻意使用“全部替换”，否则反而容易添乱。

3.10.4 上机操作

复习3.6节编写文件的上机操作，将图3－62所示的内容录入、编辑，生成一个文件并保存。

《三戒·黔之驴》唐·柳宗元

黔无驴，有好事者船载以入。至则无可用，放之山下。虎见之，庞然大物也。以为神。蔽林间窥之，稍出近之，慭慭然，莫相知。

他日，驴一鸣，虎大骇，远遁，以为且噬己也，甚恐。然往来视之，觉无异能者。益习其声。又近出前后，终不敢搏。稍近，益狎，荡倚冲冒。驴不胜怒，蹄之。虎因喜，计之曰："技止此耳！"因跳踉大㘎，断其喉，尽其肉，乃去。

【译文】　黔这个地方没有驴子，有个喜欢多事的人用船运载了一头驴进入黔地。运到后却没有什么用处，便把它放置在山下。老虎见到它，一看原来是个巨大的动物，就把它当作了神奇的东西。于是隐藏在树林中偷偷地窥探它。老虎渐渐地走出来接近它，很小心谨慎，不了解它究竟有多大本领。

一天，驴子一声长鸣，老虎大为惊骇，顿时远远地逃跑；认为驴子将要吞噬自己，非常恐惧。然而老虎来来往往地观察它，觉得驴子好像没有什么特殊的本领似的；渐渐地习惯了它的叫声，又靠近它前前后后地走动；但老虎始终不敢和驴子搏击。慢慢地，老虎又靠近了驴子，态度更为随便，碰擦、倚靠、冲撞冒犯它。驴子禁不住发怒，便用蹄子用力踢老虎。老虎因此而欣喜，盘算此事，心想道："驴子的本领只不过如此了！"于是跳跃起来，大声吼叫，咬断驴的喉咙，吃完了它的肉，才离去。

图3－62　文件内容示例

（1）要求：①文件标题"《三戒·黔之驴》"为三号字，黑体或隶书，居中排，占一行，"唐·柳宗元"为五号字，楷体；②正文为五号字，宋体，红色；③当录入、编辑完了以后，做一次"打印预览"操作，即单击"常用"工具栏中的"打印预览"按钮，系统随即由编辑状态进入预览状态，会将这篇文章的整体结构显示在屏幕上，一般情况下显示效果看上去很舒服，如不满意可退出预览状态，返回编辑状态再次调整幅面、字体、字号、颜色、空格、空行等操作，直至预览满意为止；④退出预览的操作很简单，单击菜单栏中的"关闭预览"按钮。"打印预览"效果同将来打印出来的实际效果差不多，这样就不会浪费纸张。

注：请记住以后所有要打印出来的文件都要先预览后打印。

（2）当预览通过并准备存盘后，要求存放在你的文件夹中（如 E:\peng）。

其操作是：单击"文件"菜单下的"保存"或"另存为"命令。注意此为第一次存盘，必将进入"另存为"对话框，需要掌握的关键是：对话框中的"保存在"文本框中显示的不一定是E盘（因为你的文件夹规定是放在E盘的根目录下），有可能是D盘、F盘、"共享文档"或"我的文档"等，那么怎么办？

注意：不管当前处在哪一级目录层次，单击保存地址栏右侧的下三角按钮，该电脑的主要目录层次都会显示出来，如图3－63所示。

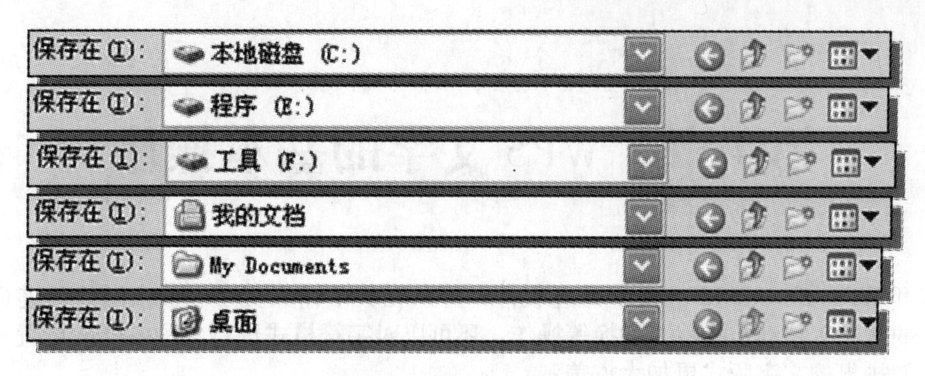

图 3－63　目录层次示例

（3）在“文件名”文本框中电脑一般会自动取名为“《三戒·黔之驴》唐·柳宗元.wps”，你可以改为西文名、中文名或不改动，最后单击“保存”按钮，这样就在D盘你的文件夹中保存了“《三戒·黔之驴》唐·柳宗元.wps”文件。

提示：你在单击“保存”按钮以前要确认是“《三戒·黔之驴》唐·柳宗元.wps”文件才能存，因为电脑提供的文件名很有可能为“《三戒·黔之驴》唐·柳宗元.doc”，也就是说很有可能存为Word文件，这两者是互相兼容的，那么，该如何处理？在“保存类型”文本框中，注意单击“保存类型”右侧的下三角按钮，选取文件扩展名为.wps才能存盘。

（4）如果你使用的电脑是单机，建议你关机（完全断电，让内存的文件“自动丢失”）。因文件已存盘，故单击屏幕右上角的“关闭”按钮即可。返回Windows界面，再按规定关机。

（5）如果你使用的电脑是机房（或网络中心）多用户，那么返回Windows界面就行。

（6）在Windows界面下双击WPS图标进入WPS编辑界面，单击“文件”菜单下的“打开”命令，在“打开”文件对话框中，根据盘符、路径、文件名，将“《三戒·黔之驴》唐·柳宗元.wps”文件打开、调入内存并显示在屏幕上。

（7）将该文件再次存盘，但要求存为Word文件（《三戒·黔之驴》唐·柳宗元.doc）。

提示：当你将文件“保存类型”改为“.doc”以后，你准备用“另存为”、“保存”，还是单击“保存”按钮？这是关键，想清楚再往下操作。

（8）复习3.6.3节“插入文件”，要求将“《三戒·黔之驴》唐·柳宗元.doc”文件“插入”到当前“《三戒·黔之驴》唐·柳宗元.wps”文件的末尾或中间（由你自定）。

（9）当两个文件（《三戒·黔之驴》唐·柳宗元.doc和《三戒·黔之驴》唐·柳宗元.wps）合并成为一个文件后再次存盘，生成一个新文件。该新文件换不换名、存放在哪里，都由你决定。

提示：

（1）预计会出现各种提示信息，希望你认真考虑后回答，并从中悟出一个道理。

（2）除了用“插入文件”的方法将两篇文章合并，你还有何高招？不妨用剪贴或复制的方法试一试。

本操作全部完成后，你对WPS文件的组成、命名、打开、关闭、保存（盘符、路径、文件名）都算掌握了，祝你成功！

第4章　WPS文字的基本操作

打开 WPS Office 2012 的文字处理软件，可以在其中输入文字，插入图片，进行文字和图形的复制、移动、查找、替换等操作，还可以对字符格式进行各种各样的设置、图文混排，使排出的文字版式更加大方美观。

4.1　美化文字——添加边框和底纹

为文本添加边框和底纹可以修饰与突出文档中的内容。图4－1所示的内容分4步完成：①输入文字，②围绕文字添加边框，③在框内设置底纹并着色，④贴上你喜爱的图片。

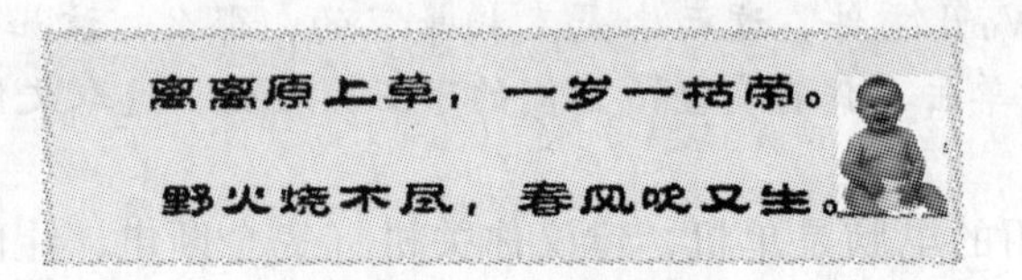

图4－1　范例图示

4.1.1　添加边框

文字边框可以把主要的文本用边框围起来，以引起读者的注意，具体操作如下。

第1步：选择需要添加边框的文字，然后使用主菜单栏中的“格式 | 边框和底纹”命令，打开“边框和底纹”对话框，如图4－2所示。

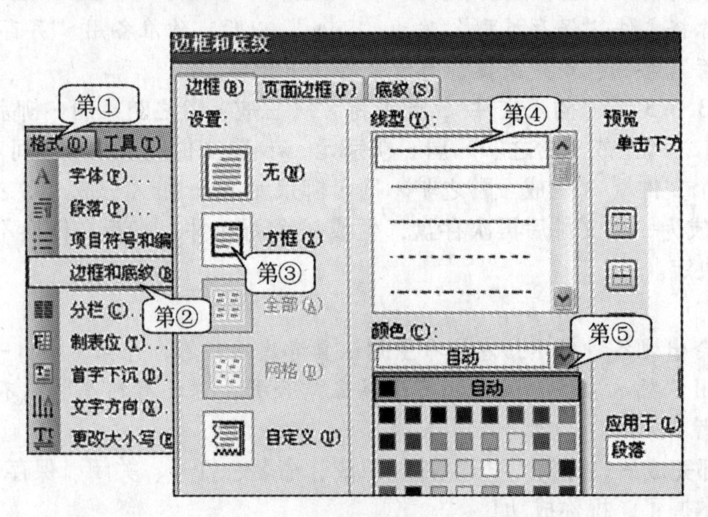

图4－2　“边框和底纹”对话框

第2步：单击“边框”标签，在选项卡的“设置”选项组中，选择一种你喜爱的边框样式，如“方框”、“自定义”等（本处设为方框）。

第3步：在“线型”下拉列表框中选择边框的线型，如双线或者点划线等；在“颜色”下拉列表框中选择边框线的颜色；在“宽度”下拉列表框中选择边框线的宽度。

第4步：在“应用于”下拉列表框中选择边框线的应用范围，在这里选择“文字”（如果在打开此对话框之前已经选定要标记的文档内容，则可以省略此操作）。

第5步：单击“确定”，完成边框的设置（最后显示的边框和底纹如不理想，可以重复修改，直到满意为止）。

4.1.2 在边框中添加底纹

添加底纹可以使文档内容突出，具体操作如下。

第1步：选择要添加底纹的文本，打开“边框和底纹”对话框（见图4－2）并打开“底纹”选项卡，如图4－3所示。

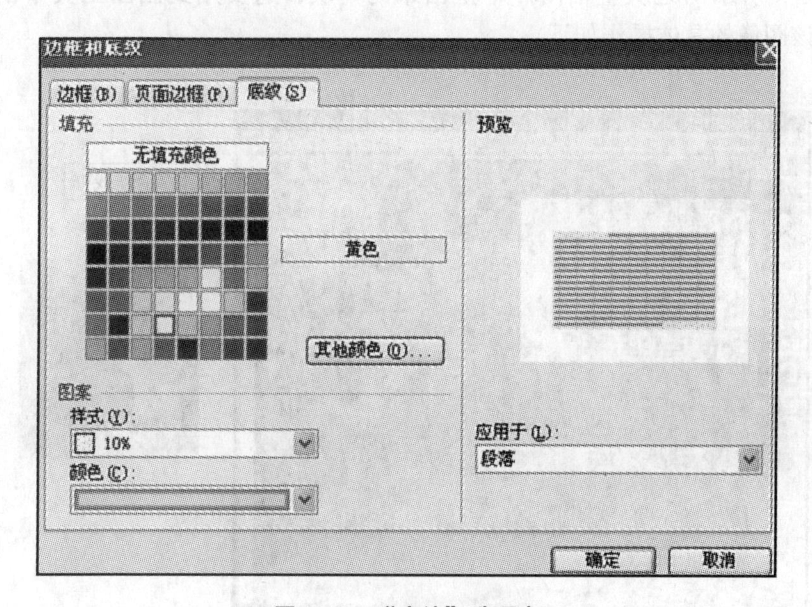

图4－3 “底纹”选项卡

第2步：在“填充”选项组中选择一种填充颜色，在“图案”选项组中选择底纹的“样式”和“颜色”。

第3步：单击“确定”按钮，完成全部操作。

4.2 掌握基本的截图技术

我们前面学习了从网上复制文字，当然也能从大千世界里复制图形、图像到你的文件中，其方法是很多的。本节要求掌握最基本的截图技术。

实际上，从互联网或其他各种界面上，即从屏幕上看到什么都随时可以“拍照”，既简单又有趣。

电脑里配有一台“照相机”，它也有“快门”——就是键盘上的 Print Screen 键（也叫打印屏幕键，在键盘的右上方），每按键一次，就相当于照相机按了一次快门，整个屏幕上的内容就变成了一张图片，保存到剪贴板上。最好即时将图片粘贴到你的文稿中去；否则再按一次键，前一幅图片就会被后一幅所替换（以后入为主）。这是其与普通照相机或数码相机的不同之处。

一般来说，电脑里都配有一个“画图”软件，它的图标是，显示在 Windows 桌面上；或者单击“开始”按钮，就能看到“画图”软件；或者单击“开始丨所有程序丨附件丨画图”命令显示。该软件能创建和编辑图画以及显示与编辑扫描获得的图片。它有很多画图、处理图片的工具，诸如选定图像工具、裁剪工具、颜色填充工具、橡皮、铅笔、刷子、喷枪等，这些都很好用。

如图 4-4 所示的是从整幅图片中挖出来的一块，这要用到画图工具中的“选定工具”。截出该图像的具体操作如下。

图 4-4　从整幅图片中选定一块示例

第 1 步：当在互联网、Windows 界面、WPS 界面上需要“拍照”时就按下“快门”，即按键盘上的 Print Screen 键一次，整个屏幕的图文就进入了剪贴板，随即转入 WPS 编辑界面，再单击工具栏中的“粘贴”按钮，在你的文稿里就出现了你所需的图片。

需要说明的是，所出现的画面是整屏的，如果你想从中挖出一块，那就得调用“画图”软件中的“选定或界定”工具，从中挖出一块，再次贴入你的文稿中。

第 2 步：当按完“快门”——Print Screen 键后，整幅图像已进入剪贴板。单击右上角的“关闭”按钮，返回 Windows 界面后，再双击“画图”软件图标，或者单击“开始｜所有程序｜附件｜画图”命令，弹出“画图”对话框，如图4－5所示。

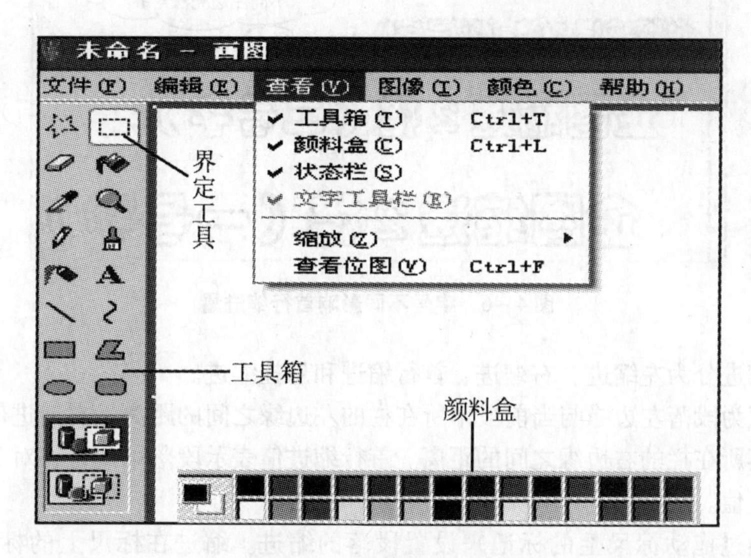

图4－5 “画图”对话框

第3步：单击“编辑｜粘贴”命令，此时整幅图片贴入画图界面。单击工具栏中的“选定、界定”按钮，鼠标指针变为十字形，移动鼠标指针到被剪切图片的左上角，按住左键拖至被切图片右下角，此时完成界定图片大小，屏幕上会出现界定虚线框，参阅图4－4左侧大图。

第4步：单击“编辑｜剪切”或“编辑｜复制”命令，所挖的这一块图片（如图4－4右侧小图所示）进入剪贴板，退出画图，再将刚才剪切的图片粘贴到文稿中。

希望读者能模拟上述操作，自己动手截取几张图片。

4.3 文稿编辑中段落格式的设置

手写体的文章一般是由段落组成的，而WPS Office中的段落就是以回车键结束的一段文件内容。用户可以从缩进、文字对齐方式、行间距、段间距、制表位、空格、段落重排等几个方面来编排段落的格式。

4.3.1 何谓段落的缩进

每一段文章的第一行（首行），人们习惯空两格（两个汉字的空距）。在计算机中，初学者一般将光标移到首行第一个字前面，连击4次（半角）或2次（全角）空格键，缩进2格。但当段落间字号不同时，往往无法使缩进的距离相同，从而影响版面的美观，如图4－6所示。这样一来，很有必要对段落缩进作些了解。

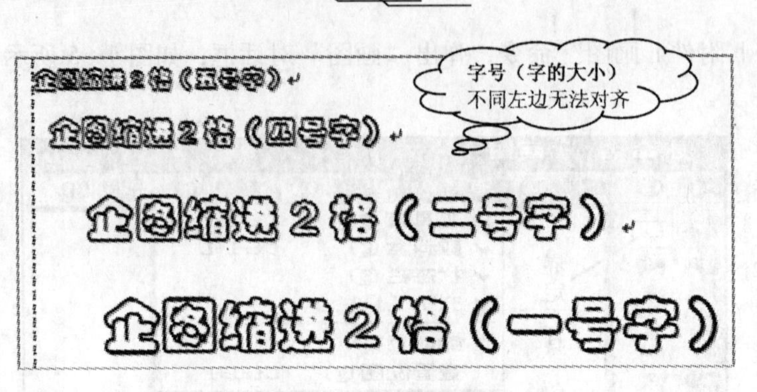

图4-6　字号不同影响首行缩进量

段落的缩进分为左缩进、右缩进、首行缩进和悬挂缩进。

左缩进值为段落左边缘与当前段落所在栏的左边缘之间的距离。右缩进值为段落右边缘与当前段落所在栏的右边缘之间的距离。首行缩进值表示段落第一行相对于所在段落的左边缘的缩进值。

用户可通过拖动标尺上的标记来设置段落的缩进。缩进在标尺上的标记如图4-7所示。

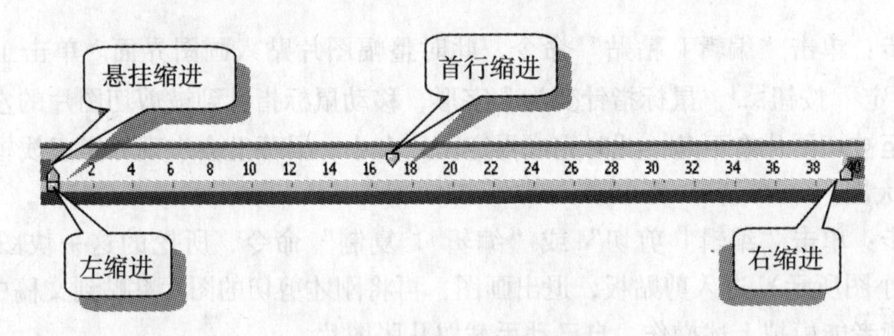

图4-7　标尺上的缩进标记

使用标尺改变段落的缩进非常方便。如果需要精确地设置缩进值或以文字的“格”(一个字）为单位来设置，则需要使用“段落”对话框。使用标尺设置时，根据文字的方向在“查看”菜单中选择“垂直标尺”或“水平标尺”命令，使标尺处于显示状态。

4.3.2　使用标尺首行缩进

首行缩进是指每一段的第一行留空或超前的距离。中文的习惯是每段的开头空两个汉字的距离。

使用标尺设置首行缩进的步骤如下。

(1) 将光标移到需设置首行缩进的段落内的任何位置。

(2) 将鼠标箭头移到标尺上的“首行缩进”指针上，按下左键，可以看到此时页面上出现一条虚线，它用于指示行首相对于标尺的位置。拖动鼠标，虚线会跟着动，继续拖动鼠标直到虚线移动到首行需要缩进到的位置，松开左键，该段落首行的行首便会移动到指定的位置。

4.3.3 使用标尺左缩进

左缩进标记实际上是由上下两个部分组成的。如果只拖动上面的三角标记，则只改变左缩进值，如果拖动下面的方块标记，则同时改变左缩进和首行缩进。根据需要在标尺上将缩进标记拖动到适当的位置。

同理，亦可用标尺实现右缩进，其方法比左缩进更为简单，本处从略。

4.3.4 使用工具按钮减小或增大左缩进

可使用减小左缩进按钮和增大左缩进按钮来调整左缩进值，其方法如下。

(1) 选定一段文字，或在开始增大或减小缩进值的位置设置插入点。

(2) 单击减小左缩进按钮或增大左缩进按钮。

减小或增大的缩进值与单位有关。如果在“段落属性”对话框中选择缩进单位为毫米，则增大或减小的缩进值为 10 毫米，如果选定的是“格”，则增大或减小的缩进值为两格。

如果标记了文字块，那么设定新的缩进值后，缩进值将作用于文字块中的所有段落。

如果页面或文字框中的文字是竖排的，那么左右缩进实际上是上下缩进，改变缩进值的操作与横排时相同。

通过标尺设置段落的格式的确非常方便、快速，但如果要设置非常精确的段落缩进量，仅仅靠标尺是不容易实现的，需要通过“段落”命令进行设置。

4.3.5 使用菜单命令综合设置段落

使用菜单命令综合设置段落的方法如下。

(1) 将插入点放在要设置缩进的段落中或选定文字块。

(2) 在“格式”菜单中选择“段落”命令，在弹出的“段落”对话框（如图 4－8 所示）中显示了当前段或文字块的缩进值。

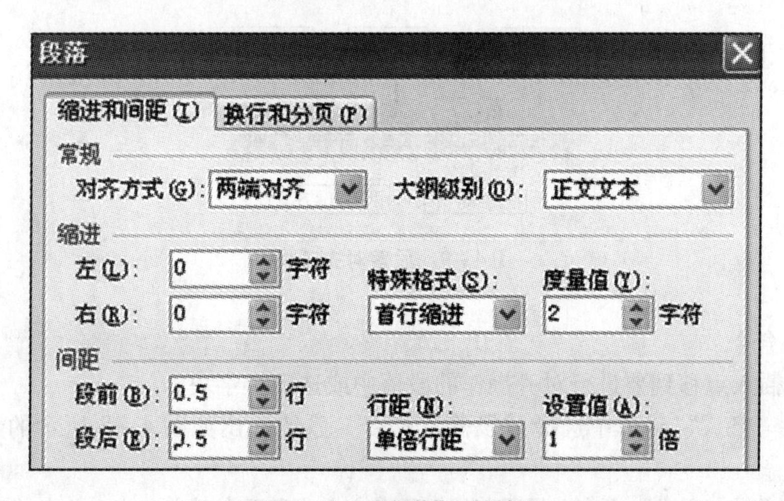

图 4－8 “段落”对话框

（3）先确定左缩进或右缩进或首行缩进的单位后，在对应的“缩进”框中输入或选择缩进值。

（4）单击“确定”按钮。

缩进值可以用当前段第一个字的宽度为单位，在对话框中的单位栏中记为“格”。

根据汉字段落的习惯，默认的左右缩进为0，首行缩进为空两格。

在 WPS Office 中，当前标尺使用的单位是系统的默认单位。当打开一个设置尺寸的对话框时，对话框中使用的单位是系统的默认单位。在每个这样的对话框中都有一个“单位选择”框，可重新设置当前对话框所使用的单位。关闭对话框时，这个设置不再起作用。例如，当前标尺使用的单位是英寸，系统弹出对话框时，各个输入框中的值是以“英寸”为单位的；如果用户想使用毫米为单位来设置缩进值，那么在对话框右下角的“单位选择”框中选择“毫米”，系统就自动更新各个输入框中的值。

例如，要将当前段落设置成第一行从左页边距开始，其余各行左边空两格，段落的右边和右页边距之间的距离也是两格。这是一种“悬挂缩进”的格式。应该在“段落”对话框中将左、右和首行缩进的单位都设置成“格”，左缩进设为2，右缩进也设为2，首行缩进设为2。

4.3.6 段落对齐方式

段落的水平对齐方式有左对齐、居中对齐、右对齐、两端对齐和分散对齐5种。在 WPS Office 中默认的对齐方式是两端对齐。在文件中，标题一般采用居中对齐的方式，落款一般采用右对齐。分散对齐方式则可以将除最后一行以外的文字均匀地排列在段落左右边缘之间，以保证段落左右两边的对齐。

1. 使用工具栏

（1）将插入点移到要进行对齐操作的段落中或选定文字块，在“文字”工具栏上显示了当前的对齐方式，如图4-9所示。

（2）在“文字”工具栏上单击要设置的段落对齐工具。

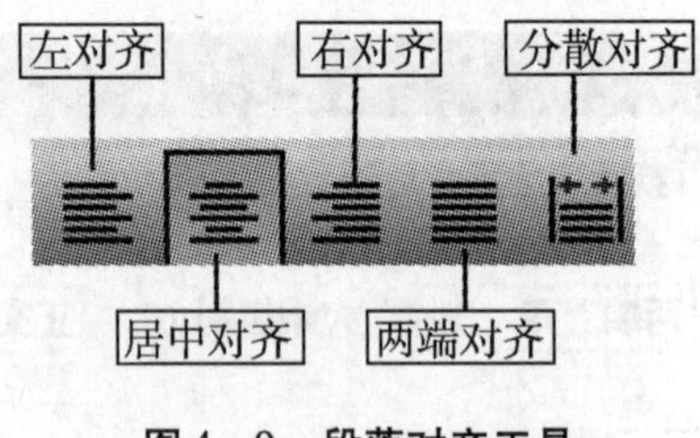

图4-9　段落对齐工具

2. 使用命令

（1）将插入点移到要进行对齐操作的段落中或选定文字块。

（2）在“格式”菜单中选择“段落”命令，系统弹出如图4-8所示的“段落”对话框。

（3）在“对齐方式”框中选择段落的水平对齐方式和垂直对齐方式，单击“确定”按钮。

选定文字块，设定新的对齐方式后，对齐方式将作用于文字块中的所有段落。

4.3.7 行间距和段间距的设置

行间距是一个段落中行与行之间的距离，段间距则是当前段落与下一个段落之间的距离。

行间距和段间距可以用当前行高的百分比或者一个固定值表示。WPS 默认的行间距是 2.5mm，默认的段间距是 0。

1. 设置行间距

设置行间距的方法如下。

（1）将插入点移到要设置行间距的段落中或选定文字块。

（2）在“格式”菜单中选择“段落”命令，系统弹出如图 4-8 所示的对话框。

（3）选择行间距的单位。

（4）在“行距”和“设置值”下面的框中输入或选择行间距大小。

（5）单击“确定”按钮。

2. 设置段间距

段间距指段落和段落之间的距离。在 WPS Office 中有段前间距和段后间距之分，分别指当前段落与前面段落的间距，当前段落与后面段落的间距。

设置段间距的方法如下。

（1）将插入点移到要设置段间距的段落中或选定文字块。

（2）在“格式”菜单中选择“段落”命令，系统弹出如图 4-8 所示对话框。

（3）选择段间距的单位。

（4）在“段前”和“段后”后面的框中输入或选择段前间距和段后间距的大小。

（5）单击“确定”按钮。

选定文字块，设定行间距或段间距后，新的间距将作用于文字块中的所有段落。也可以通过在段落之间增加或删除空行来调整两段之间的距离。

4.4 在文稿中插入项目符号和编号

文稿排版时，某些段落前面加上编号或者某种特定的符号，可以提高文稿的条理性。在 WPS 文字中，可以自动给段落创建编号或项目符号，并且提供了标准的中文项目符号、编号及多级编号。请先看图 4-10 所示的图片。

① 在文件中设置日期
② 在文件中插入特殊符号
③ MPS文字工具的应用
④ 添加边框和 编号

◆ 在文件中设置日期
◆ 在文件中插入特殊符号
◆ WPS文字工具的应用
◆添加边框 项目符号

1.一级标题 多级编号
1.1二级标题
1.1.1三级标题

图 4-10 项目符号和编号示例

4.4.1 自动创建项目符号和编号

如果要自动创建项目符号和编号列表，可以按照下述步骤操作。

第1步：单击“格式”工具栏中的“项目符号”按钮 旁边的下三角按钮，在其列表中选择一种项目符号样式。WPS 文字将显示常用的符号列表，以方便用户使用，如图 4-11 所示。

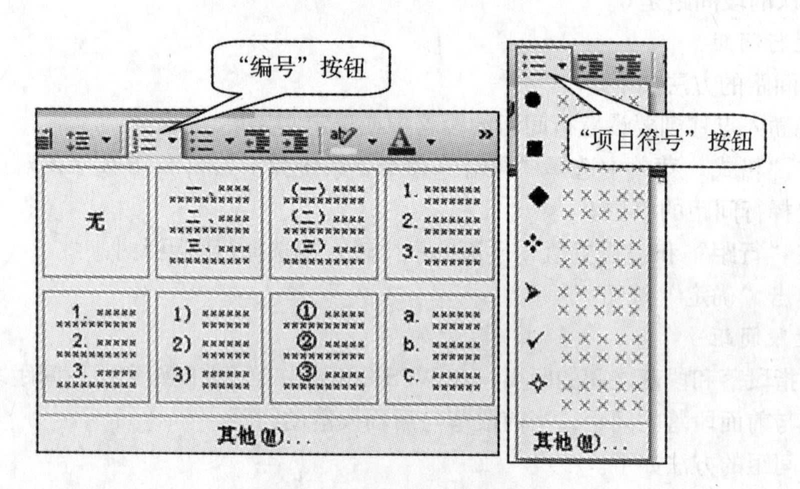

图 4-11 常用的符号列表

第2步：在插入的项目符号或编号之后输入文本。

第3步：当这一行或一段输完以后，按回车键后自动插入下一个项目符号或编号。

注意：(1) 在插入编号“一”、“(一)”、“1.”之后输入文本超过一行时，电脑自动换行后的文本不进行悬挂缩进，即换行后的文本通常是顶格的。

(2) 要结束列表时，通过 Backspace 键（退格键）退出，或者连续按两次回车键就会退出。

4.4.2 为已有文本添加项目符号和编号

如果要为已有文本添加项目符号，可以按照下述步骤执行。

1. 项目符号

(1) 选定要添加项目符号的段落。

(2) 选择“格式 | 项目符号和编号”命令，出现“项目符号和编号”对话框，如图 4-12 左图所示。

(3) 选择任意一种项目符号和编号之后单击“自定义”按钮。

(4) 在出现的“自定义项目符号列表”对话框（图 4-12 右图）中进行相关设置，若需要用特殊符号作为项目符号，则单击“字符”按钮，在弹出的“字符”对话框中挑选所需特殊符号作为项目符号。

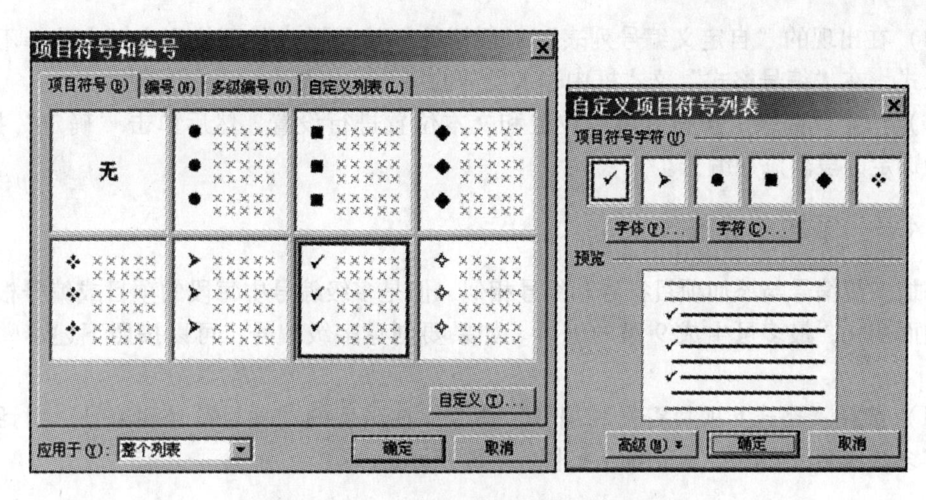

图4-12 “项目符号和编号”对话框

(5) 还可以单击“高级”按钮对项目符号位置和文字位置进行设置，然后单击“确定”按钮。

2. 自动编号

如果要为已有的文本添加编号，可以按以下步骤执行。

(1) 选定要添加编号的段落。

(2) 选择“格式 | 项目符号和编号”命令，在出现的“项目符号和编号”对话框中单击“编号”标签。

(3) 通常在“编号”选项卡中的编号选项为“无”，此时右下方的“自定义”按钮为灰色的不可用状态。选择任意一种编号之后单击“自定义”按钮，如图4-13左图所示。

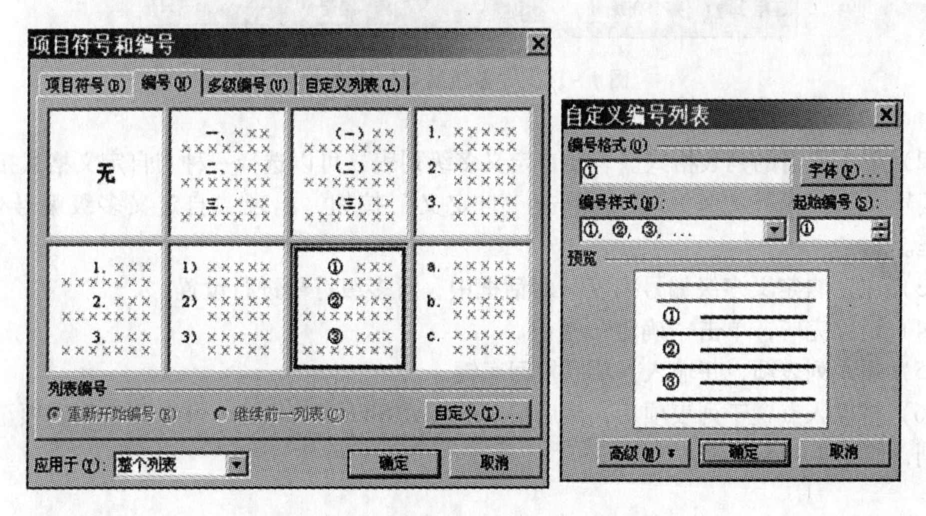

图4-13 “项目符号和编号”对话框

（4）在出现的“自定义编号列表”对话框的“编号样式”下拉列表框中选择不同的编号样式，在“编号格式”文本框中输入所需的字符，如图4－13右图所示。

（5）单击“高级”按钮对编号位置和文本位置进行设置，然后单击“确定”按钮，从而给选定的段落添加编号。

4.4.3 添加多级编号

添加多级编号与添加项目符号和编号相似，但是多级编号中每段的项目或编号根据缩进范围而变化，最多可生成9级的编号。如果要创建多级编号，可以按照下述步骤进行操作。

（1）选择“格式｜项目符号和编号”命令，在出现的“项目符号和编号”对话框中单击“多级编号”标签，其选项卡如图4－14所示。

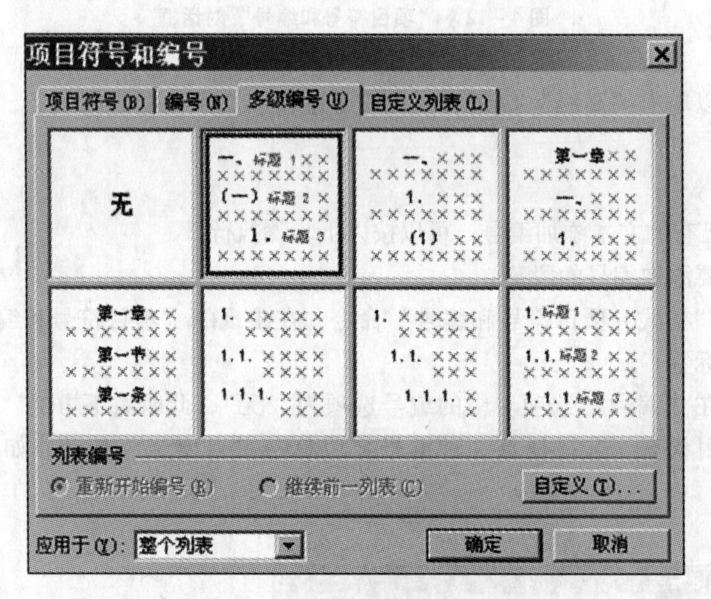

图4－14 “多级编号”选项卡

（2）单击所需的列表格式。若要自定义多级列表，可以选择一种与自定义格式接近的多级编号（除“无”之外），然后单击“自定义”按钮，出现“自定义多级编号列表”对话框。

（3）在“自定义多级编号列表”对话框中，对多级符号进行设置。

（4）设置完毕，单击“确定”按钮。

（5）输入列表项，每输入一项后按回车键。

（6）将插入点置于列表项后，然后按Tab键或Shift＋Tab键，可以调整列表项至合适的级别，如图4－15所示。

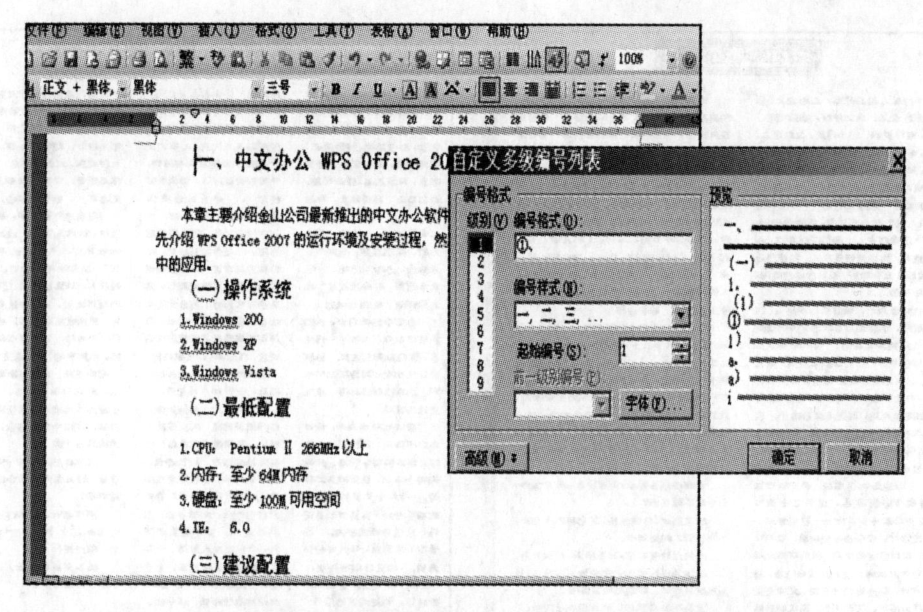

图4－15　“自定义多级编号列表”对话框及多级编号的效果示例

4.5　使用格式刷快速格式化文本和段落

WPS文字提供了非常实用的格式刷功能，利用它可以快速复制选定文本的属性，如字体、字符颜色、字符的特殊效果等格式，并将其格式应用到其他文本中。利用格式刷复制文字格式的步骤如下。

（1）将光标定位到具有原格式的文本位置。

（2）单击“常用”工具栏上的“格式刷”按钮，这时鼠标指针变成格式刷的形状。

（3）移动鼠标指针到要被格式化的文本或段落位置并将其选定即可完成。

双击“格式刷”按钮，可以连续使用格式刷。

4.6　文本分栏

何谓文本分栏？就是在文档中建立不同版式的栏，就像在报纸或期刊中看到的一样。在同一页中，可以建立具有多种栏数不同的文档，整个文档也可以有不同的栏数，如图4－16所示。

图 4-16　分栏示例（左边分为两栏、右边分为三栏）

WPS 文字可以很方便地对页面文本进行分栏设置。如果要设置分栏，可以按照下述步骤进行操作。

（1）要将整个文档设置成为多栏版式，将插入点定位在整篇文档的任意位置；要将文本的部分设置成多栏版式，请选定相应的文本。

（2）选择“格式 | 分栏”命令，出现如图 4-17 所示的“分栏”对话框。

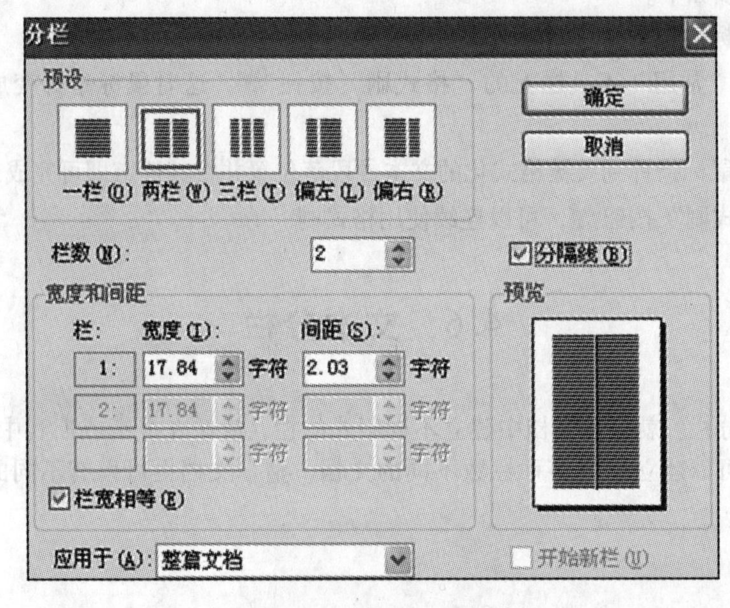

图 4-17　“分栏”对话框

（3）在“预设”选项组中单击要使用的分栏格式，例如“两栏”。

（4）在“应用于”下拉列表中，指定分栏格式应用的范围为“整篇文档”或“插入点之后”或“所选文字”等。

（5）如果要在栏间设置分隔线，则选中“分隔线”复选框。

（6）单击“确定”按钮完成分栏设置。

如果要修改分栏或者取消分栏，只需打开“分栏”对话框，在“预设”选项组中选择相应的分栏格式，在该分栏的“宽度”和“间距”框中输入合适的宽度和间距值；如果要取消分栏，只需在“预置”选项组中选择“一栏”即可。

4.7 样式功能的应用

一本书有好几章，每章下面又有好几节，而每节下面还可细分。章标题（也叫一级标题）的字体、字形、字号、间距等参数（如三宋、黑体、居中排、占五行的高度）全书应统一，节标题（也叫二级标题）的参数（如四号字、宋体、白体、左空二等一系列规定）全书也要统一……如果要逐行进行定义会很麻烦，而现在的 WPS 文字具有强大的“样式”功能。样式是属性的集合，是为了方便文稿编辑而设置的一些格式的组合。

4.7.1 使用样式

用户可以利用 WPS 文字提供的“样式和格式”任务窗格直接对文稿进行设置，具体操作如下。

第 1 步：将光标定位在需要改变格式的段落中（一般放在某一标题中，比如章标题、节标题等）。

第 2 步：选择“格式｜样式和格式”命令打开“样式和格式”任务窗格，如图 4－18 所示。

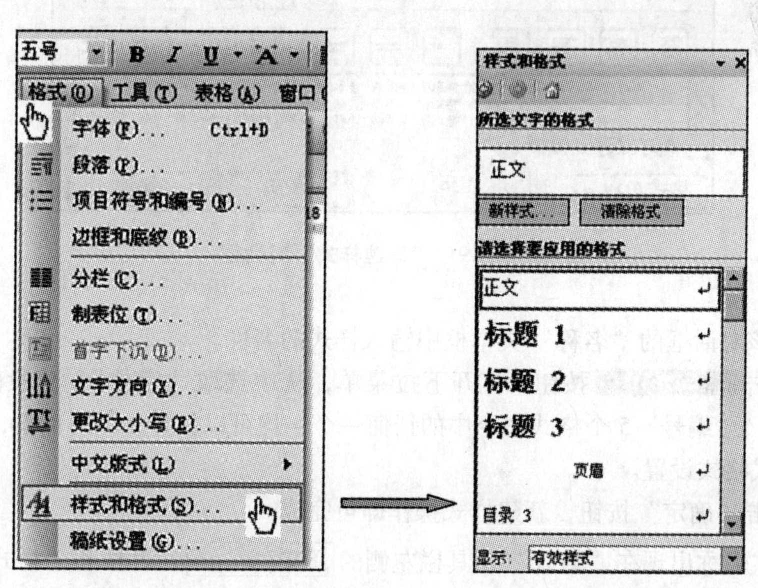

图 4－18 “格式｜样式和格式”命令及其任务窗格

第3步：在“样式和格式”任务窗格中列出了当前的主要样式。选中其中的一种，光标所在的段落就会应用为所选的格式。

也可以通过快捷方式打开“样式和格式”任务窗格，直接单击“格式”工具栏最左端的“格式窗格”按钮A4即可。

4.7.2 创建样式

为什么要创建样式？这是因为每当遇到章标题或节标题等都得按原预定方案（指各级标题的字体、字形、字号、间距等）逐项设定，重复性的劳动费时费力还易出错。

使用WPS文字的“样式和格式”任务窗格，可以很轻松地解决这个问题。

新建样式的操作步骤如下。

（1）选择“格式｜样式和格式”命令打开“样式和格式”任务窗格，如图4－18所示。

（2）在该任务窗格中单击 新样式... 按钮，弹出“新建样式”对话框，如图4－19所示。

图4－19 “新建样式”对话框

（3）在该对话框的“名称”文本框中输入样式的名称。

（4）单击 格式(O) 按钮，打开下拉菜单，从中选取“字体”、“段落”、“制表位”、“边框”、“编号”5个格式命令中的任何一个，均可以打开一个对话框，然后对其进行相应的样式格式设置。

（5）单击“确定”按钮，新建样式操作即可完成。

新建样式名称出现在“格式”工具栏左侧的 正文 列表框和“样式和格式”任务窗格的“请选择要应用的格式”列表框中。

4.7.3 修改样式

各家出版社的出版风格不尽相同，加上因人而异的个性化设计因素，故原创建的样式必定需要修改。具体操作如下。

第1步：单击“格式丨样式和格式”命令，打开“样式和格式”任务窗格。

第2步：在“请选择要应用的格式”列表框中选中要修改的样式，然后单击按钮，在弹出的快捷菜单中选择“修改”命令，如图4-20所示。

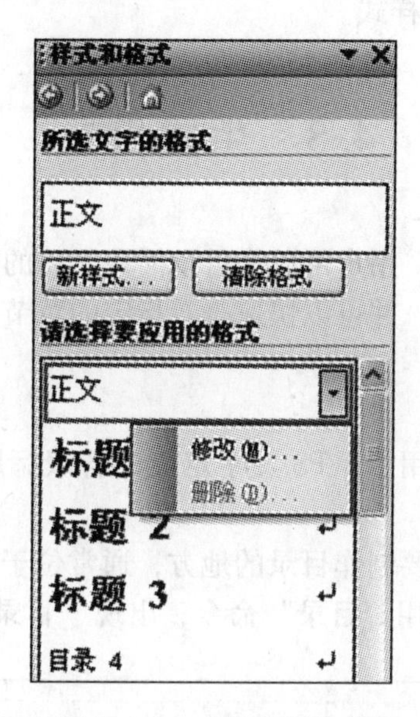

图4-20 “修改”命令

第3步：随即弹出“修改样式”对话框，如图4-21所示。

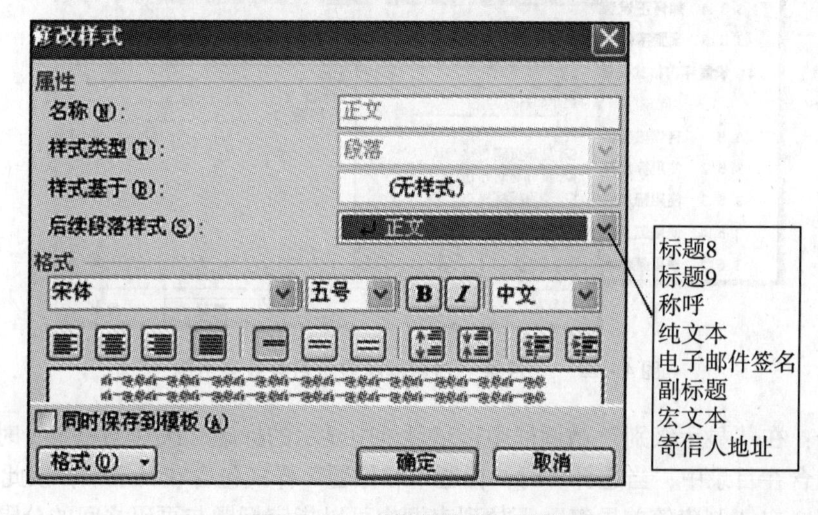

图4-21 “修改样式”对话框

第4步：可以根据需要依次设置“属性”和“格式”选项组中的各个选项，最后单击“确定”按钮完成样式修改。

提示： 在“样式和格式”任务窗格中修改样式后，文档中所有应用了该样式的文本都会同时发生相应的变更。

4.7.4 删除样式

在如图4－20所示的快捷菜单中选择“删除”命令即可删除用户自定义创建的样式，但是无法删除WPS文字自带的样式。

4.8 生成目录

目录是文档中标题的列表，用户可以将目录插入文稿的首页，读者就可以通过目录来了解某篇文档讲述了哪些内容，并可以快速查看指定的章节。

4.8.1 提取目录

如果文档中的各级标题应用了WPS文字定义的各级标题样式，那么创建目录将十分方便。具体操作步骤如下。

第1步：将插入点移到需要制作目录的地方，通常位于文档的开头。

第2步：选择“插入｜引用｜目录”命令，出现“目录”对话框，如图4－22所示。

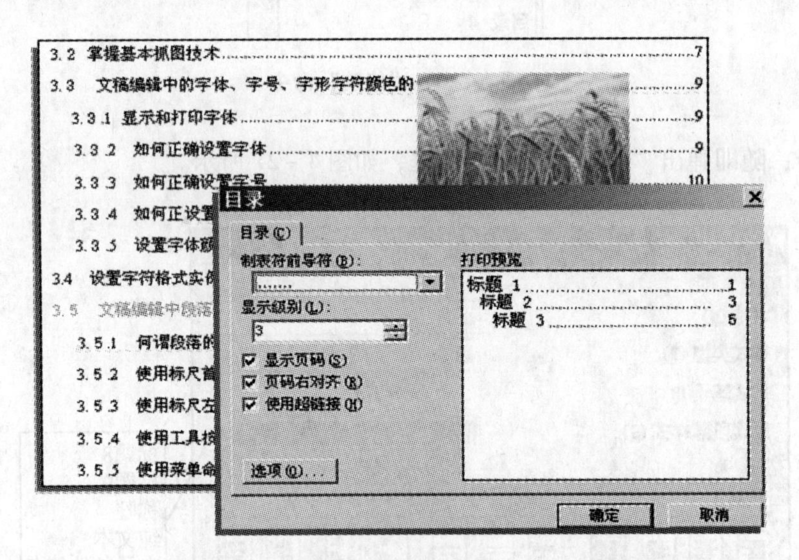

图4－22 “目录”对话框及显示目录效果示例

第3步：在“显示级别”微调框中指定目录中显示的标题层次（当指定1时，只有标题1样式包含在目录中；当选择2时，标题1和标题2样式包含在目录中；以此类推）。

第4步：在“制表符前导符”下拉列表框中可以指定标题与页码之间的分隔符。

第5步：单击“确定”按钮，结果如图4－22所示。

4.8.2 更新目录

更新目录的方法很简单，只需右击目录，从弹出的快捷菜单中选择“更新域”命令，出现如图 4-23 所示的“更新目录”对话框。如果选中“只更新页码”单选按钮，则仅更新现有目录项的页码，不会影响目录项的增加或修改；如果选中“更新整个目录”单选按钮，将重新创建目录。

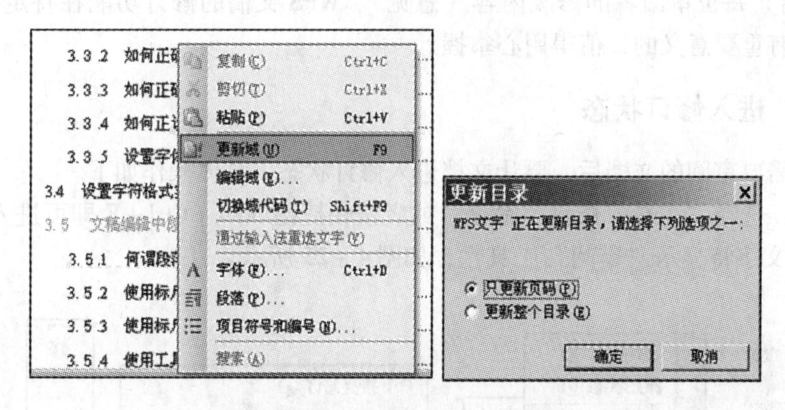

图 4-23 “更新目录”对话框

提示：如果用户要将整个目录文件复制到另一个文件中单独保存或者打印，必须将其与原来的文本断开链接，否则在保存和打印时会出现“页码错误”，如图 4-24 所示。

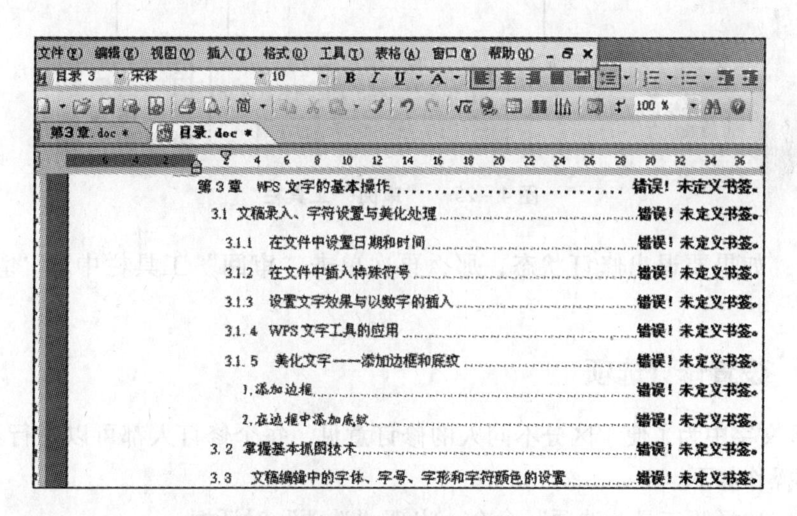

图 4-24 未断开链接的“页码错误”示例

因为任何一本正规的书都会有单独的目录，所以你必须掌握基本的技巧，否则生成的目录就会出现错误。

断开链接的操作方法是：在选定整个目录后，按下 Ctrl + Shift + F9 键即可。若要删除目录，只需将自动生成的目录全部选中，按下 Delete 键即可。

4.9 WPS 文稿的修订

文职人员录入、编辑一份文件后，需要将该文稿交给其他人（如领导、专家）审阅，让审阅者直接在文档中修改，不但节省了打印和文稿传递（发送）的时间，而且能够跟踪（或者说保留）每位审阅者的修改内容（意见）。WPS 文稿的修订功能在特定部门、特定文件中是具有重要意义的，值得用心掌握。

4.9.1 进入修订状态

当拿到需要审阅的文档后，要让文档进入修订状态，具体操作如下。

第 1 步：选择“工具 | 修订”命令，或者按快捷键 Shift + Ctrl + E 即可进入修订状态。此时，WPS 文字将显示“审阅”工具栏，如图 4 – 25 所示。

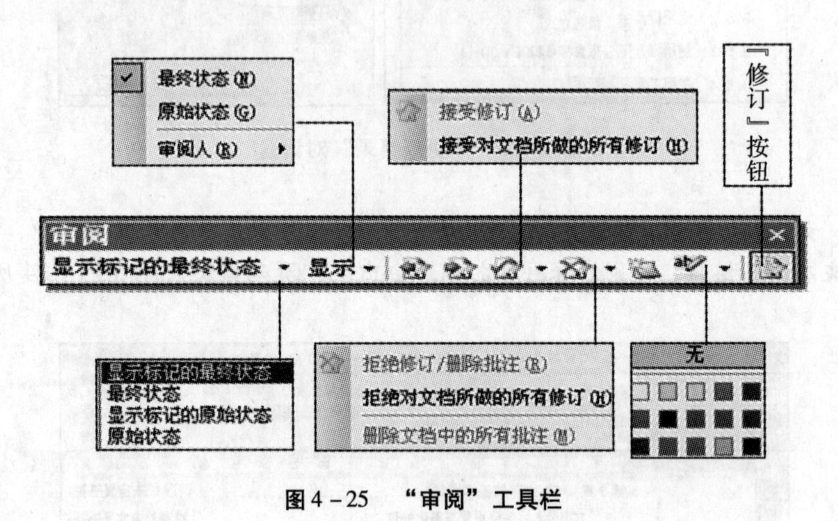

图 4 – 25 “审阅”工具栏

第 2 步：如果要退出修订状态，那么再次单击“审阅”工具栏中的“修订”按钮即可。

4.9.2 设置修订选项

在 WPS 文字中为了便于区分不同人的修订意见，每个修订人都可以进行不同的颜色设置，具体操作如下。

第 1 步：选择“工具 | 选项”命令，出现“选项”对话框。

第 2 步：单击“修订”标签，其选项卡如图 4 – 26（右）所示。

第 3 步：在“标记”选项组中，设置插入内容、删除内容及其标记和颜色。

第 4 步：单击“用户信息”标签，可在其选项卡中输入修订者的姓名、缩写等，如图 4 – 26（左）所示。

第 5 步：完成设置后单击“确定”按钮。

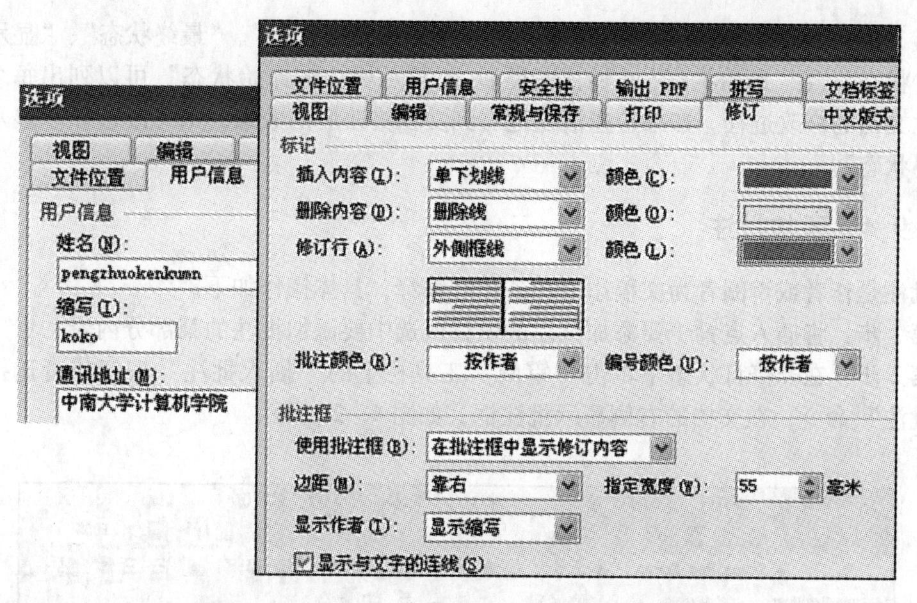

图 4-26 “修订”选项卡及“用户信息”选项卡

4.9.3 修订文档

修订文档的具体操作如下。

第 1 步：打开要修订的文档，通过前面介绍的方法进入修订状态。

第 2 步：这时可以像对待普通文稿一样对其进行修改，但是对文稿进行的修改、插入、删除等操作都会用设置的修订标记标示出来，如图 4-27 所示。

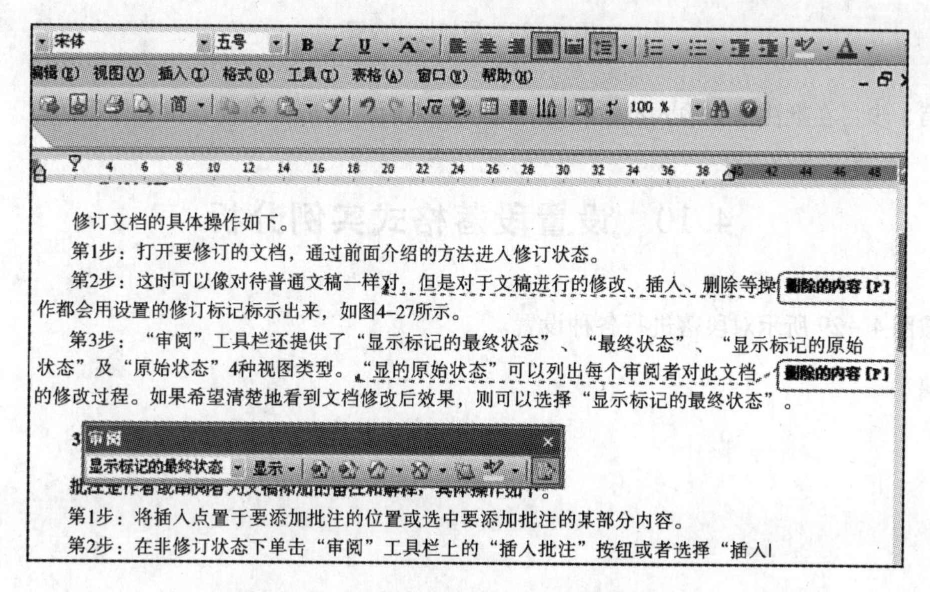

图 4-27 在修订状态下显示文档的更改情况

第3步："审阅"工具栏还提供了"显示标记的最终状态"、"最终状态"、"显示标记的原始状态"及"原始状态"4种视图类型。"显示标记的原始状态"可以列出每个审阅者对此文档的修改过程。如果希望清楚地看到文档修改后的效果，则可以选择"显示标记的最终状态"。

4.9.4 添加批注

批注是作者或审阅者为文稿添加的备注和解释，具体操作如下。

第1步：将插入点置于要添加批注的位置或选中要添加批注的某部分内容。

第2步：在非修订状态下单击"审阅"工具栏上的"插入批注"按钮或者选择"插入|批注"命令，在文档的右侧显示批注框，如图4－28所示。

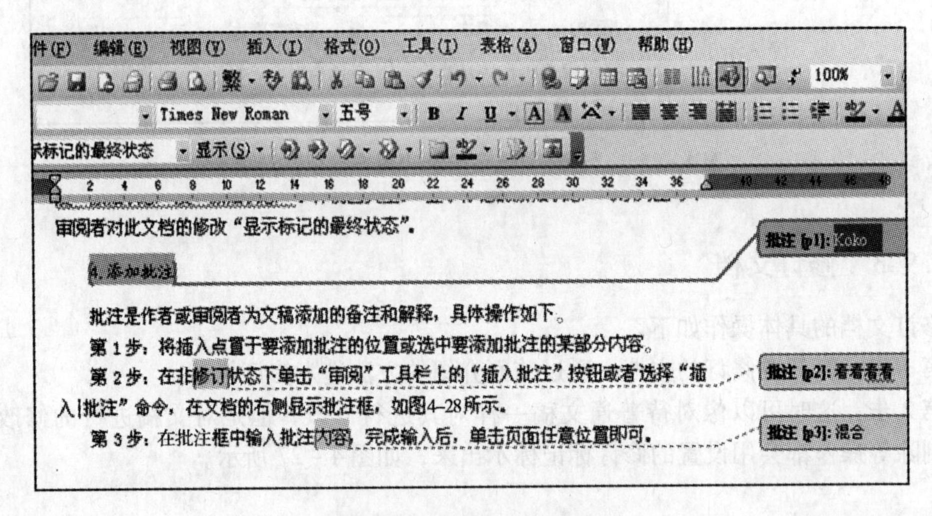

图4－28 添加批注内容

第3步：在批注框中输入批注内容，完成输入后，单击页面任意位置即可。

4.10 设置段落格式实例分析

按图4－29所示对段落进行各种设置。

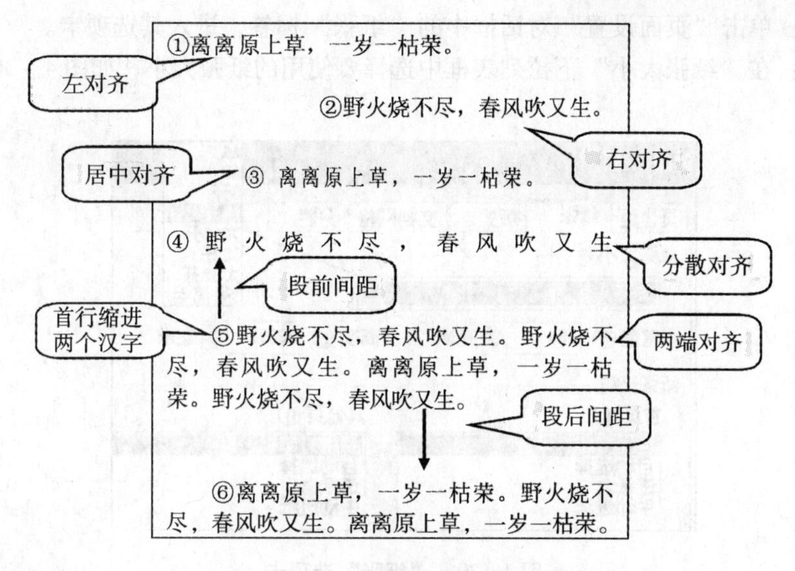

图4-29 设置段落格式实例示意图

（1）选中图4-29中的段落①，单击“文字”工具栏上的“左对齐”按钮 。

（2）选中图4-29中的段落②，单击“文字”工具栏上的“右对齐”按钮 。

（3）将光标移到图4-29中的段落③，单击“文字”工具栏上的“居中对齐”按钮 。

（4）选中图4-29中的段落④，单击“文字”工具栏上的“分散对齐”按钮 。

（5）将光标移到图4-29中的段落⑤，单击“文字”工具栏上的“两端对齐”按钮 。

（6）其中的“段前间距”、“段后间距”、“首行缩进”，可通过“格式”菜单中的“段落”对话框进行设置。具体操作请参阅4.3.5节图4-8中设定。

4.11 页面设置

一篇论文或者一本书，它的页面总会有一个总的布局和设计，比如是否要加页眉和页脚、页码的式样（阿拉伯数字或罗马数字等）、版心大小、页面是否插图（水印）、加框等。

在对任何一个文档进行编辑排版前，首先要确定页面的大小，尤其是对较复杂的图、文、表混排的文档。理由很简单，因为稿中图片太大了会超过版心，太小了又看不清；表格的栏数有多有少而页面的宽度是有规定的，并且还会受到打印机打印幅面宽度的限制。

4.11.1 设计纸张的大小

设计纸张大小的具体操作如下。

第1步：选择“文件|页面设置”命令，出现“页面设置”对话框。

第 2 步：单击“页面设置”对话框中的“纸张”标签，进入其选项卡。

第 3 步：在“纸张大小”下拉列表框中选择要使用的纸张大小，如图 4－30 所示。

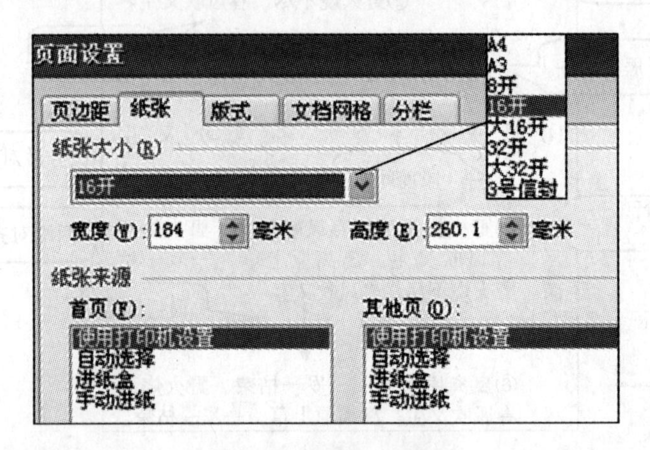

图 4－30　“纸张”选项卡

如果要使用一些特殊规格的纸张，可以在“宽度”和“高度”文本框中输入具体的数值。最后单击“确定”按钮。

4.11.2　设置页边距和页面打印方向

页边距指的是版心到上、下、左、右边缘的距离。打印方向指的是打印机是纵向（由上到下）打印还是横向（左边右边同时）打印，一般来说，考卷都采用横向打印，具体操作如下。

第 1 步：单击“文件 | 页面设置”命令，出现“页面设置”对话框。

第 2 步：单击“页面设置”对话框中的“页边距”标签，其选项卡如图 4－31 所示。

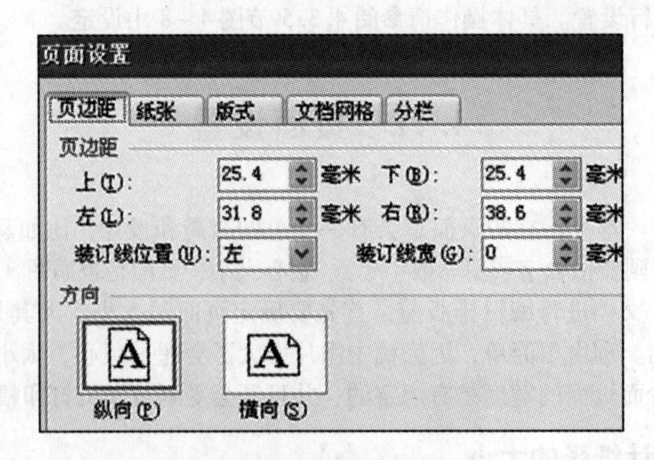

图 4－31　“页边距”选项卡

第 3 步：在“上”、“下”、“左”、“右”文本框中分别输入页边距的数值。

第4步：在“方向”选项组中指定打印的方向（是纵向打印还是横向打印），最后单击“确定”按钮。

4.12 设置页眉和页脚

现代的文稿要求时尚，在页眉、页脚中插入页码、日期、文章标题、公司徽章等信息，可起到美化版面、方便浏览等作用。选择“视图｜页眉和页脚”命令，打开“页眉和页脚”工具栏，如图4－32所示。通过这些工具能非常方便地完成页眉和页脚的设置。

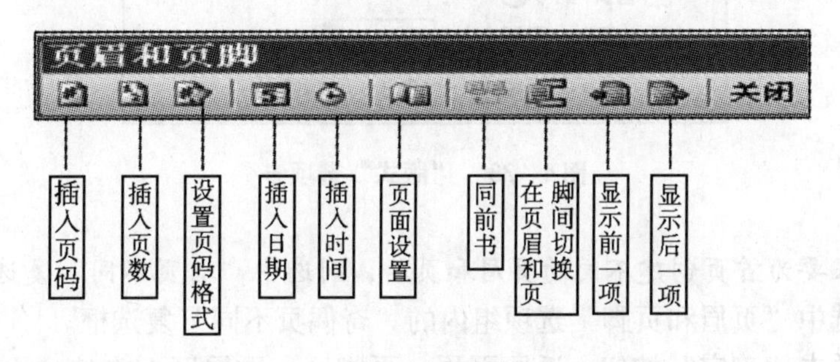

图4－32 “页眉和页脚”工具栏

4.12.1 创建每页都相同的页眉页脚

在书籍、手册及一些较长的文档中常常要插入页眉，主要用来标示页面内容所属的章节等信息。

如果要创建每页都相同的页眉页脚，可以按以下所述步骤进行操作。

第1步：选择“视图｜页眉和页脚”，进入页眉、页脚的编辑区，同时出现“页眉和页脚”工具栏。

第2步：在页眉区中输入文字或者插入图形，并且可以像处理正文一样利用命令、工具栏按钮等方法进行格式设置。若要插入页码、日期等内容，则单击“页眉和页脚”工具栏上相应的按钮。

第3步：单击“页眉和页脚”工具栏上的“在页眉和页脚间切换”按钮，将插入点移到页脚区，然后输入页脚的文字（内容），有些注释会放在页脚里。

第4步：单击“页眉和页脚”工具栏上的“关闭”按钮，返回到正文编辑状态。

4.12.2 为奇、偶数页创建不同的页眉和页脚

对于双面打印的文稿（如书刊等），通常需要设置奇、偶数页不同的页眉和页脚。具体操作如下。

第1步：选择“视图｜页眉和页脚”命令，进入页眉、页脚编辑区。

第2步：单击“页眉和页脚”工具栏上的“页面设置”按钮，出现“页面设置”对话框。

第3步：单击“页面设置”对话框中的“版式”标签，其选项卡如图4－33所示。

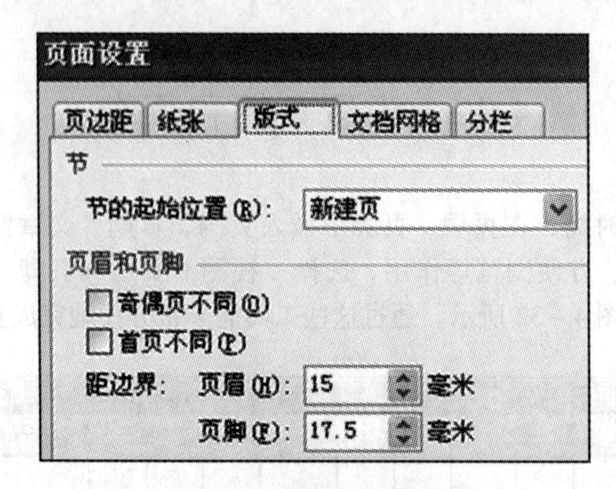

图4－33　“版式”选项卡

提示： 如果要为首页创建不同的页眉和页脚，则选中“首页不同”复选框。

第4步：选中“页眉和页脚”选项组内的“奇偶页不同”复选框。

第5步：单击“确定”按钮，返回页眉、页脚区，页眉区上方的“页眉”二字变为“奇数页页眉”，如图4－34所示，分别输入奇数页的页眉和页脚的内容。

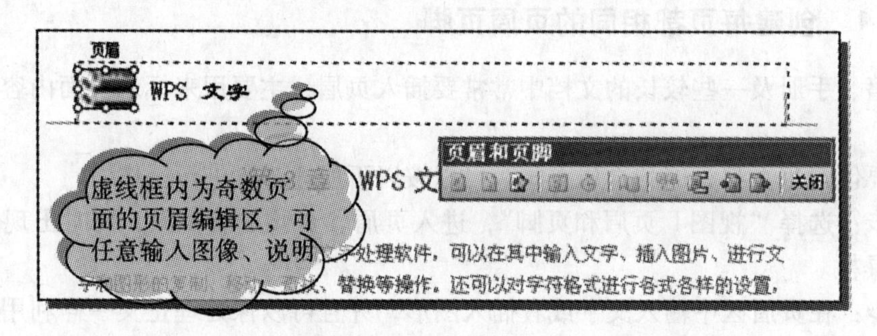

图4－34　分别输入奇数页、偶数页的页眉和页脚示例

第6步：单击“页眉和页脚”工具栏上的“显示后一项”按钮，页眉区上方显示“偶数页页眉”，分别输入偶数页页眉及页脚的内容。

第7步：单击“页眉和页脚”工具栏上的“关闭”按钮，返回到正文编辑状态。

4.12.3　删除页眉和页脚

删除页眉和页脚只需进入页眉和页脚视图，在页眉和页脚区内删除所有的内容后退出即可。

提示： 如果文稿没有分节，那么整个文稿的页眉或页脚都将被删除；如果文稿已分节，可以只删除某一节的页眉或页脚，只要使“页眉和页脚”工具栏上的“同前节”按钮处于弹起状态即可。

4.13 设置页码格式

通过设置页码可以对多页文档的每一页（或面）进行编号。用户可以手工插入分页符，设定不同的页码格式，还可以根据需要为当前文稿指定起始页码。

4.13.1 设定页码格式

页码一般显示在页脚或页眉中。在插入页码时，用户可以选择页码的格式（样式），具体操作如下。

第1步：选择“插入|页码”命令，弹出如图4-35所示的对话框。

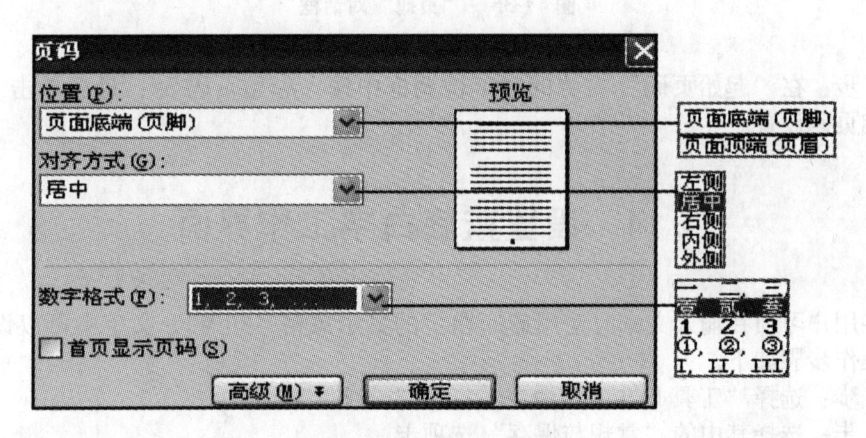

图4-35 “页码”对话框

第2步：在“位置”下拉列表中选择插入页码的位置（页面底端、页面顶端）；在“对齐方式”下拉列表中选择页码的“对齐方式”（左侧、居中、右侧、内侧、外侧）；取消“首页显示页码”选项，则首页不显示页码；在“数字格式”下拉列表中选择页码的数字格式；最后单击“确定”按钮完成设置。

提示：插入页码后，用户可以像设置文档中的文本一样设置页码的字体格式，但在任意页上的更改都将影响本节所有页码的格式。

4.13.2 指定起始页码

为什么提出“指定起始页码”呢？以本书为例，本书有35万~40万字，若做成一个大文件，则编辑、查找等一系列操作将费时费力。实际上，作者一般是分章编写，将每一章作为一个独立的文件并起一个文件名，如WPS第1章.wps、WPS第2章.wps……若第1章有30页，那么第1章的起始页码（默认值）为1，终止页码为30，因为每章要“另面排”，则WPS第2章.wps的起始页码“指定”为31，具体操作如下。

第1步：选择“插入|页码”命令，打开“页码”对话框。

第2步：单击“高级”按钮，打开如图4-36所示的对话框。

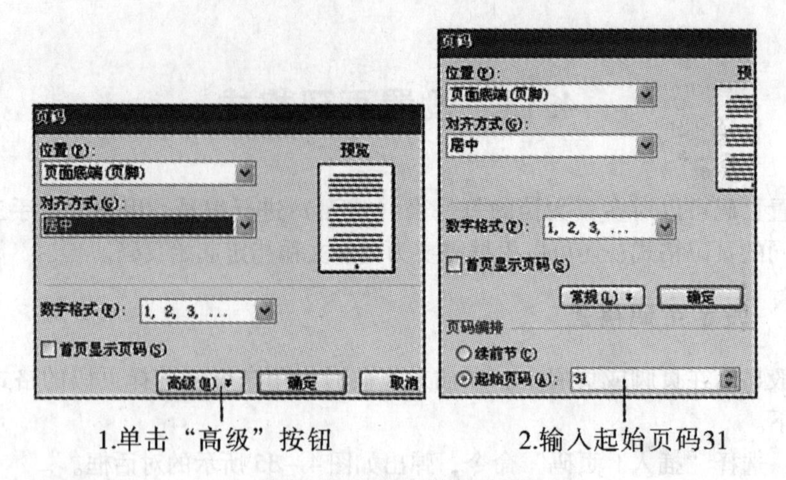

图4-36 “页码”对话框

第3步：在“起始页码”右侧的数字微调框中输入起始页码31，最后单击“确定”按钮完成页码设置。

4.14 设置蓝底白字工作界面

有些用户习惯在输入文章时使用蓝底白字的显示风格，在WPS文字中可以设置这种风格，操作步骤如下。

第1步：选择“工具|选项”命令，打开“选项”对话框。

第2步：选择其中的“常规与保存”选项卡。

第3步：在“常规选项”选项组中，选中“蓝底白字”复选框，如图4-37所示。

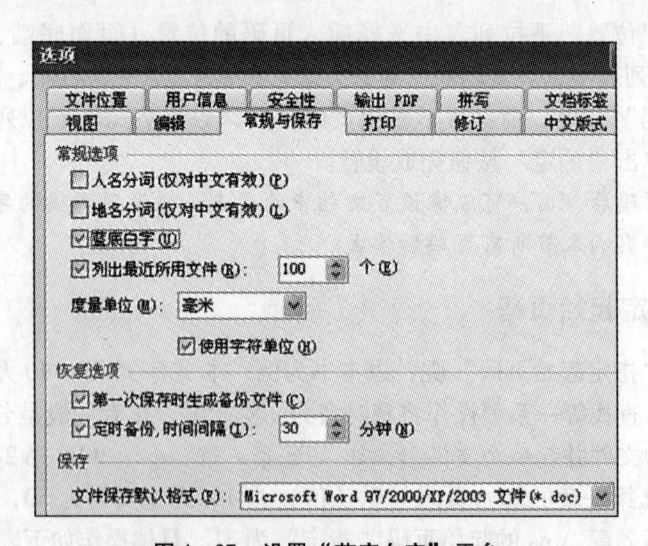

图4-37 设置“蓝底白字”平台

第4步：单击“确定”按钮，完成蓝底白字的设置。

4.15 双行合一

在政府部门的日常工作中，经常会碰到各个部门联合发文的情况，往往需要制作联合发文的红头文件。下面着重介绍此种红头文件的文件头制作方法，我们要实现的效果如图 4－38 所示。

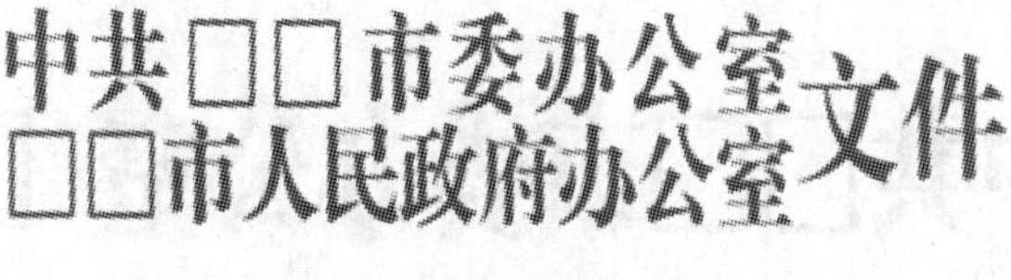

中共□□市委办公室
□□市人民政府办公室 文件

图 4－38 文件头示例

第 1 步：在 WPS 文字主菜单中，选择“格式｜中文版式｜双行合一”命令，打开如图 4－39 所示的“双行合一”对话框。

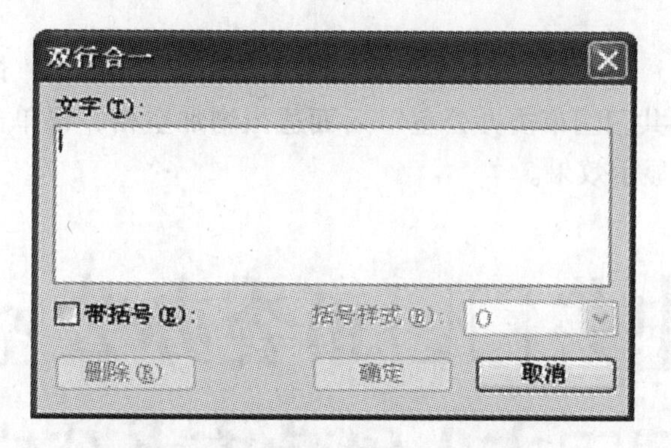

图 4－39 “双行合一”对话框

第 2 步：输入用于制作红头的文字，两个单位名称用空格隔开。在“文字”文本框中输入内容，如图 4－40 所示，单击“确定”按钮保存设置。

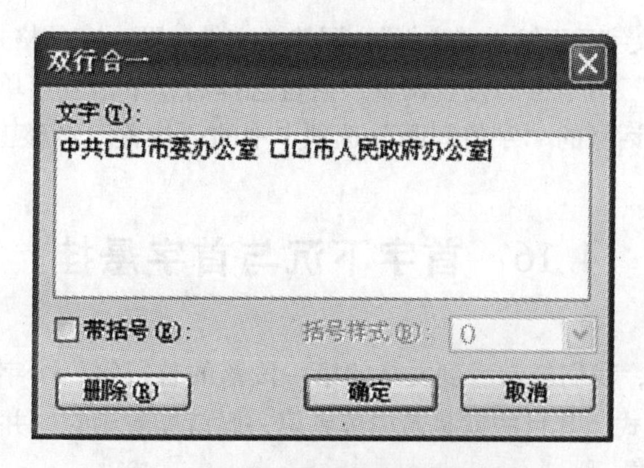

图 4－40 输入用于制作红头的文字

注意：如果红头后面带有“文件”两个字，“文件”二字不在此窗口输入。

第3步：调整字体。选择已经形成的双行合一文字，在工具栏上选择相应的字体类型、字号和颜色以达到最终效果。如果字体不够大，WPS 文字允许用户直接在设置字号的位置输入数字来调整字号大小。

第4步：调整双行的红头。如果用户发现红头效果并不像图4－38所示那样两个单位的名称是分开独立两行，而是像图4－41所示的错位结果，如第二个单位的名称会有部分内容在第一行，那应该如何调整呢？

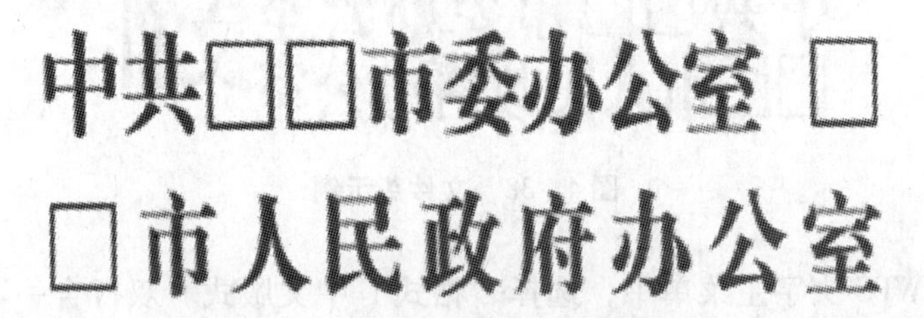

图4－41　两个单位的名称错位示例

选中此双行文字，再次选择“格式｜中文版式｜双行合一”命令，打开“双行合一”对话框，在“中共□□市委办公室”后面适当增加空格，再单击“确定”按钮，得到如图4－42所示的显示效果。

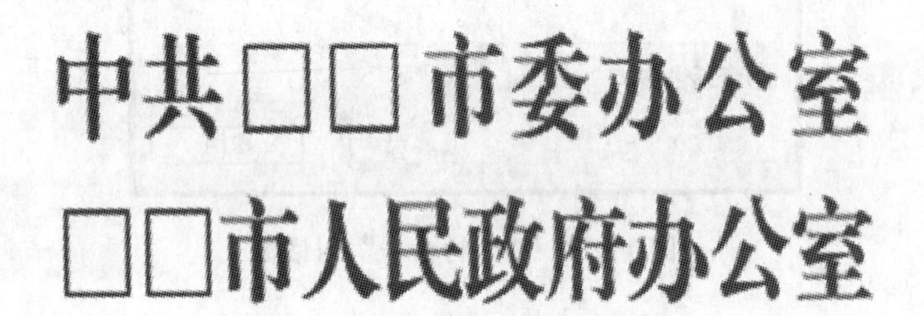

图4－42　调整后的显示效果

第5步：在双行文字后面输入“文件”，调整“文件”两个字的格式，可以达到图4－38的效果。对于“文件”两个字的位置调整，通过选择后，单击主菜单上的“格式｜字体”命令，在“字体”对话框的“字符间距”选项卡中的“位置”调整上下位置。

4.16　首字下沉与首字悬挂

在报纸或杂志中，我们经常看到文章的第一段落的首行第一个字使用了“首字下沉”或“首字悬挂”的方式，其目的就是希望读者第一眼就能看到它，并由该段开始阅读，从而达到强化的特殊效果。

4.16.1 设置首字下沉与悬挂

将段落的第一个字设置为“首字下沉”或“首字悬挂”的方法很简单，其操作如下。

第1步：将光标插入要设置首字下沉的段落中，如图4-43所示。

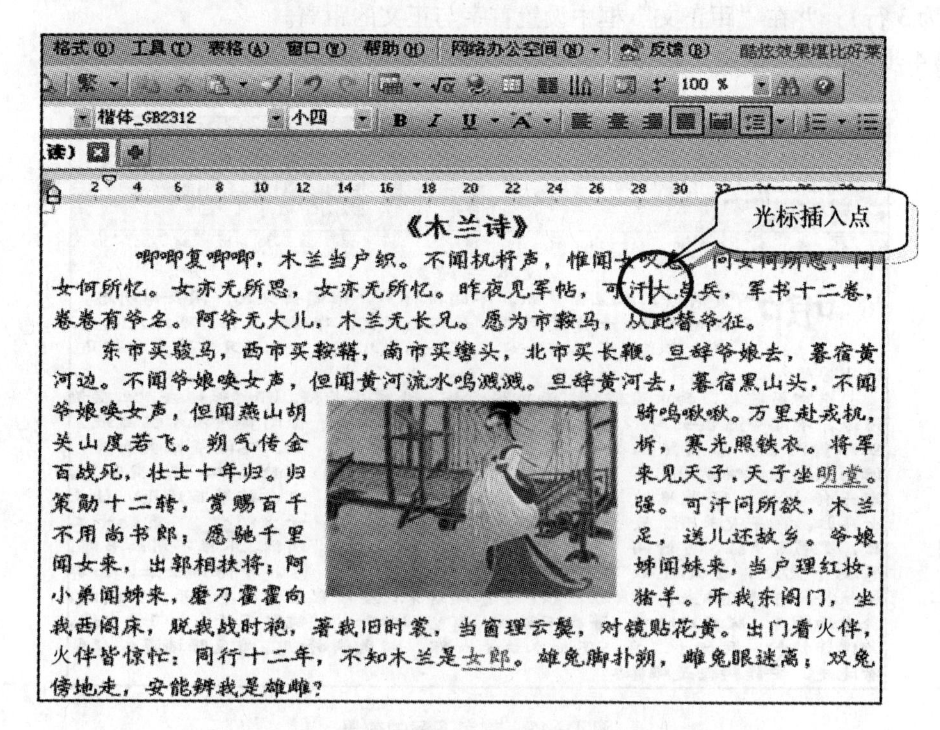

图4-43　将光标插入要设置首字下沉的段落

第2步：单击“格式”菜单中的“首字下沉”命令，弹出如图4-44所示的“首字下沉”对话框。

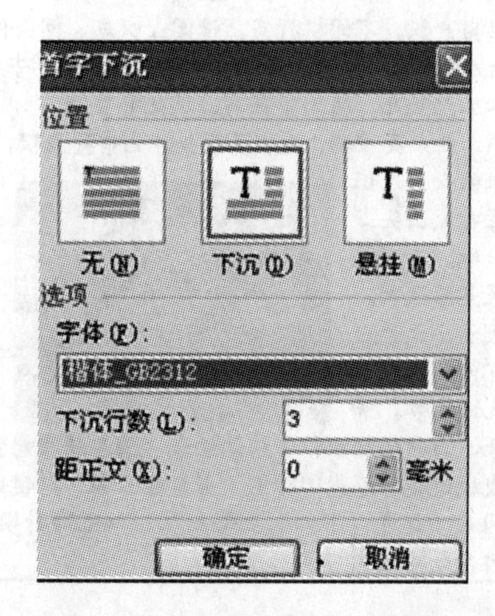

图4-44　“首字下沉”对话框

在“位置”选项组中选择首字下沉的方式：“无”、“下沉”或“悬挂”。例如，选择“下沉”。

第3步：单击“字体”框右边的下三角按钮，从下拉列表中选择首字的字体。如图4－44所示，选择了“楷体_ GB2312”。在“下沉行数”框中选择或输入首字下沉所占的行数(默认为3行)，并在“距正文”框中设置首字与正文的距离。

第4步：单击“确定”按钮，显示效果如图4－45所示。

图4－45 首字下沉的效果

如果在以上的第2步中选择“悬挂”，则结果如图4－46所示。

《木兰诗》

唧 唧复唧唧，木兰当户织。不闻机杼声，惟闻女叹息。问女何所思，问女何所忆。
女亦无所思，女亦无所忆。昨夜见军帖，可汗大点兵，军书十二卷，卷卷有爷名。
阿爷无大儿，木兰无长兄。愿为市鞍马，从此替爷征。

东市买骏马，西市买鞍鞯，南市买辔头，北市买长鞭。旦辞爷娘去，暮宿黄
河边。不闻爷娘唤女声，但
闻黄河流水鸣溅溅。
旦辞黄河去，暮宿黑山头，
不闻爷娘唤女声，但
闻燕山胡骑鸣啾啾。万里赴
戎机，关山度若飞。
朔气传金柝，寒光照铁衣。
将军百战死，壮士十
年归。归来见天子，天子坐
明堂。策勋十二转，
赏赐百千强。可汗问所欲，
木兰不用尚书郎；愿
驰千里足，送儿还故乡。爷
娘闻女来，出郭相扶
将；阿姊闻妹来，当户理红妆；小弟闻姊来，磨刀霍霍向猪羊。开我东阁门，坐
我西阁床，脱我战时袍，著我旧时裳，当窗理云鬓，对镜贴花黄。出门看火伴，
火伴皆惊忙：同行十二年，不知木兰是女郎。雄兔脚扑朔，雌兔眼迷离；双兔
傍地走，安能辨我是雄雌？

图4－46 首字悬挂的效果

4.16.2 取消首字下沉

要取消首字下沉，可以按如下的步骤操作。

第1步：将光标插入要取消首字下沉的段落。

第2步：单击“格式”菜单中的“首字下沉”命令，打开“首字下沉”对话框。

第3步：在“位置”选项组中单击“无”选项，最后单击“确定”按钮。

这样首字就恢复到原来的大小。

4.17 将 WPS 文件转换为 PDF 格式文件

用 WPS 或 Word 编辑的源文件，在特定条件下有不足之处，例如“跑版”就是一个很麻烦的事。加上现代化的互联网四通八达，通过 E-mail 可把文件发到地球村的任何角落。由于特殊需要，某些文件只允许阅读，不允许修改、复制、打印。如果是否允许修改、复制或打印，包括该文件的加密，都由用户控制那该多好啊。PDF 格式功能就能够帮我们的忙，特别是 PDF 格式文件的视觉效果比 WPS 文件浏览起来要舒服得多。

为了满足用户的特殊需要，WPS 文字提供了将 WPS 文档输出为 PDF 格式的功能，这样就可以利用 Acrobat Reader 进行阅读了。

现以“布医先生 . wps”这篇文章转换为“布医先生 . pdf”文件为例，具体操作如下。

第1步：打开将要转换为 PDF 格式的 WPS（或 Word）文件。

第2步：选择主菜单栏中的“文件 | 输出为 PDF 格式”命令，弹出如图 4－47 所示的对话框。

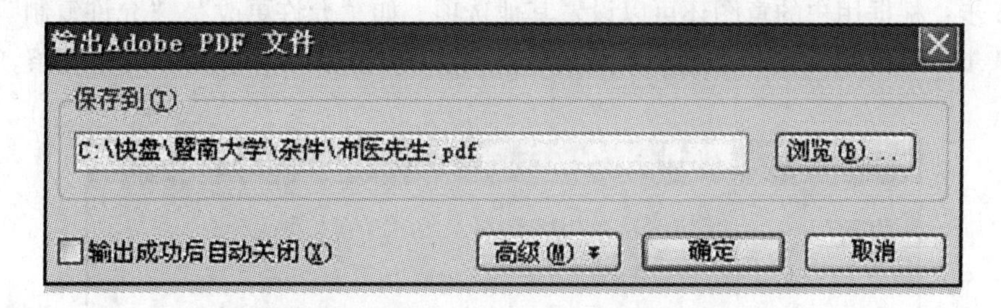

图 4－47 输出为 PDF 格式文件及存放地址

第3步：在“保存到”文本框中输入 PDF 文件的保存位置（实际上电脑已提供了一条存放地址，即 C:\ 快盘 \ 暨南大学 \ 杂件 \ 布医先生 . pdf），也可以单击“浏览”按钮，在本地选择位置。

注：“本地选择位置”是计算机中的专用术语，意即将要生成的 PDF 格式文件放在本机硬盘中的具体位置（盘符、路径），可通过“浏览”按钮来选择完成。

第4步：单击“高级”按钮，出现如图 4－48 所示的对话框。

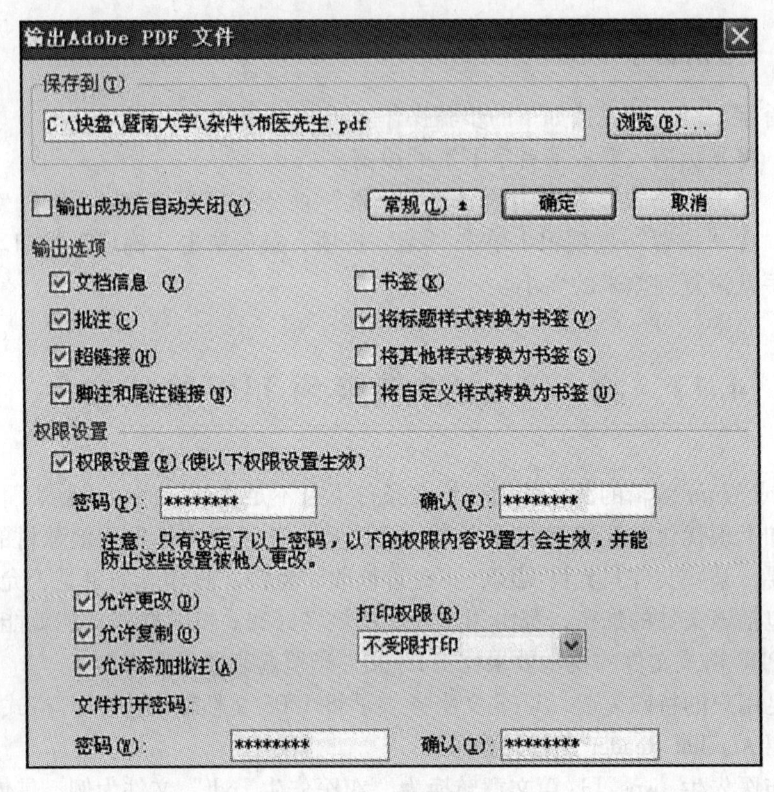

图 4－48　选项对话框

第 5 步：在“权限设置”选项组中可以设置 PDF 文档的“密码”和“文件打开密码”。

第 6 步：根据用户的意图还可以设置其他选项，如“允许更改”、“允许复制”等。

第 7 步：单击“确定”按钮完成设置，这时会出现如图 4－49 所示的进度条。

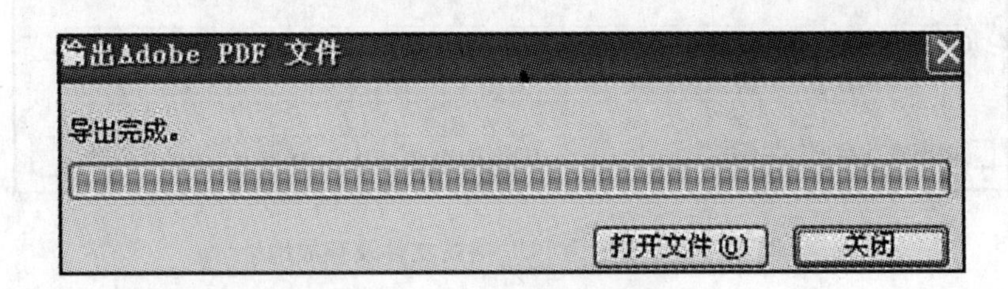

图 4－49　导出完成后确认

单击“关闭”按钮完成转换，单击“打开文件”按钮，可打开已经生成的 PDF 文件。看看视觉效果是否较好，能不能修改，然后再动手试试。

4.18 上机作业——综合操作

（1）排版下列文稿，如图 4－50 所示。

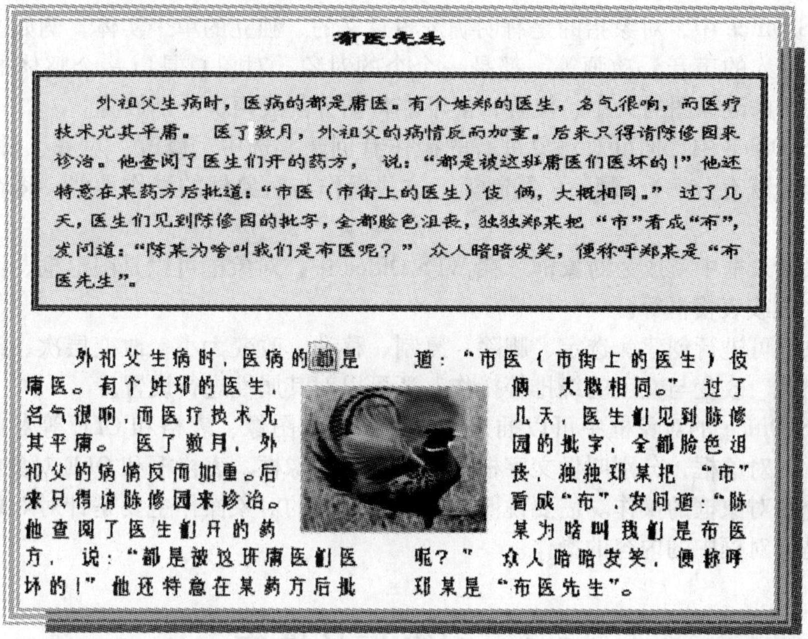

布医先生

外祖父生病时，医病的都是庸医。有个姓郑的医生，名气很响，而医疗技术尤其平庸。医了数月，外祖父的病情反而加重。后来只得请陈修园来诊治。他查阅了医生们开的药方，说："都是被这班庸医们医坏的！"他还特意在某药方后批道："市医（市街上的医生）伎俩，大概相同。"过了几天，医生们见到陈修园的批字，全都脸色沮丧，独独郑某把"市"看成"布"，发问道："陈某为啥叫我们是布医呢？"众人暗暗发笑，便称呼郑某是"布医先生"。

外祖父生病时，医病的都是庸医。有个姓郑的医生，名气很响，而医疗技术尤其平庸。医了数月，外祖父的病情反而加重。后来只得请陈修园来诊治。他查阅了医生们开的药方，说："都是被这班庸医们医坏的！"他还特意在某药方后批道："市医（市街上的医生）伎俩，大概相同。"过了几天，医生们见到陈修园的批字，全都脸色沮丧，独独郑某把"市"看成"布"，发问道："陈某为啥叫我们是布医呢？"众人暗暗发笑，便称呼郑某是"布医先生"。

图 4－50　文稿示例

（2）操作要求：

① 第一段添加底纹并着色，边框线型自定。

② 第二段以后的文本分成等宽的两栏。

③ 在文本的中部插入图文框。

④ 完成外框操作并配置阴影以及阴影着色。

（3）操作提示（供参考）：

① 先录入全文，选取第一段后单击"绘图"工具栏中的"文本框"按钮，生成文本框。

② 选取第二段后单击"格式｜分栏"命令，编排过程出现不听指挥的"跑版"情况时建议用"格式｜段落"命令加以控制。

③ 图片可来自"插入｜图片"命令中的剪贴画或来自文件、艺术字、剪贴板。

④ 本题要注意对"页面设置｜纸张"中的高度、宽度进行调整，对整体幅面进行控制。

⑤复习 4.2 节，掌握基本的截图技术，将整体画面拍成一张图片，才能完成外框操作并配置阴影以及阴影着色。

第5章　WPS Office对象框及其操作

在WPS Office中，对象指的是有明确逻辑意义的、独立的单个实体，例如文章中的表格、插图、嵌入的声音、动画等，都是一个个的对象。对象总是以一个整体的形式存在的，你可随意修改插图的大小、位置，但不能将图分割成两块分别放置。

在WPS Office中，你可对对象进行的操作有创建、选中、修改、对齐、拼接、组合、分解（有组合就有分解）、删除、复制等。这些操作与对象框的操作类似，将在下面详细叙述。

把对象放入框中就成为对象框。在WPS Office中，对象框可以是图形框、图像框、文字框、OLE框或表格框等。

对对象框可进行创建、选定、删除、复制、移动、改变大小、改变层次、改变排版位置、改变外观、改变与文字的绕排等操作，还可以对其属性进行设置。

在WPS Office的对象框中可以插入文字、图形、图像、表格和OLE等对象，插入上述对象之后的对象框，分别叫做文字框、图形框、图像框、表格框和OLE对象框等。

本章介绍对象框的操作。需要说明的是，这里讲的对象操作主要是针对对象的框的操作，而不是针对框中的内容的操作。

5.1　对象框的选定

把对象放在框中就成为对象框，在对对象框进行操作之前，首先应该选定对象框。选定对象框时，在对象的周围显示出来的黑色点叫做缩放点。使用缩放点可以改变对象的大小或编辑（先选定后编辑）当前对象。若要同时选定多个对象，可按下Shift键再单击每个对象，图5－1为同时选中的多个对象示例。

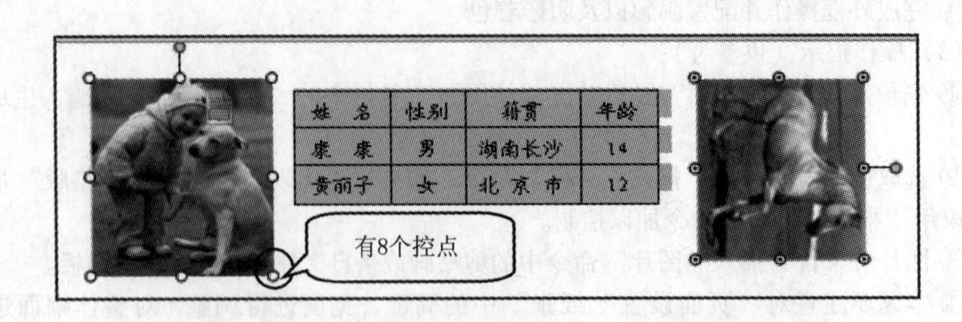

图5－1　按下Shift键后再选中多个（两个）对象示例

如果要取消选定的对象框，选择下列任一操作。

●要取消所有选定的对象框，按 Esc 键。
●要取消部分选定的对象框，按下 Shift 键再单击要取消的对象。

5.2 对象框的复制

对象框的复制，可以采用命令的方式完成，亦可采用快速的方式完成。

5.2.1 使用命令复制

选定要复制的一个或多个对象框，选择“编辑 | 复制”命令，将对象复制到剪贴板上，再用“编辑 | 粘贴”命令将其复制到文档中。具体操作如下。

(1) 选中需要复制的一个或多个对象。

(2) 执行下列 4 个操作中的任意一个，将需复制的对象复制到剪贴板中。

●单击“编辑”菜单下的“复制”命令。
●单击系统快捷菜单（按鼠标右键弹出）上的“复制”命令。
●单击“常用”工具栏上的“复制”按钮。
●按快捷键 Ctrl + C。

注意：此时，选中的对象不是被删除。

(3) 将光标移到新的位置，然后执行下列 4 个操作中的任意一个。

●单击“编辑”菜单下的“粘贴”命令。
●单击系统快捷菜单（按鼠标右键弹出）上的“粘贴”命令。
●单击“常用”工具栏上的“粘贴”按钮。
●按快捷键 Ctrl + V。

此时，被选中的对象的复制品将会出现在新的位置。

5.2.2 快速复制

选定要复制的一个或多个对象框，按下 Ctrl 键，鼠标指针指向选定的对象框，按左键。当右上角带“十”字号的拖放光标出现时，拖动对象到新位置，以快速完成复制任务（是复制，并不是拖走了）。图 5－2 是拖放光标拖放对象的过程。

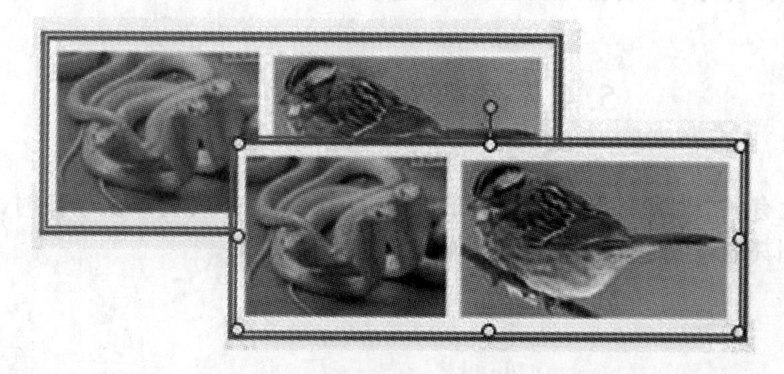

图 5－2　拖放光标拖放对象的过程

5.3 对象框的移动

通常用鼠标拖动的方法来快速移动对象框，或者利用剪贴板来移动对象。

5.3.1 使用鼠标拖动来移动对象

(1) 在图文方式下，选定一个或多个对象框。

(2) 将鼠标放在对象框而不是缩放点上，按下鼠标左键，当光标变为“拖动光标”时，拖动对象框到新的位置。

注意： 所谓拖动光标即在三角光标上带有梅花片。

5.3.2 使用剪贴板来移动对象

如果移动的起点和终点相距较远，靠鼠标拖动显然是不可能的。这时就需要使用剪贴板，方法如下。

(1) 选中需移动的一个或多个对象。

(2) 执行下列4个操作中的任意一个，将需移动的对象剪入剪贴板中。

●单击“编辑”菜单下的“剪切”命令。

●单击系统快捷菜单（按鼠标右键弹出）上的“剪切”命令。

●单击“常用”工具栏上的“剪切”按钮。

注意： 此时，选中的对象将被删除（剪掉）并进入剪贴板中保存。

●按快捷键 Ctrl + C。

(3) 将光标移到新的位置，然后，执行下列4个操作中的任意一个。

●单击“编辑”菜单下的“粘贴”命令。

●单击系统快捷菜单（按鼠标右键弹出）上的“粘贴”命令。

●单击“常用”工具栏上的“粘贴”按钮。

●按快捷键 Ctrl + V。

此时，被移动的对象将会出现在新的位置。

5.4 改变对象框的层次

当页面上有多个对象框互相重叠，出现明显的层次关系（叠放次序）时，可以将某个对象框移动到其他对象的上面或下面，如图5－3所示。

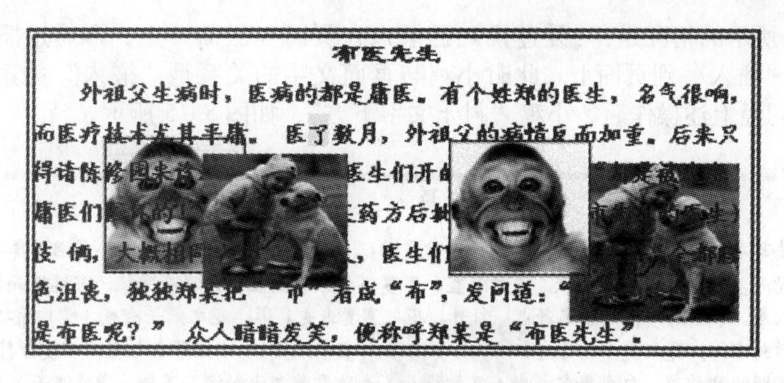

图5－3　“浮于文字上方”与“衬于文字下方”

请仔细查看图5－3左图，小狗遮住了文字，而文字又遮住了猩猩。可以这样理解：如果以文字这一层为基准，那么小狗在文字之上（浮于文字上方），而猩猩在文字这一层的下面（衬于文字下方）。很明显，本图是由三个层次叠起来的。

请再仔细查看图5－3右图，猩猩由最底层换到最顶层，而小狗调到底层，文字这一层仍在两层之间。

由于编辑、绘制图形、图像的工作需要，在WPS Office中对象的层次该如何调整呢？

5.4.1　将对象设置为“衬于文字下方”

将对象设置为“衬于文字下方”的方法如下。

(1) 选中该对象。

注意：选中在文字下的对象的方法是先按Alt键，再单击该对象。

(2) 单击鼠标右键，在弹出的快捷菜单上选“叠放次序”下的“衬于文字下方”命令，如图5－4所示。

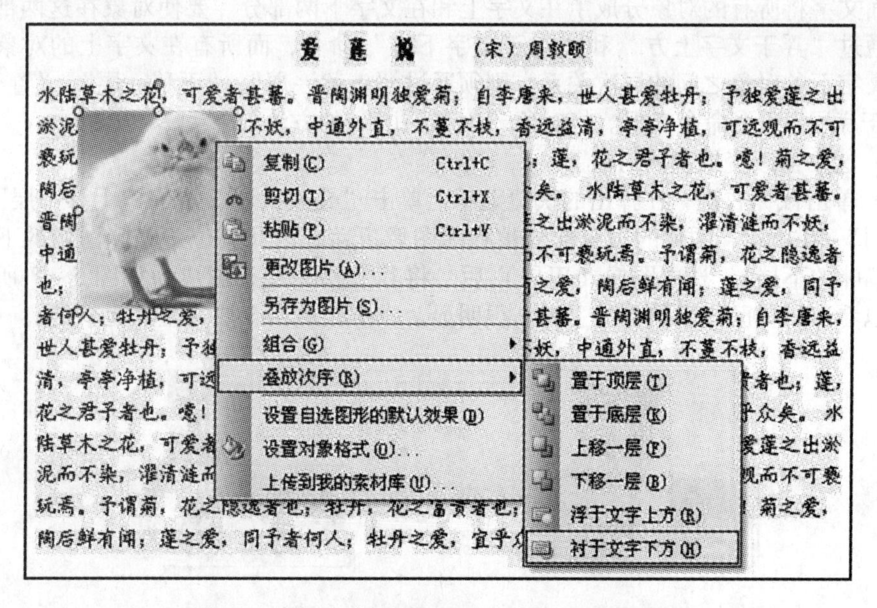

图5－4　将小鸡“衬于文字下方”的操作过程

图5－4所示的情况是：《爱莲说》已录入在页面（版面）上，再通过插入剪贴画操作，将小鸡“插入”到页面上。此时小鸡与页面文字的关系是“嵌入”关系——嵌入在页面文字中。经上述操作后，小鸡“衬于文字下方”，如图5－5所示。

爱 莲 说 （宋）周敦颐

水陆草木之花，可爱者甚蕃。晋陶渊明独爱菊；自李唐来，世人甚爱牡丹；予独爱莲之出淤泥而不染，濯清涟而不妖，中通外直，不蔓不枝，香远益清，亭亭净植，可远观而不可亵玩焉。予谓菊，花之隐逸者也；牡丹，花之富贵者也；莲，花之君子者也。噫！菊之爱，陶后鲜有闻；莲之爱，同予者何人；牡丹之爱，宜乎众矣。水陆草木之花，可爱者甚蕃。晋陶渊明独爱菊；自李唐来，世人甚爱牡丹；予独爱莲之出淤泥而不染，濯清涟而不妖，中通外直，不蔓不枝，香远益清，亭亭净植，可远观而不可亵玩焉。予谓菊，花之隐逸者也；牡丹，花之富贵者也；莲，花之君子者也。噫！菊之爱，陶后鲜有闻；莲之爱，同予者何人；牡丹之爱，宜乎众矣。水陆草木之花，可爱者甚蕃。晋陶渊明独爱菊；自李唐来，世人甚爱牡丹；予独爱莲之出淤泥而不染，濯清涟而不妖，中通外直，不蔓不枝，香远益清，亭亭净植，可远观而不可亵玩焉。予谓菊，花之隐逸者也；牡丹，花之富贵者也；莲，

图5－5 小鸡“衬于文字下方”的显示效果

5.4.2 将对象设置为“浮于文字上方”

将“衬于文字下方”的对象设置为“浮于文字上方”的方法如下。

（1）选中该对象。

（2）单击鼠标右键，在弹出的快捷菜单上单击“叠放次序”下的“浮于文字上方”命令，可参阅图5－4所示的操作。

5.4.3 将对象“上移一层”

页面文字将所有的对象分成了在文字上和在文字下两部分。要使对象在这两部分之间变动须通过“浮于文字上方”和“衬于文字下方”命令，而所有在文字上的对象之间和所有在文字下的对象之间的层次关系，则须通过“上移一层”、“下移一层”、“置于顶层”和“置于底层”4个命令实现。将对象“上移一层”的方法如下。

（1）选中需改变层次的对象。

（2）单击鼠标右键，在弹出的快捷菜单上单击“叠放次序”下的“上移一层”命令。

如图5－6所示，图像的田鼠部分被猫咪图像覆盖，因此其位于猫咪图像的下层（即田鼠在猫咪的下层）。选中图像（田鼠）后，将其上移一层，即成为如图5－7所示的样子，可以看出田鼠已位于猫咪的上方。很明显，本图是由两个层次叠加起来的。

图5－6 上移一层前

图5－7 上移一层后

5.4.4 将对象“下移一层”

将对象“下移一层”的方法如下。

(1) 选中需改变层次的对象。

(2) 单击鼠标右键，在弹出的快捷菜单上单击“叠放次序”下的“下移一层”命令。

5.4.5 将对象“置于顶层”

如果页面上的对象很多，就会有很多层次，我们就有可能需要很多次“上移一层”命令才能将对象移动到顶层。在这种情况下，可以使用“置于顶层”命令将对象直接移到最顶层。将对象移至顶层的方法如下。

(1) 选中需移到顶层的对象。

(2) 单击鼠标右键，在弹出的快捷菜单上单击“叠放次序”下的“置于顶层”命令。

如图 5－8 所示，巨蜥图像位于另两个对象的下面，选中巨蜥图像并将其提到顶层，即成为如图 5－9 所示的样子，可以看到巨蜥图像已位于所有对象的上方。

图 5－8 提到顶层前

图 5－9 提到顶层后

5.4.6 将对象“置于底层”

同样可以直接将对象移到最底层，方法如下。

(1) 选中需移到底层的对象。

(2) 单击鼠标右键，在弹出的快捷菜单上单击“叠放次序”下的“置于底层”命令。

需要说明的是，这里所谓的顶层和底层都是在文字上区域的顶层和底层或是在文字下区域的顶层和底层，而并不是相对于所有对象的顶层和底层。即便把一个位于文字下的对象提到顶层，它仍然位于文字下，并会被任意一个在文字上的对象所覆盖，哪怕这个对象是位于底层的对象。

此外，在文字上的全文对象位于所有其他在文字上的一般对象之下，在文字下的全文对象位于所有其他在文字下的一般对象之下，也就是说在所有在文字上的对象中或所有在文字下的对象中，全文对象位于最底层。

5.5　改变对象框的外观

下面讨论如何改变单个或多个对象框的外观。为了讨论的需要，先将图5-10所示的对象框——文字框做出来。

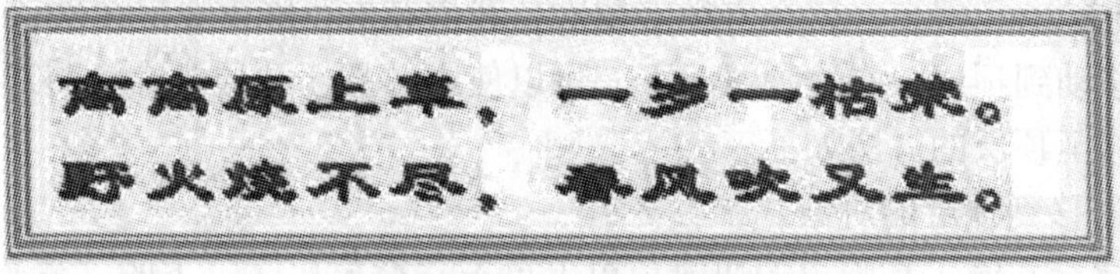

离离原上草，一岁一枯荣。
野火烧不尽，春风吹又生。

图5-10　文字框示例

做文字框有多种方法，此处仅是个人的习惯而已，并非最优方案。

第1步：在页面中输入“离离原上草，……春风吹又生。”（字体、字号一般是五号宋体）。

第2步：将其选中并单击“常用”工具栏中的“剪切”按钮，使其进入剪贴板（当然也可采用复制等手段放入剪贴板）。

第3步：单击屏幕下方“绘图”工具栏中的“文本框”按钮，此时光标变成了“十”字形，移动光标（十字形）到文本框的插入点，按住左键往右下角拖动。根据形成的虚线框的大小放松左键，此时光标在框内闪动（框内文字插入点）。单击“常用”工具栏中的“粘贴”按钮，文本框生成。

注意：在此特别申明，以上介绍的文本框的生成方法是传统的。若使用现在高版本的WPS或Word，当文本进入剪贴板后，只要单击“文本框”按钮，文本框立即生成。

对象框的边线风格、填充风格和阴影风格可以通过“设置对象格式”对话框来设置。选定要改变的一个或多个对象框，按鼠标右键，从弹出的快捷菜单中选取“设置对象格式”，可以用来改变对象框的各种外观特征。

为了解决问题，必须先调出“设置对象格式”对话框，具体操作如下。

第1步：将光标靠近对象框边线，当光标变为“梅花状”时右击，弹出快捷菜单，如图5-11所示。

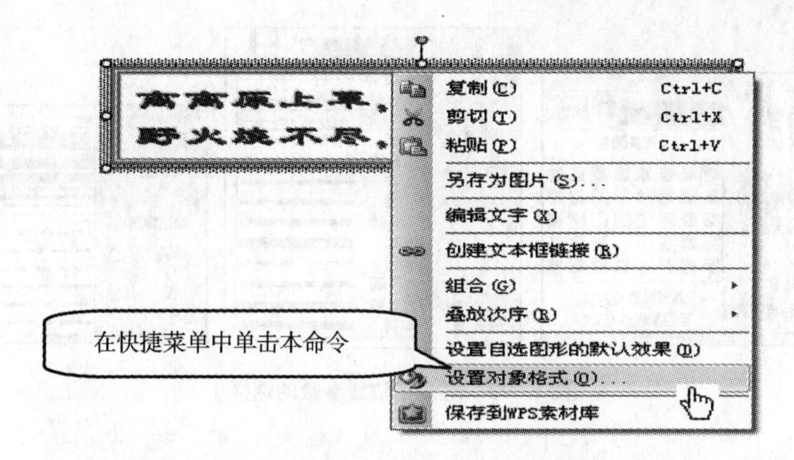

图 5－11　光标靠近边线时右击弹出快捷菜单的过程

第 2 步：在快捷菜单中单击“设置对象格式”命令，弹出“设置对象格式”对话框，如图 5－12 所示。

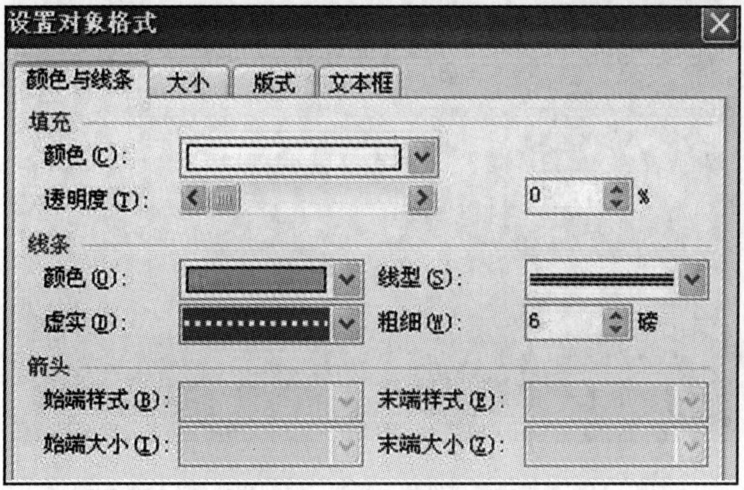

图 5－12　“设置对象格式”对话框

5. 5. 1　改变边线的风格

WPS Office 提供了下列边线风格：虚线、点线、点划线、双点线、实线、双线和文武线等。线的宽度为 0. 1 ~25 毫米，双线和文武线的宽度为 1. 2 ~25 毫米。

改变边线风格的方法如下。

第 1 步：选中要改变边线的对象框。

第 2 步：在“设置对象格式”对话框的“颜色与线条”选项卡中，有边框线条的粗细、线型、虚线、实线及线条颜色的选择，如图 5－13 所示。

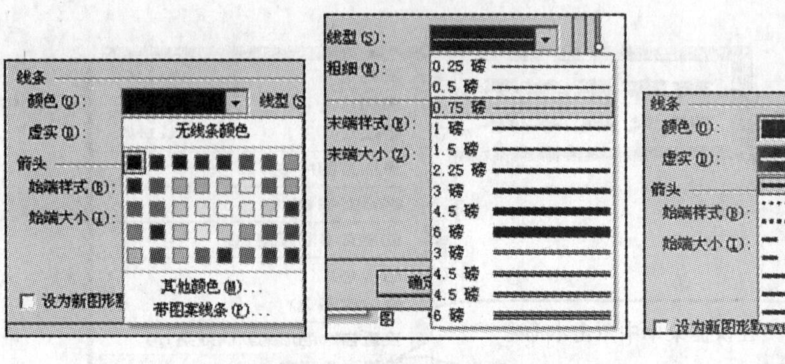

图 5－13　对象框边线参数的选择

图 5－14 所示为框内填充颜色取“无填充颜色”，因为框内本身是彩色图像，不能再填充其他颜色。图 5－14 为外框设置成红色、实线、线型粗细为 6 磅的示例。

图 5－14　外框设置成红色、实线、线型粗细为 6 磅的示例

5.5.2　改变填充风格

第 1 步：选中要改变填充风格的对象框。

第 2 步：在“设置对象格式”对话框的“颜色与线条”选项卡中，单击“颜色”右侧的下三角按钮，在下拉列表中选取某一种颜色（本处选取红色）。如对列表中的单色不满意，可单击“其他颜色”自行定义新的颜色，并通过“填充效果”以提高满意度，如图 5－15 所示。

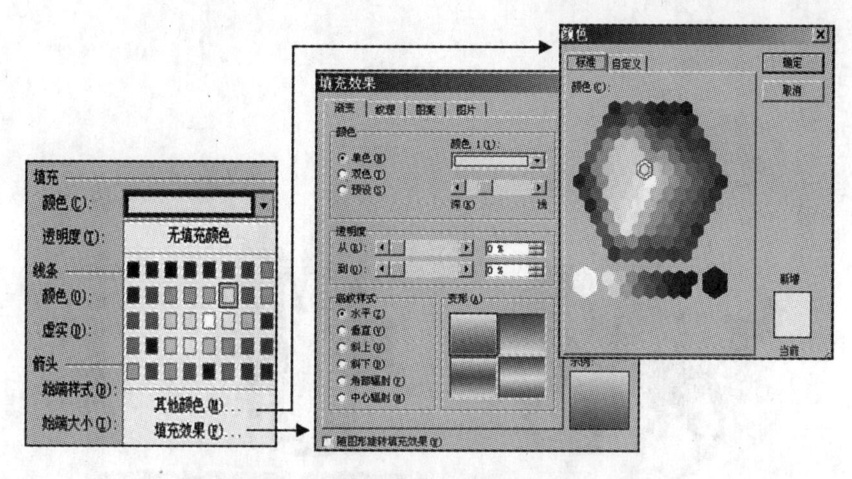

图5－15　“其他颜色”与“填充效果”对话框

5.5.3　为一个或多个对象统一设置阴影

页面中有两个对象，它们分别是骑兵和3D小人。

第1步：左手按住Shift键，右手持鼠标分别单击两个对象（选中），如图5－16所示。

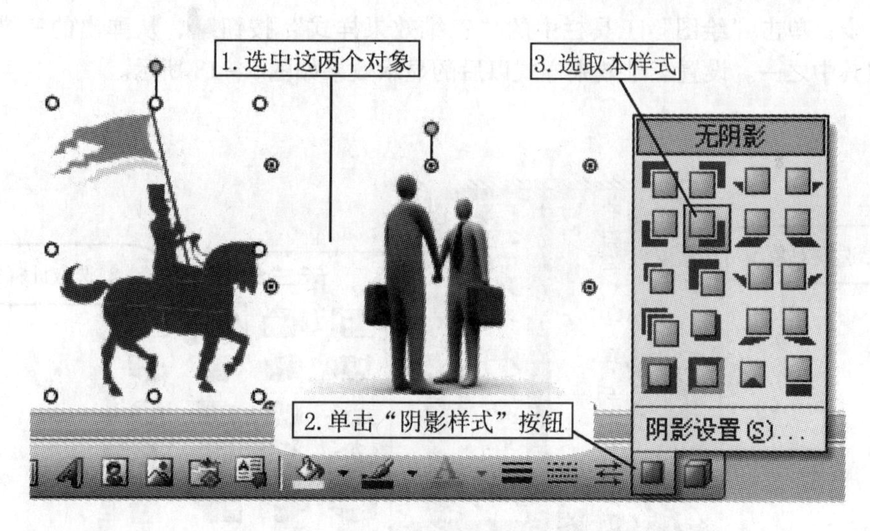

图5－16　选中两个对象示例

注意：被选中的每个对象均有8个缩放点（编辑点），通过缩放点还可调整对象的大小。

第2步：单击“绘图”工具栏中的“阴影样式”按钮，从弹出的阴影样式中选取其中之一（图中取第2行第2列的样式设置阴影）。设置阴影以后的显示效果如图5－17所示。

图 5－17　设置阴影以后的显示效果示例

图 5－17 说明了多个对象能组合成一个对象框并统一在右下方设置了阴影。

5.5.4　为对象设置三维效果

第 1 步：左手按住 Shift 键，右手持鼠标分别单击对象（选中）。

第 2 步：单击“绘图”工具栏中的“三维效果样式”按钮，从弹出的三维效果样式中选取其中之一。设置三维效果样式以后的显示效果如图 5－18 所示。

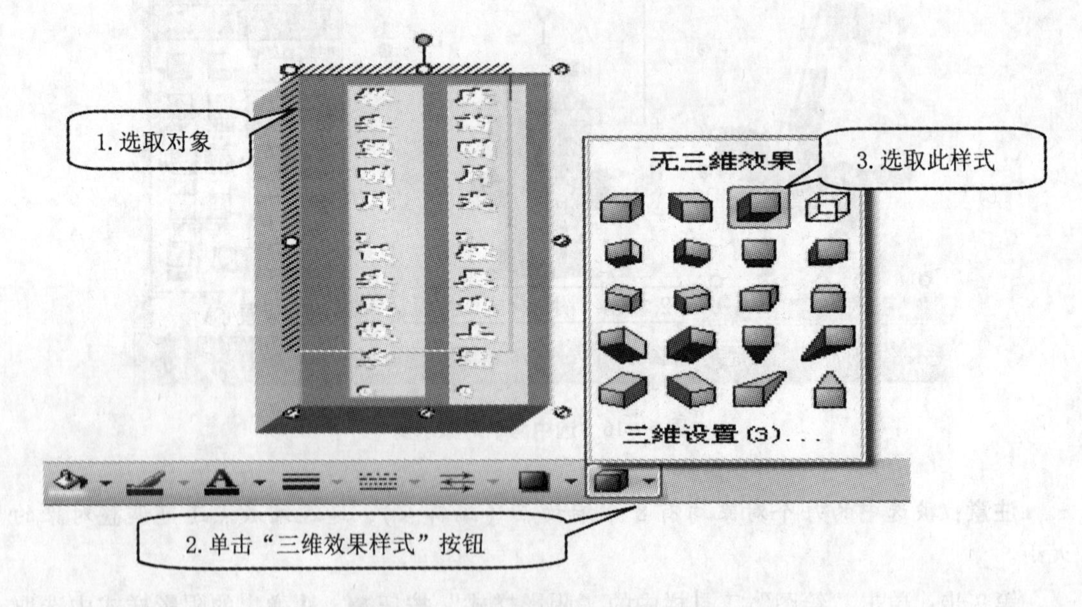

图 5－18　设置三维以后的显示效果

5.6 对象框周围文字的绕排

为了提高读物的可读性，把各种图形对象嵌入文稿是必需的，但对象框插入文档后，页面中原来的文字以及其他对象要根据这个对象框的位置进行重新编排。文字可以环绕着对象框进行绕排，也可以不进行绕排，将对象框直接放在文字的上面或下面，具体操作如下。

第1步：选中要嵌入版面的对象框。

第2步：在“设置对象格式”对话框的“版式”选项卡中的环绕方式有：嵌入型、四周型、紧密型、上下型、衬于文字下方和浮于文字上方，如图5－19所示。

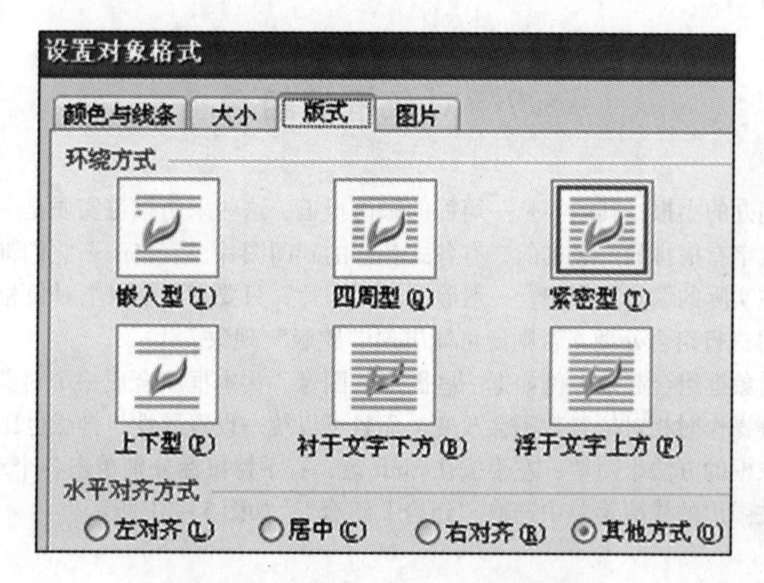

图5－19 “版式”选项卡中的环绕方式

根据编辑需要可在上述6种方式中任选一种。

注意：图5－16至图5－19本身在页面中设定为“上下型”编排方式。因为这些图形较大，它的左右两边空隙不大，没有必要串文。对于较小的图片，在一般科技书刊中设定为“四周型”或“紧密型”，总是放在靠页码的这一边（指左右结构的页码）。为什么？请你想一想。

图5－20左图的孩子和小狗在文字的下面，是“衬于文字下方”，而右图的孩子和小狗在文字的上面，为“浮于文字上方”。

图 5－20　左图是“衬于文字下方”，右图为“浮于文字上方”

5.7　对象框的组合

平时我们办的小报，其内容是一篇篇的采访报道，这些采访报道实质是一个个的文本框，其中的文字有横排的、竖排的，有各式各样的新闻图片、表格……它们都是一个个独立的对象。在实际的编辑工作中，一般除了单张图片，只要有两个以上对象相互搭配（相对位置）就得进行组合处理，否则便可能出现“跑版”现象。

将几个对象框组合起来，例如把一些图形、图像、文本框组合成一个对象框，在进行移动、复制等操作时相对位置就不会改变，而且可以统一设置属性，排版也比较方便。

组合对象框的方法很简单：左手按住 Shift 键，右手持鼠标分别单击各个对象（选中）后按右键，在弹出的快捷菜单中选取“组合｜组合”，如图 5－21 所示。

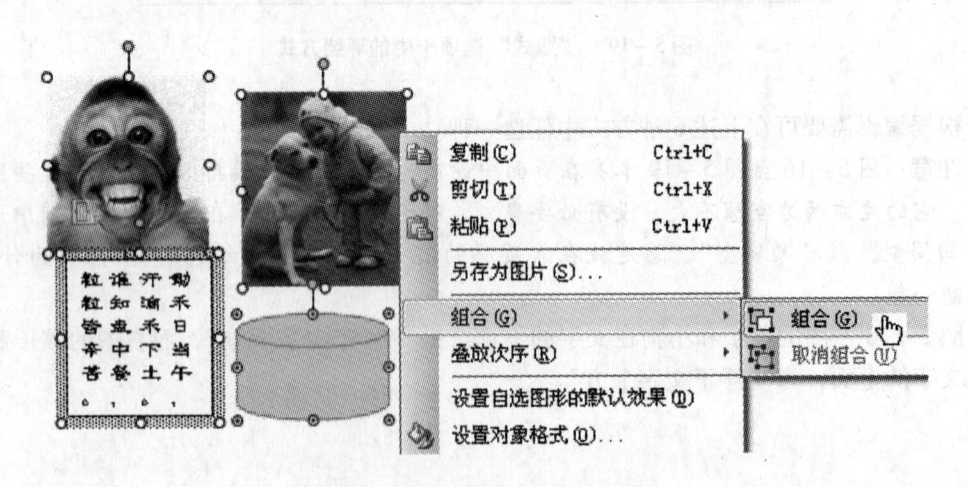

图 5－21　“组合”的操作过程

注意：观察被选中的每个对象均有 8 个缩放点（图 5－21 中共有 8×4＝32 个缩放点），经组合以后，如图 5－22 所示。

图 5－22　对象组合框

上述对象组合后，可以看到，页面上出现了一个虚线框，它将所有对象圈住，并在 4 个角上出现了缩放点，而原来各对象的框点已不复存在，这说明这些对象已成为一个整体——组合对象。对组合对象可做完全等同于单个对象的移动、复制和缩放等操作。

组合后的对象框，组与组之间仍然可以再组合。

取消已经组合了的对象框的方法如下。

第 1 步：选中要取消组合的对象框。

第 2 步：按鼠标右键，在快捷菜单中执行“组合｜取消组合”命令。

注意：经多次组合成的“大对象”必将经多次取消操作，才能彻底分解组合对象框。

5.8　对象框的左转和右转

对象框是可以旋转的，其操作很简单。

第 1 步：选中要旋转的对象框。

第 2 步：在“设置对象格式”对话框的“大小”选项卡中找到“旋转”数字微调框。数字微调框的默认值为 0，正的角度为按顺时针方向旋转，负的角度为按逆时针方向旋转。因此被选中的对象框可按需要任意旋转。参阅图 5－23 所示的“旋转”数字微调。

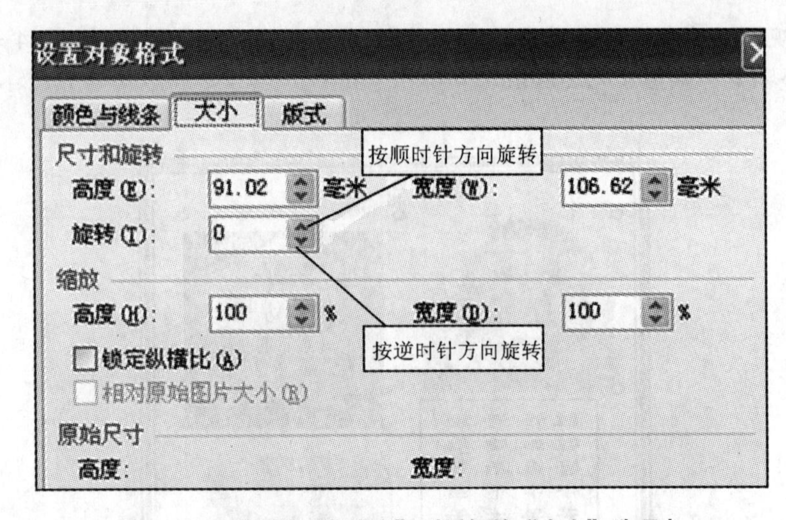

图5－23　“设置对象格式”对话框的“大小”选项卡

图5－24是在旋转数字微调框中输入正、负角度（顺时针、逆时针）的各种示例，以供参考。

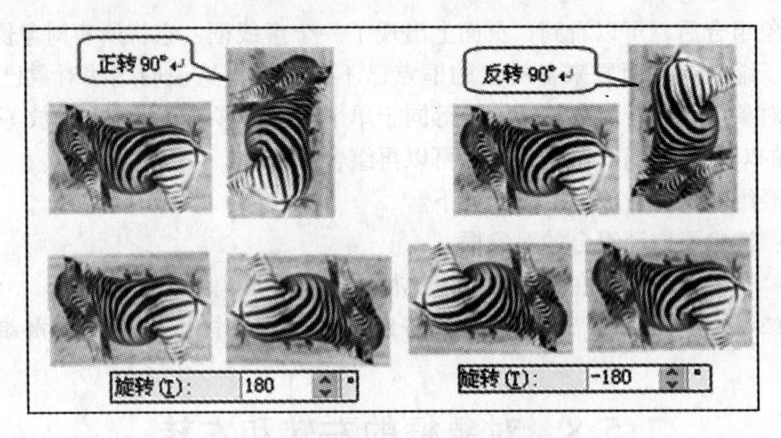

图5－24　各种旋转方式的实际效果

5.9　手绘图形

用户还可以利用WPS文字的绘图工具直接在文档中绘制一些简单的图形，如直线、矩形、椭圆、各种箭头等。

绘制基本图形的方法可以按照下述步骤操作。

第1步：选择“视图｜工具栏｜绘图”命令，屏幕上会显示“绘图”工具栏，如图5－25所示。

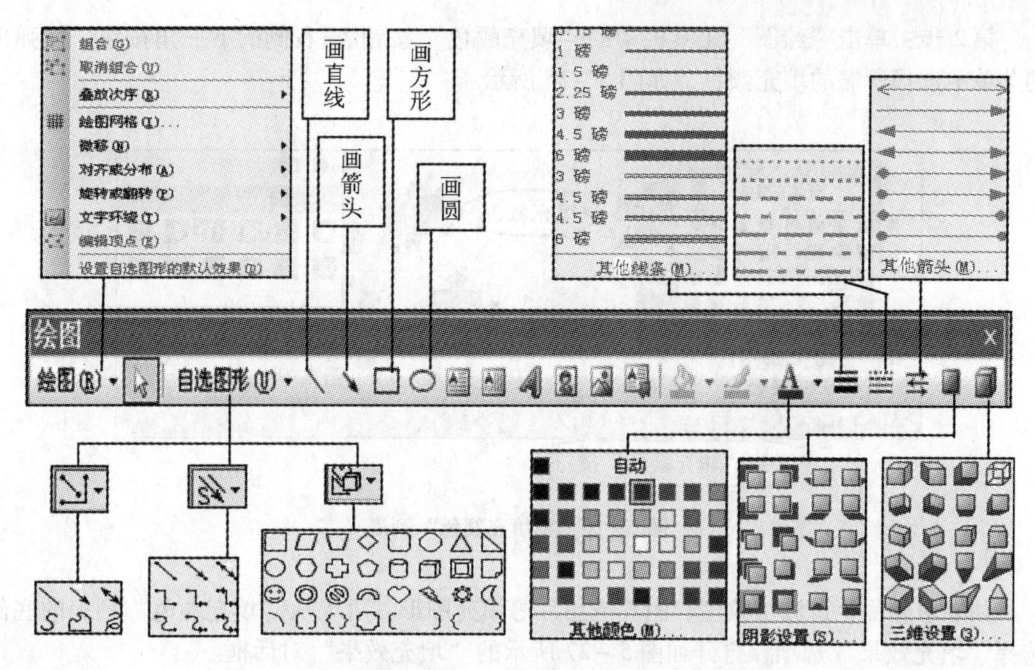

图5-25 “绘图”工具栏

第2步：单击“绘图”工具栏上的“直线”按钮、“箭头”按钮、“矩形”按钮、“椭圆”按钮。

第3步：在工作区中需要绘制图形的开始位置按住鼠标左键并拖动到结束位置，释放鼠标左键，即可绘制出基本图形。

提示：如果需要绘制正方形，只需单击“矩形”按钮后，按住 Shift 键并拖动。

5.10 美化图形

在文档中绘制图形对象后，可以加上一些特殊的效果，例如改变图形对象的线型、改变图形对象的填充颜色，还可以设置阴影与三维效果。

5.10.1 改变图形对象的线型

在默认情况下，图形对象的线型为单实线。要改变选定图形对象的线型的话，请单击“绘图”工具栏上的“线型”按钮，从出现的“线型”列表中选择一种线型即可。

技巧：如果要精确设置线条的宽度和箭头的样式等，可以双击该图形，在出现的“设置自选图形格式”对话框中进行设置。

5.10.2 改变图形对象的填充颜色

如果要为图形对象填充各种颜色和图案、纹理等效果，可以使用如下的方法。

第1步：选定要改变填充颜色的图形对象。

第2步：单击“绘图”工具栏中的“填充颜色”按钮右侧的下三角按钮，从弹出的菜单中选择所需的填充颜色，如图5－26所示。

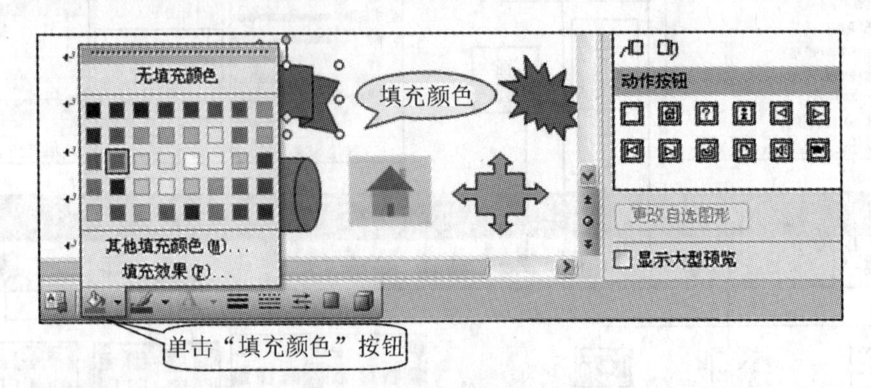

图5－26　“填充颜色”列表

如果想用颜色过渡、纹理、图案或图片等填充图形，可以从“填充颜色”列表的底部选择“填充效果”选项，打开如图5－27所示的“填充效果”对话框。

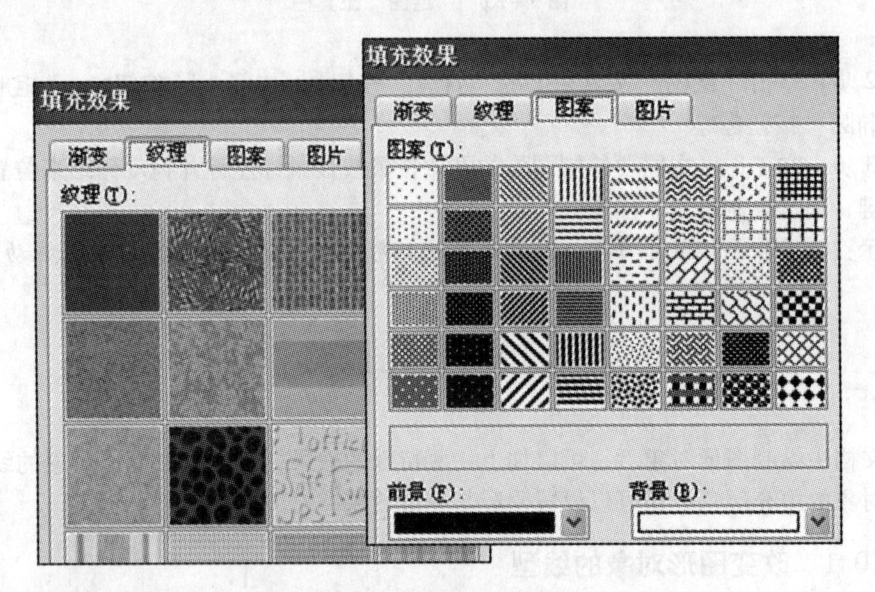

图5－27　“填充效果”对话框

在“填充效果”对话框的不同选项中选择一种填充效果，然后单击“确定”按钮。图5－28就是填充了各种效果后的图形对象示例。

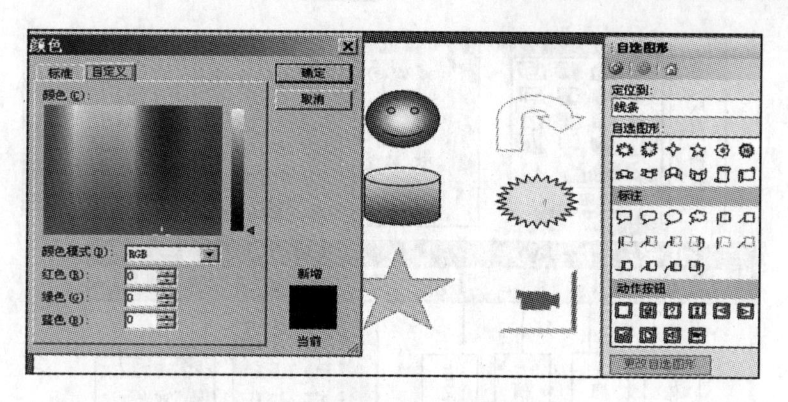

图5－28　图形对象填充效果示例

5.10.3　设置阴影与三维效果

用WPS文字还可以设置图形的阴影或三维效果，使对象看起来更加美观。具体操作步骤如下。

第1步：选定要设置阴影或三维效果的图形。

第2步：单击“绘图”工具栏上的“阴影”按钮，从弹出的菜单中选择一种阴影效果，如图5－29所示。

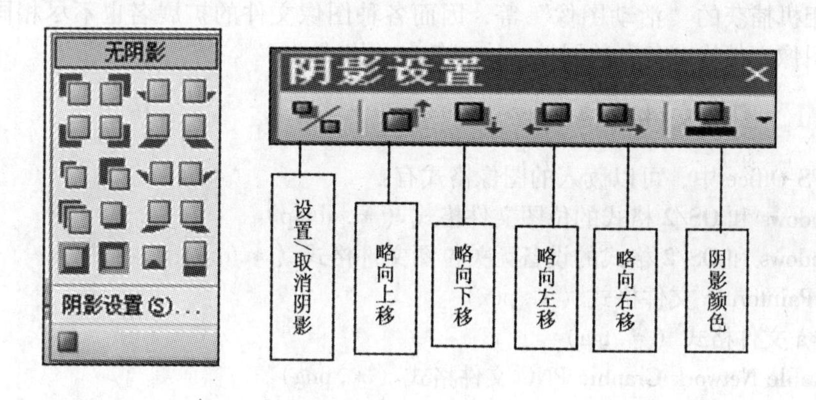

图5－29　设置阴影

第3步：单击“绘图”工具栏上的“三维效果”按钮，然后从弹出的菜单中选择一种三维效果，如图5－30所示。

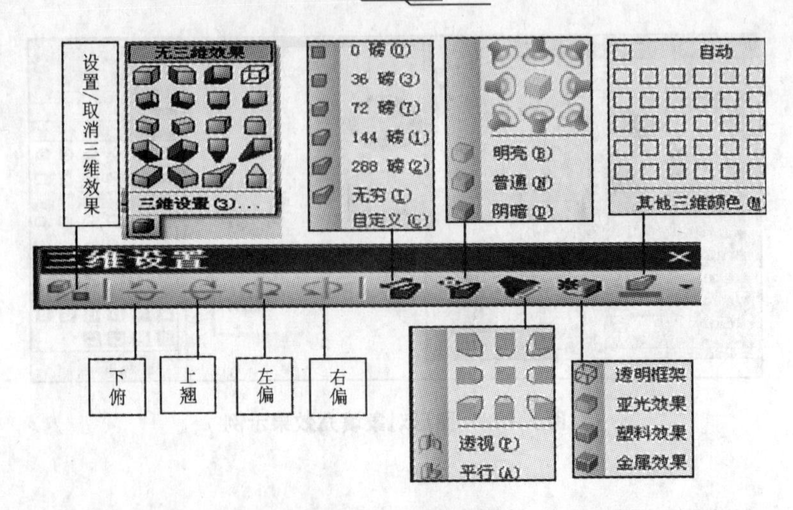

图 5－30　三维设置

5.11　图像文件的概述及嵌入

由于图像的生成方法不同，比如照片、指纹、电视画面、计算机软件界面（窗口）、通过数码相机捕获的“活动图像”等，因而各种图像文件的扩展名也不尽相同。也就是说，每种图像文件均有各自的属性，均有各自的格式。

5.11.1　图像文件的格式

在 WPS Office 中，可以读入的图像格式有：

●Windows 和 OS/2 格式的位图文件格式（＊. bmp）

●Windows 和 OS/2 格式的设备无关位图文件格式（＊. dib）

●PC Paintbrush 文件格式（＊. pcx）

●Targa 文件格式（＊. tga）

●Portable Network Graphic PNG 文件格式（＊. png）

●Graphic Interchange Format 图形交换格式（＊. gif）

●Joint Photographics Expert Group Format 图形格式（＊. jpg）

●Tagged Image File Format TIFF 文件格式（＊. tif）

●Windows 元文件格式（＊. wmf）

●Encapsulated PostScript 文件格式（＊. EPS）

应当说明的是：除了位图文件格式（＊. bmp）和 Windows 元文件格式（＊. wmf）外，其他图像格式都需要进行转换才能显示。在转换图像格式时，系统会弹出一对话框显示转换进程。

5.11.2　在文档中插入图像

WPS Office 为用户提供了插入图片的 3 条渠道：①插入剪贴画（由 WPS Office 本身提

供的剪贴画库，其目的是为了丰富版面而备有大量的图片）；②来自图像文件（即外部提供的图片，如用户从网上或其他界面采集的图片、数码相机拍摄的图像等，这些图像都存储在电脑里，故必有图像文件名）；③插入艺术字（由 WPS Office 本身提供艺术字库，艺术字本身是一种图片的形式）。

选择“插入 | 图片”命令，如图 5－31 所示。

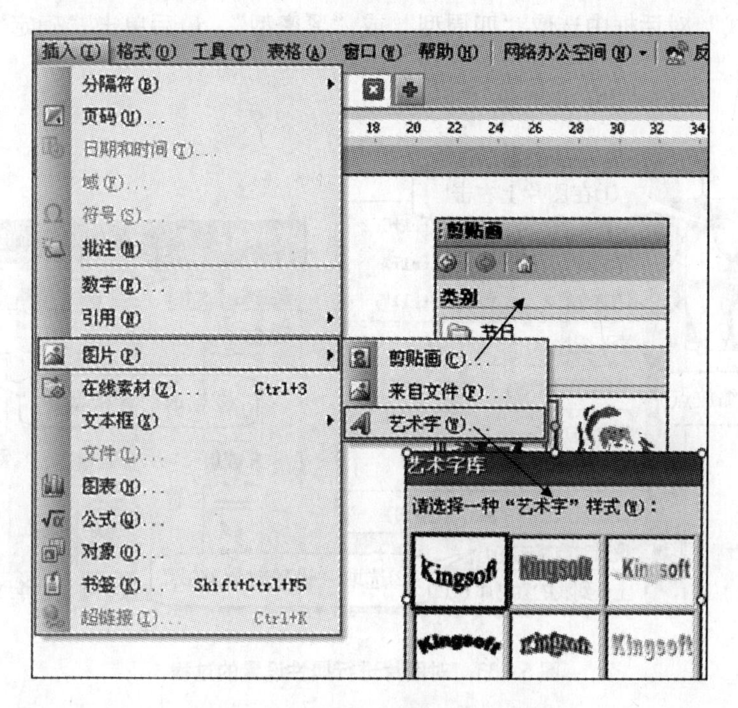

图 5－31 “插入 | 图片”命令

艺术字的插入前面已讲解过了，现在讨论剪贴画和外部图片的插入。

5.11.3 插入剪贴画

第 1 步：将光标移到页面图像插入点，单击“插入 | 图片 | 剪贴画”命令，弹出的界面如图 5－32 所示。

图 5－32 剪贴画部分画面

第2步：由于图片有很多个系列，其“在线素材”与网络联通，通过“预览”窗口可逐个查阅。双击“预览”窗口中某一图片，则该图片自动跳入页面光标插入点。

第3步：选中该图片，在它的周围会出现8个编辑点（缩放点）。通过缩放点可以调整图片的大小，但不能调整它在页面中的位置（鼠标拖不动图片）。

第4步：在图片上右击，在弹出的快捷菜单中选取“设置对象格式”，然后在弹出的“设置对象格式”对话框中选取“四周型”或“紧密型”，最后单击“确定”，如图5-33所示。

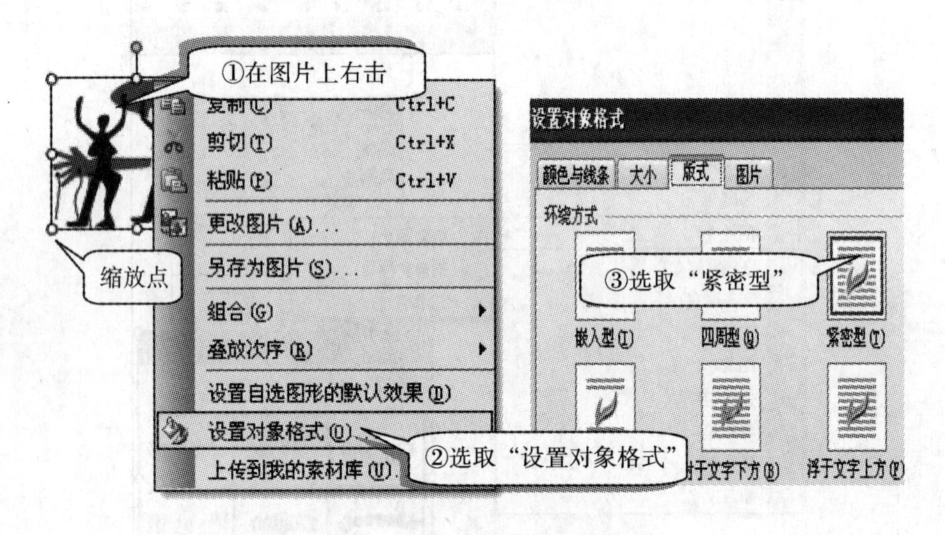

图5-33 对图片进行属性设置的过程

这样图片就能随鼠标拖动了（将光标移到图片出现※时按住左键，可以拖动图片调整位置）。

提示：文稿中的图片在编排中如果不听指挥，鼠标拖不动它，大都是图片的属性（格式）问题（“嵌入型”嵌死了，动不了）。可通过右击图片，在快捷菜单中选取“设置对象格式”，并在弹出的“设置对象格式”对话框的“版式”选项卡中选取“四周型”或“紧密型”，它就听从指挥、任你拖动了。

5.12 图像格式（参数）的修改与加工

WPS Office 的文件中所插入的图像在编辑状态下，选择快捷菜单中的“设置对象格式”，通过“设置对象格式”对话框可以修改图像格式。另外还可用“图片”工具栏处理图像，方法更为简便。“图片”工具栏可以用来快速完成改变图像的亮度、对比度、黑白/彩色模式、各种剪切、透明化处理等。“图片”工具栏只在图像编辑状态下出现，工具栏如图5-34所示。

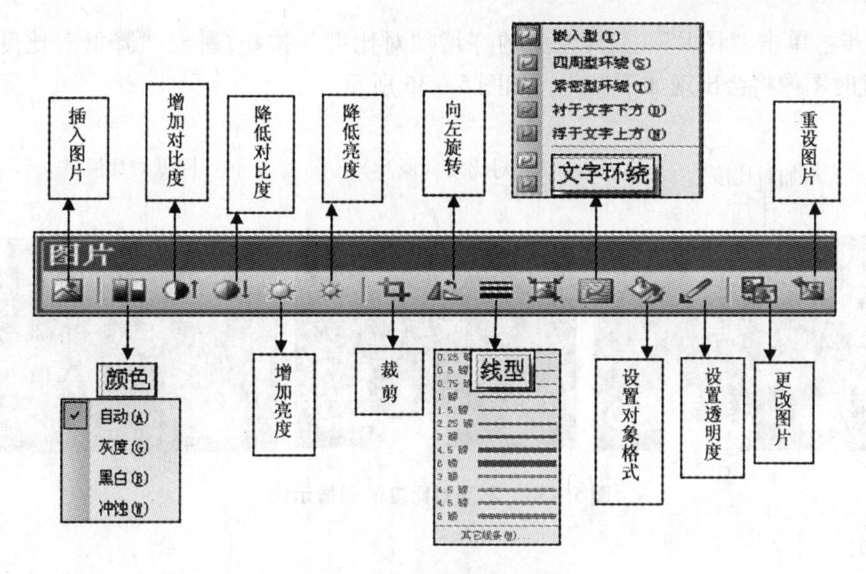

图5-34 “图片”工具栏

图片工具只能用来处理图像。

5.12.1 改变图像的亮度

改变图像亮度的方法如下。

第1步：单击选中图像，此时“图片”工具栏会自动弹出，为你提供加工图片所需的工具。

第2步：单击“图片”工具栏上的“增加亮度”按钮或“降低亮度”按钮，击键时图像将会出现明显的变化，如图5-35所示。

图5-35 不同亮度图像示例

5.12.2 改变图像的对比度

改变图像的对比度的方法如下。

第1步：单击选中图像。

第2步：单击“图片”工具栏上的“增加对比度”按钮 或“降低对比度”按钮 ，击键时图像将会出现如下变化，如图5－36所示。

图5－36　不同对比度的图像示例

5.12.3　改变图像的显示状态

改变图像的显示状态方法如下。

第1步：单击选中图像。

第2步：单击“图片”工具栏上的“颜色”按钮 ，在下拉列表中分别选取 灰度和 黑白，击键时图像将会出现如下变化，如图5－37所示。

图5－37　不同显示状态的图像示例

图像的显示状态有“灰度”、“黑白”两种。如果图像本来是彩色的，选择“灰度”会使图像变为有多级灰度的图像；如果图像本来是彩色或多级灰度的，选择“黑白”会使图像变为只有黑白两种颜色的图像。

5.12.4　裁剪图像

如果图片不是用户所需要的形状，可以在图像编辑状态下选取适当的裁剪方式裁剪图像。图像的裁剪方式包括矩形、椭圆和正多边形3种。裁剪框可以在图像框内移动或缩放，方便选择图像裁剪部分。

图像裁剪的方法如下。

第1步：单击选中被裁剪图像。

第2步：单击“图片”工具栏上的“裁剪”按钮，此时被裁剪图像被一裁剪框架包住，你可将光标靠近框架，按住鼠标左键朝上、下、左、右拖动，进行裁剪界定形状、范围。

第3步：当光标变为“┣”或“┳”时，按住鼠标左键向右移动（左图虚线所示）或向下移动（中图虚线所示），裁剪出所需图像（右图所示），如图5-38所示。

图5-38 图像裁剪示例

5.12.5 指定透明色

指定透明色是指在图像中选取某一种颜色并定为透明，使该图像中所有同样颜色的地方都变为透明效果。

指定透明色的具体方法如下。

第1步：单击“图片”工具栏上的“透明”按钮。此时鼠标指针在图像框上会变为状的光标。

第2步：将这个吸管状的光标移动到需指定为透明的颜色处，单击。此时，该图像中所有同样颜色的地方都变为透明效果。如果该图像框下面还有别的内容（文字或别的框），将可以显示出来，如图5-39所示。

图5-39 透明化处理

5.12.6 图像综合操作实例——为你的照片锦上添花

现在带摄像功能的手机可以说是满街都是了。不论走到哪里，人们都可以拿起手机随手拍摄。回来后往电脑中一存，闲来无事，翻出来欣赏一番，美好的记忆萦绕在脑海中，是多么幸福啊！不过照片都只是一个原始的记录而已，要是再添加一些文字或作其他修饰，那才叫锦上添花呢！

打开 WPS 文字，在“绘图”工具中单击“自选图形”，在打开的“自选图形”窗口中，选择一款中意的图形，在 WPS 中拖动鼠标绘出图形，并在图形中右击，从弹出的快捷菜单中选择“设置对象格式”。打开“设置对象格式”对话框，如图 5-40 所示，在其中的“颜色与线条”选项卡下，单击“填充”选项组的“颜色”右侧的下三角按钮，选择“填充效果”。在“填充效果”对话框中，单击“图片 | 选择图片”，然后在打开的“选择图片”窗口中，选择相应的照片，单击“打开”，即可将选中的照片插入到图形框中。

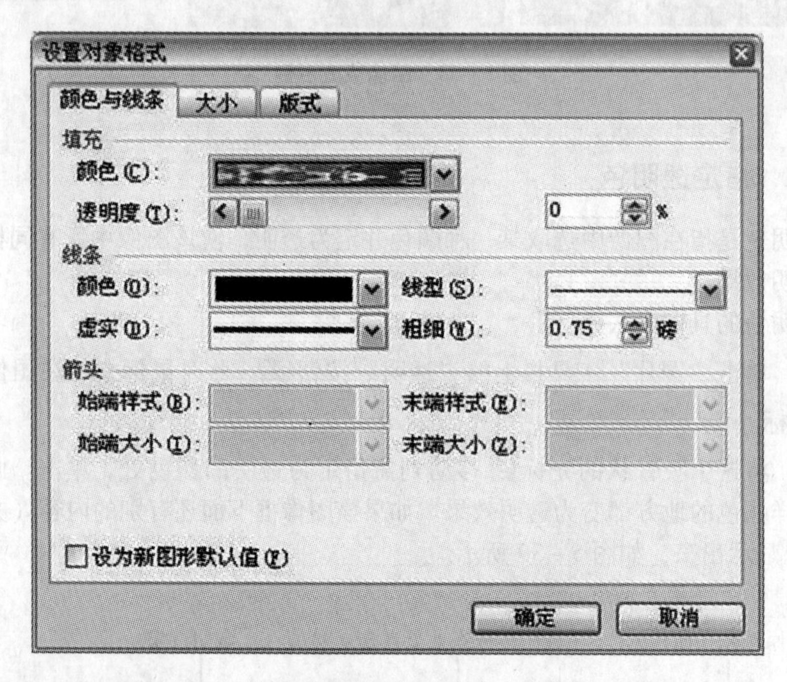

图 5-40 “设置对象格式”对话框（“填充”设置）

在“设置对象格式”对话框中，单击“线条”选项组的“颜色”右侧的下三角按钮，选择“带图案的线条”。在打开的“带图案的线条”窗口中，选择一款合意的图案，并选择好前景色与背景色，单击“确定”，再将线条的粗细设置好相应的磅值，单击“确定”即可，如图 5-41 所示。

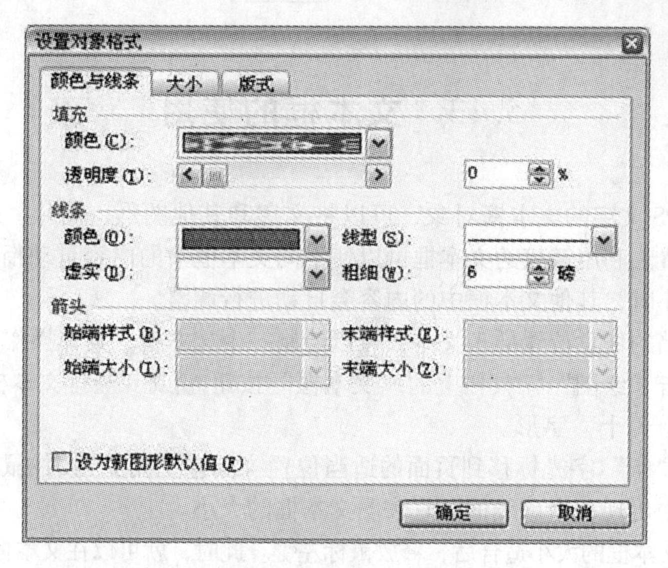

图 5－41　“设置对象格式”对话框（“线条”设置）

再在“自选图形”窗口中，选择一款中意的图形，在图形框中拖动鼠标绘出图形。同样是在图形上右击，在快捷菜单中选择“设置对象格式”。打开“设置对象格式”对话框，将“颜色与线条”选项卡中的透明度设置为 100%，再根据需要设置好线条颜色，单击“确定”后退出。在工具栏中单击“插入｜图片｜艺术字”，在打开的“艺术字”对话框中，设置好字体、字号、字体颜色，输入好相应的文字内容，单击“确定”。然后将艺术字版式由嵌入式修改为其他版式，将图形、艺术字的位置调整好（如图 5－42 所示），按下 Shift 键，依次选中相应的图形右击，在快捷菜单中选择“组合”。之后在照片中右击，在快捷菜单中选择“另存为图片”，将照片保存即可。此时再看照片，是不是有点与众不同，也更有纪念意义了？

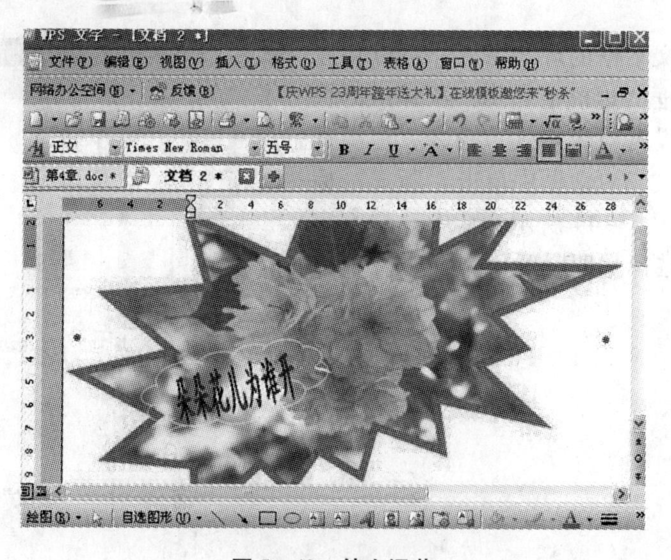

图 5－42　锦上添花

5.13 文本框的使用

灵活使用 WPS 文字的文本框对象，可以将文字和其他图形、图片、表格等对象定位于页面的任意位置。利用链接的文本框可以使不同文本框中的内容自动衔接上，当改变其中一个文本框大小时，其他文本框中的内容会自动进行调整。

如果要在文档的任意位置插入文本，可以绘制一个文本框，具体操作步骤如下。

第 1 步：单击"绘图"工具栏上的"文本框"按钮或"竖排文本框"按钮。此时，光标变为一个"十"字形。

第 2 步：将"十"字光标移到页面的适当位置（如左上角），按住鼠标左键向右下角拖动，拖动过程中出现一个虚线框，它表明文本框的大小。

第 3 步：当文本框的大小适合后，释放鼠标左键。此时，就可以在文本框中输入内容了。

第 4 步：单击文本框的边框即可将其选定。此时文本框的四周出现 8 个手柄，按住鼠标左键，拖动手柄，可以调整文本框的大小。

第 5 步：将鼠标指针指向文本框的边框，鼠标指针变成"十"字箭头时，按住鼠标左键拖动，可以调整文本框的位置，如图 5－43 所示。

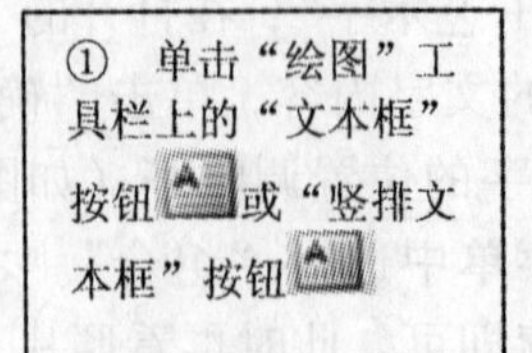

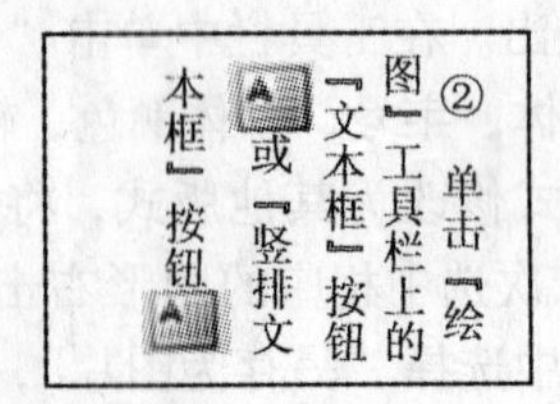

图 5－43　横、竖排文本框示例

如果要设置文本框的环绕方式，可以将鼠标指针移到文本框的边框上右击，从弹出的快捷菜单中选择"设置对象格式"命令，在出现的"设置对象格式"对话框中单击"版式"标签，其选项卡如图 5－44 所示，从中选择文字环绕方式。例如选择"四周型"。

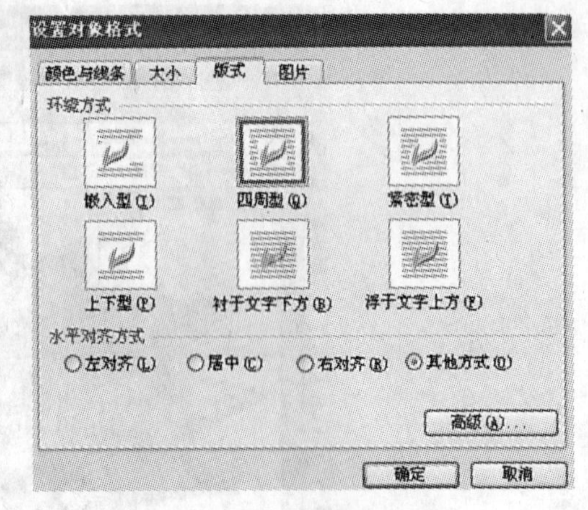

图 5－44　"版式"选项卡

5.14 综合操作实例——出一张试卷

试卷，是教师朋友们接触最多的办公应用。下面我们以制作一张 8 开纸、4 个版面、双面打印的试卷为例，重点讲解一些需要注意的地方。

（1）制作试卷首先要制作密封线。密封线一般在试卷的左侧，密封线外侧是学校、班级、姓名、考号等信息栏，而内侧就是试卷的题目了。

密封线的制作非常简单，只要插入一个文本框，并在其中输入学校、班级、考号、姓名等考生信息，留出足够的空格，并为空格加上下划线，试卷头就算完成了。然后另起一行，输入适量的省略号，并在省略号之间输入“密封线”等字样，最后将文本框的边线设置为“无线条颜色”即可，如图 5－45 所示。

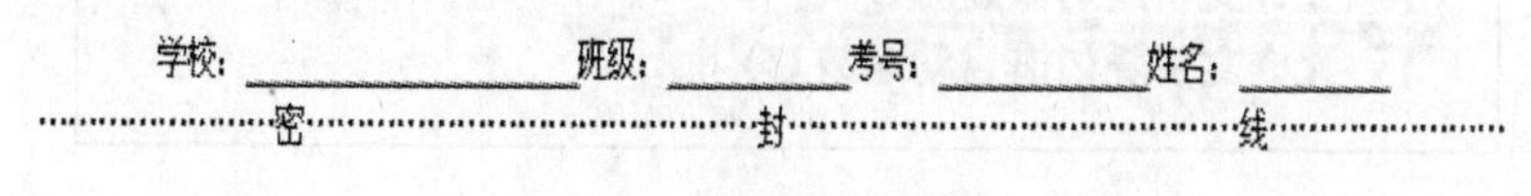

图 5－45 试卷头和密封线示例

在制作过程中，可能会出现考生信息不能居中的问题，即使将其设置为“居中对齐”了，可它还总是有些偏右，这是怎么回事呢？原来，在 WPS 文字中，是将空格（即使是全角空格）当做西文处理的，并且在排版的时候，连续的空格会自动被忽略掉，因此，在图 5－48 中，极有可能从“学校:”到“姓名:”这部分内容居中了，但“姓名:”之后的空格被忽略掉了。解决此问题的办法是：选中考生信息部分右击，在快捷菜单中选择“段落”，弹出“段落”设置对话框，切换到“换行和分页”选项卡，选中“换行”选项组下的“允许西文在单词中间换行”即可，如图 5－46 所示。

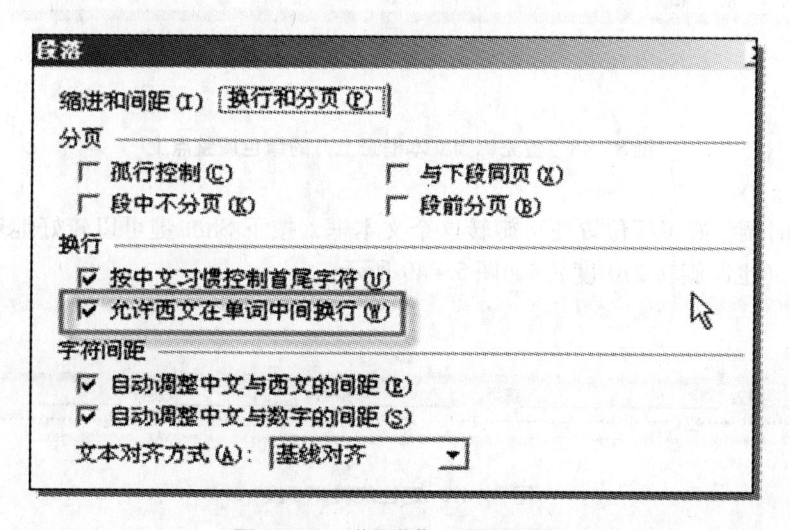

图 5－46 “段落”设置对话框

（2）试卷头做好了，但它是“横”着的，怎样才能把它“竖”起来呢？用鼠标右击该文本框，在快捷菜单中选择“设置对象格式”，在其对话框的“文本框”选项卡中勾选“允许文字随对象旋转”，如图5－47所示。

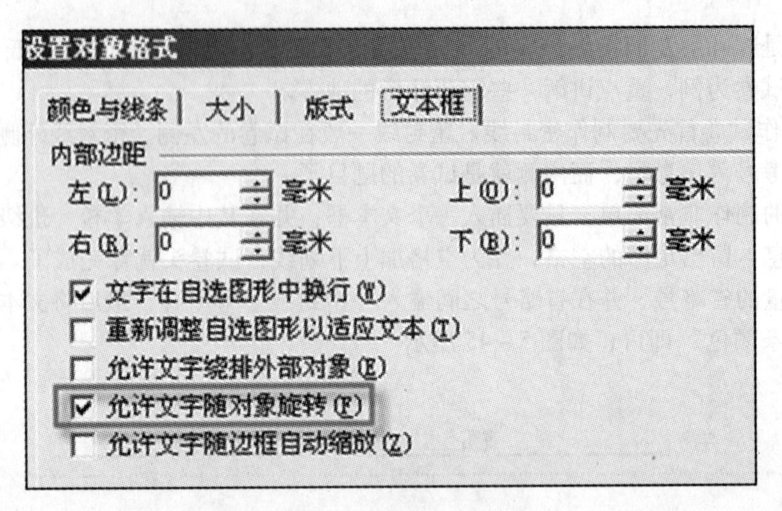

图5－47 “文本框”选项卡

这时，我们再次选中文本框，把光标放到文本框正上方的绿色调整点上，会发现光标变成一个旋转的形状，如图5－48所示。

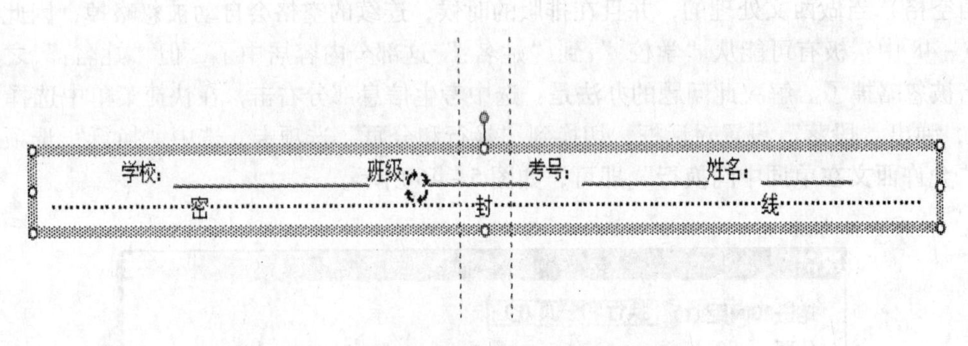

图5－48 置光标到文本框正上方的绿色调整点上

（3）此时调整好鼠标位置便可旋转这个文本框，按下Shift键可以较好地定位到左旋90度的位置（也即旋转270度），如图5－49所示。

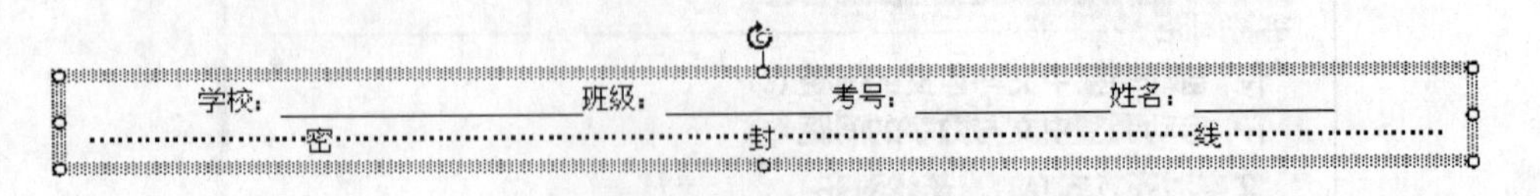

图5－49 定位旋转270度

放开鼠标右键，并用鼠标单击文本框之外的位置，这个文本框就“竖”起来了。用鼠标把它拖动到页面的左侧，即完成了试卷头的制作。

5.15 综合操作实例——办一张报纸

与公文相比，报纸的排版非常个性化，可谓丰富多彩。报纸不仅有标题、正文，更要图文并茂，即使是文字，也不像公文中的那么“正规”，可以横排、纵排，而标题更是花样繁多……文字的表达能力是有限的，还是让我们看看一张真正的报纸是什么样的吧！如图 5－50 所示。

中国青年报

CHINA YOUTH DAILY

中国社科院庆祝建院30周年

李长春致信祝贺 刘云山出席并讲话

胡锦涛会见公安系统英雄模范和立功集体代表时勉励公安民警

认真履行职责 不负人民重托

温家宝曾庆红罗干参加会见

开县小学遭雷击“球形雷”是祸首

中国加入国际

图 5－50 报纸示例

5.15.1 图文排版

首先，我们要讲的是报头。图中“中国青年报”几个大字是毛泽东的手书，是用任何输入法、任何字体都无法重现的。因此，只能采取插入图片的办法来实现。同时，报纸中的插图都是必须用插入图片来实现的。在 WPS 文字中，插入图片的默认绕排方式是“嵌入型”，即把图片“嵌入”到文字中，以便当文字改变时随文字移动，不过这样一来，想任意改变图片在文档中的位置就比较困难了。在报纸的排版中，对绝对位置的要求比较严格，因此，需要把图片的绕排方式改为“四周型”或“紧密型”，我们才可以随时把图片放在页面的任何位置。除了报头，报纸中的新闻图片也是通过插入图片的办法插到版面的任意位置的。至于版面中直线、方框等简单图形，则可以用“绘图”工具栏中的图形工具轻松完成。如果要插入比较复杂的图形或者线条，“绘图”工具无法完成时，则可以在Photoshop等图像处理软件中做好后直接以图形方式插入版面。

5.15.2 文本框的链接

说完了报头，就该说说文章了。为了版面的灵活和排版的准确，文章一般采用文本框来实现。目前，WPS文字还不支持在文本框中分栏，因此，对于分成多栏的文章，我们还要另想办法。一般解决办法是使用多个文本框来完成一篇文章的输入。这样就有一个难题：多个文本框之间的文字彼此并不关联，如果前面文本框中的文字做了调整，后面的也要随之调整，这样，在校改文章时就会变得非常烦琐。这里，我们要用到一个非常好用的功能——链接文本框。当我们选中某一文本框时，WPS文字会自动弹出一个“文本框”工具栏（图5－51）。这个工具栏不能从“视图”中调出，而只能在我们选择文本框时自动出现，当没有文本框出现时，它会自动消失。

图5－51 “文本框”工具栏

文本框工具栏的功能非常简单，只有5个按钮，从左至右依次是“创建一个文本框链接”、“断开当前链接”、“前一文本框”、“后一文本框”和“更改文字方向”。除了“更改文字方向”外，其他4个按钮全部与链接文本框功能有关。

现在就让我们用这个功能来实现分栏效果吧。以头版头条消息《认真履行职责　不负人民重托》为例，消息的标题用一个普通的文本框来实现，设置好字体字号。处理消息正文的操作步骤如下：

第1步：插入一个文本框，调整大小后，约占该消息正文版面的1/4宽，并设置好其他属性。这里的关键是把文本框的“线条颜色”设置为“无线条颜色”，“内部间距”设置为“0”。

第2步：把第一步做好的文本框复制粘贴3份，使4个文本框一字排开。为了整齐起见，可以同时选中这4个文本框，在“绘图”工具栏中依次选择“绘图|对齐或分布|底端对齐”，然后再执行一次“绘图|对齐或分布|横向分布”（图5－52）。这样设置后，4个文本框就整整齐齐排好了。

第3步：选中第1个文本框，然后在“文本框”工具栏上单击“创建一个文本框链接”，此时你会发现鼠标指针变成了一个杯子的形状。把鼠标指针移到第2个文本框上，该杯子变成倾斜的，像是正在往第2个文本框中倒什么东西，此时在第2个文本框上单击，即完成了两个文本框的链接。再用同样的办法将后面的文本框链接到前一个文本框。

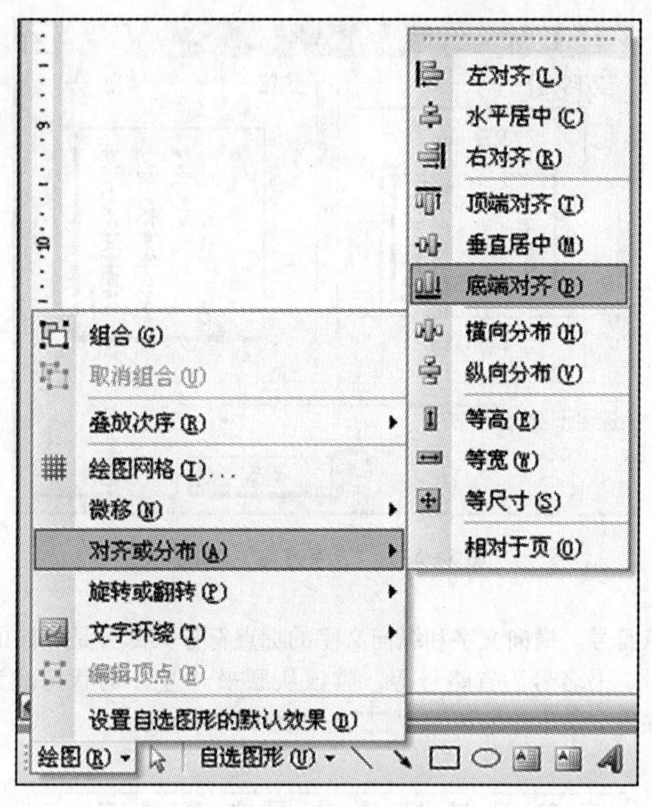

图 5-52 通过“绘图”工具栏的命令使 4 个文本框左右上下对齐

第 4 步：在第 1 个文本框中输入文字，当第 1 个文本框满了的时候，后面输入的文字会自动进入第 2 个文本框，以此类推，直到第 4 个文本框。

5.15.3 纵向文本

有些时候为了活跃版面，我们在报纸上还会用到纵向排版的文本。在“绘图”工具栏上，有两个“插入文本框”的按钮，前一个是“横向文本框”，后一个是“竖向文本框”，也就是横向和纵向的了。其实，即使开始插入的是横向文本框，要改成纵向的也是很容易的事。还记得 5.15.2 节讲到的“文本框”工具栏吗？最后一个按钮就是“更改文字方向”，如果原来的文本框中的文字是横向的，按一下就会变成纵向的；反之，如果原来是纵向的，按一下就会变成横向的。

讲到纵向文本框，有两点不能忽视：

第一，是文字的方向。按照古代中文的行文习惯，应该是由右向左排的，但一些人不懂得这个规则，喜欢由左向右排，这是错误的。当我们将文字设置为“纵向”时，默认也是由右向左排。如果不是，请在“文字方向”对话框（选择“格式 | 文字方向”调出）中把它改过来（图 5-53）。

文字方向
方向(O)
预览
文字abc
文字abc
文字abc
文字abc
文字abc文字abc
文字abc文字abc
应用于(Y):
本节
确定
取消

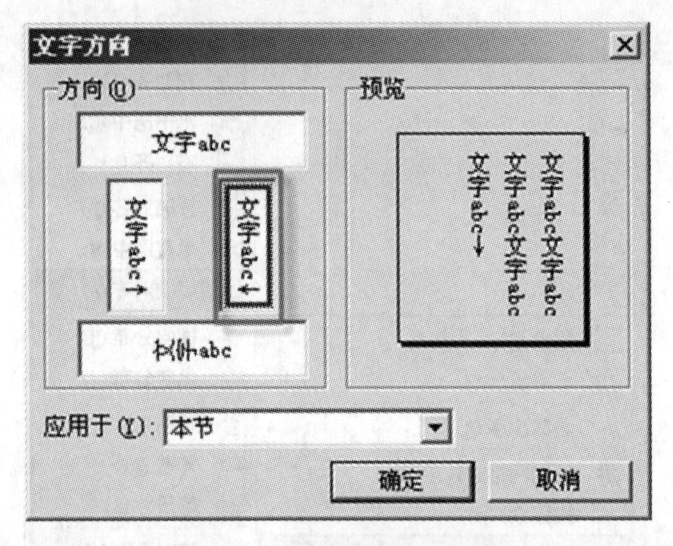

图 5－53　“文字方向”对话框

第二，是标点符号。横向文字和纵向文字的标点符号大部分是相同的，但是也有一些差异，比如小括号、书名号、省略号等，应该从原来“竖”的状态改为“横”的状态，再比如双引号，在纵向文本中应该用“﹁”，如图 5－54 所示。

学习是永恒的，过去学、现
在学，将来更要学。一年以来，
我结合巩固和发展党的先进性教
育活动成果，重点学习了马列主
义、毛泽东思想、邓小平理论和
『三个代表』重要思想、科学发
展观、《党章》、社会主义新农村
建设、省第八次党代会精神、中
纪委第七次全会精神、胡锦涛总
书记『6·25』重要讲话精神、中
纪委《关于严格禁止利用职务上
的便利谋取不正当利益的若干规
定》和党的十七大精神等……

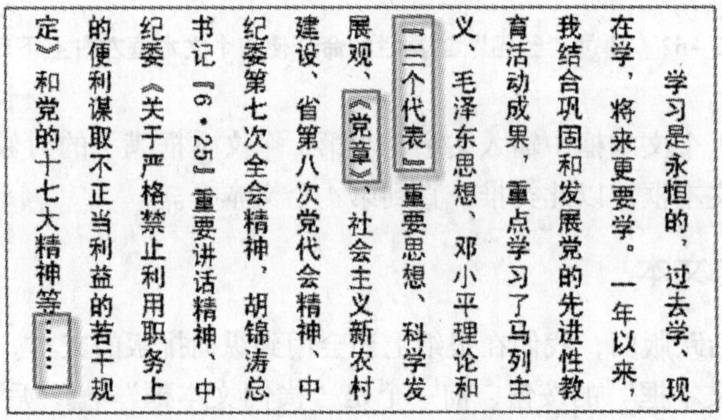

图 5－54　纵向文本示例

在一般情况下，在我们将文字方向设置为纵向的同时，这些标点符号已经自动转换过来了。但在应用某些不太成熟的字体时，有可能会出现标点符号没有转换的情况，特别是双引号，仍然显示为“ ”的状态，这时我们就要考虑是否需要换一个成熟些的字体了。

5.15.4　组合及转成 PDF 文档

你看，办一张报纸其实也并不像想象的那么复杂吧？接着把整张报纸做完吧。在所有工作完成后，为了使报纸版面中各元素（各对象）不会乱跑，可以用“绘图”工具栏上的“选择对象”工具，框选所有的元素（包括图片、文本框、图形等），然后在任一元素上右击，执行“组合｜组合”，使整个版面“合为一体”，我们这一版报纸就算做好了。

如果你还是担心有人会把组合好的对象“分解”开而造成跑版，那么干脆把它转成 PDF 文档吧。WPS 可以轻松地把 WPS 文档和 DOC 文档转换为 PDF 格式，只要在“常用”工具栏上单击“输出为 PDF 格式”按钮，按提示操作就可以了（即前面提到过的“只读”文件），这张报纸只能阅读而修改不了。不过，目前 WPS 文字还不支持打开 PDF 格式文档，要查看的话，还需要安装 PDF 的专用阅读软件。

5.15.5 上机实习作业布置

根据已学内容，用录入或复制、粘贴等多途径，先创建一个纯文字文件（中文或西文，内容自定），为16开，内容占一个多版面，并保存在你的文件夹中。

1. 图片层次操作

（1）要求：

以文字为基准面，完成下列操作，即置于顶层、置于底层、上移一层、下移一层、浮于文字上方、衬于文字下方。

（2）操作提示（供参考）：

通过“插入 | 图片 | 剪贴画”或“来自文件”或“艺术字”，从电脑中调出两张你欣赏的图片到文稿中；或者从网上、Windows 界面、WPS 界面截两张图片粘贴到你的文稿中。

2. 对象的环绕操作

（1）要求：在上题操作的基础上，完成如图 5－55 所示的 6 项操作。

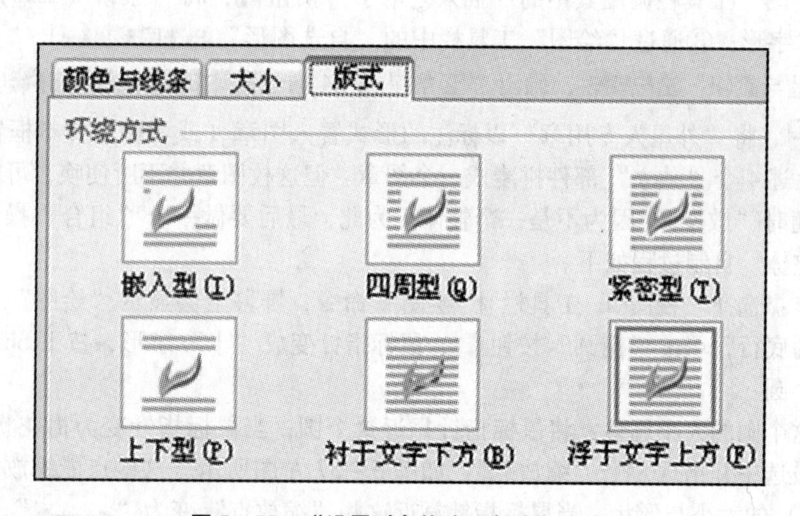

图 5－55 “设置对象格式 | 版式”命令

（2）操作提示（供参考）：

右击对象，从快捷菜单中选取“设置对象格式 | 版式”命令。

3. 分栏操作

（1）要求：在上题操作的基础上，完成分栏（两栏之间加分隔线）操作。

（2）操作提示（供参考）：

预计第一次执行分栏操作时效果不佳，因为图片太大无法编排，此时可单击图片，通过缩放点按比例缩小图片后再次执行分栏操作。

5.16 上机实习指导——WPS文字自制电子图章

目的与要求：

学习WPS的重点在于动手，通过自制一枚电子图章（如图5－56所示），以巩固一些基本操作。

图5－56 电子图章示例

本电子图章实际是由4部分组成：①通过“绘图”工具栏调用其中的一个圆；②通过“绘图”工具栏调用其中的“插入艺术字”按钮，将“康康（koko）公司”变为圆形艺术字形；③通过“绘图”工具栏中的“自选图形” 自选图形(U) ▾｜“更多自选图形”｜“星与旗帜” 星与旗帜，调出“五角星”；④通过其中的“标注” 标注，调出标注符号，将“外星人专用章”以标注的形式置入图章（或者调用文本框置入图章）；⑤最后将上述4个“独立”部件拼凑成一个图章。但这枚图章并不听使唤，可能随时“跑版”或者随时“散架”，因为不是一个整体。为此，最后要做一个“组合”操作，使它们成为一个整体。自制过程如下。

第1步：选择“视图｜工具栏｜绘图”命令，屏幕上会显示“绘图”工具栏，一般在屏幕的底行，单击“椭圆”按钮，鼠标指针变成“十”字形，按下Shift键在文档中拖出一个圆。

注意这个圆的大小调整：将鼠标指针靠近这个圆，当鼠标指针变为梅花状时按左键，表明该圆被选中并出现8个“缩放点”，如图5－57左图所示。这些点能缩放与控制图形（本处是圆）的大小与形状。当鼠标指针靠近这些“缩放点”变为“⟷”时，按住鼠标左键左右移动能使圆变扁；当鼠标指针靠近这些“缩放点”变为“⤢”时，按住鼠标左键沿箭头方向移动能使圆变大或缩小，如图5－57右图所示。

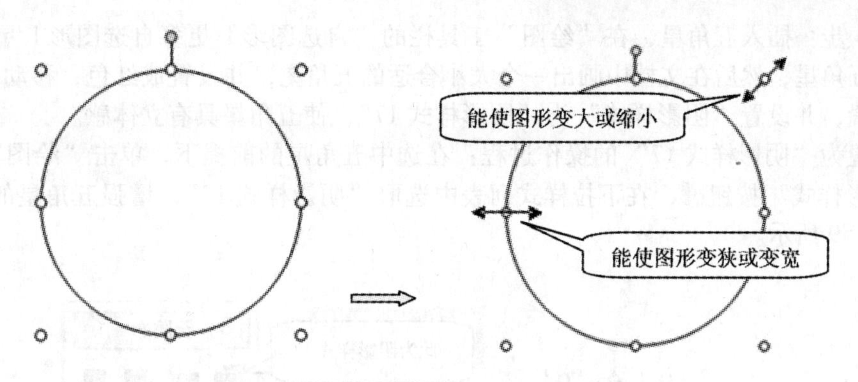

图 5－57 被选中图形出现 8 个“缩放点”

第 2 步：将鼠标指针靠近这个圆，当鼠标指针变为梅花状时按右键，在快捷菜单中选取“设置对象格式”，如图 5－58 所示。

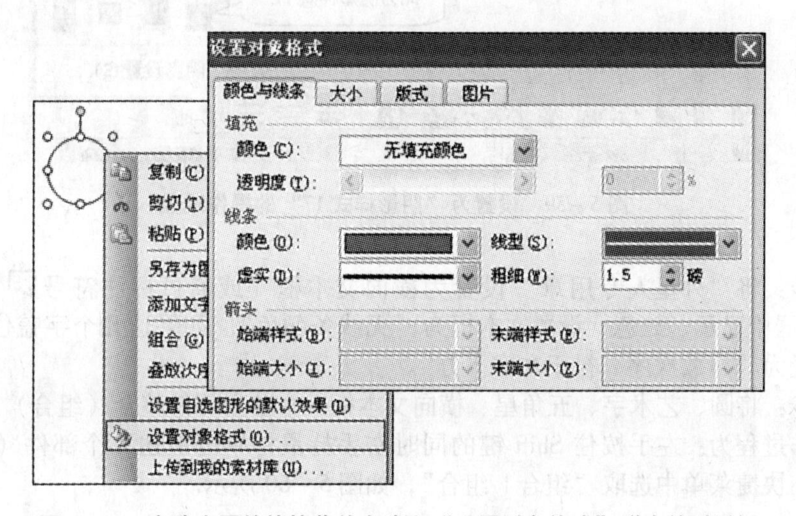

图 5－58 在选中圆的快捷菜单中选取“设置对象格式”弹出的对话框

(1) 在对话框中将圆设为红边、白底，即设置为“无填充颜色”，线条宽度为 1.5 磅，颜色为红色。

(2) 在快捷菜单中选取“叠放次序”，在它的下拉列表中选取“置于底层”。这样做是因为这枚图章是由一张张（4 张）图片叠起来的，要让这个圆放在最下面。

第 3 步：单击“绘图”工具栏中的“插入艺术字”按钮，在“艺术字库”中选取一种呈圆弧形的样式（选择第二行第一列艺术字样式）后，将“请在此键入您自己的内容”字样删除后改输入“康康（koko）公司”，输入内容后设置字体、字号，然后单击“确定”。设置艺术字填充和线条颜色都为红色，设置艺术字形状为“细上弯弧”，用艺术字周围的 8 个按钮（缩放点、控点）拉成圆形，并放在已经画好的红色圆内。可以用 Ctrl 键和方向键帮助移动到准确的位置。

提示：在改变艺术字形状时要有耐心，注意变化规则，特别注意使用（移动）“黄色小方点”◇，必要时重新设定字体、字形，特别是字号，以大方美观为原则。

第4步：插入五角星，在“绘图”工具栏的“自选图形|更多自选图形|星与旗帜”中选中五角星，然后在文档中画出一个大小合适的五角星，并设置成红色，移动到圆中合适的位置，并设置“阴影样式”为“阴影样式17”，使五角星具有立体感。

设置为“阴影样式17”的操作过程：在选中五角星的前提下，单击“绘图”工具栏的“阴影样式”按钮，在下拉样式列表中选取“阴影样式17”，增强五角星的立体感，如图5-59所示。

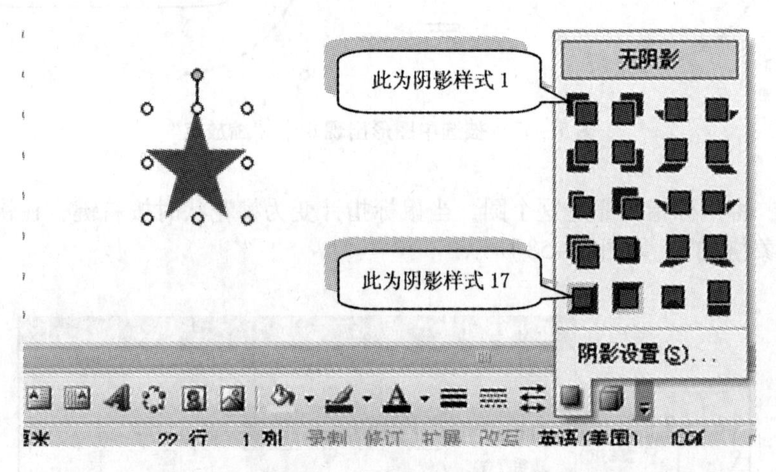

图5-59　设置为“阴影样式17”的操作过程

第5步：将“外星人专用章”设置为横向文本框（或通过标注符号置入图章)，文字居中显示、红色，设置文本框为“无线条颜色”。如果这几个字盖住了艺术字，就将它设置为“叠放次序|衬于文字下方”。

第6步：将圆、艺术字、五角星、横向文本框4个独立部件整合（组合）变为一个整体。其操作过程为：左手按住Shift键的同时右手持鼠标单击上述4个部件（均被选中）后右击，在快捷菜单中选取“组合|组合”，如图5-60所示。

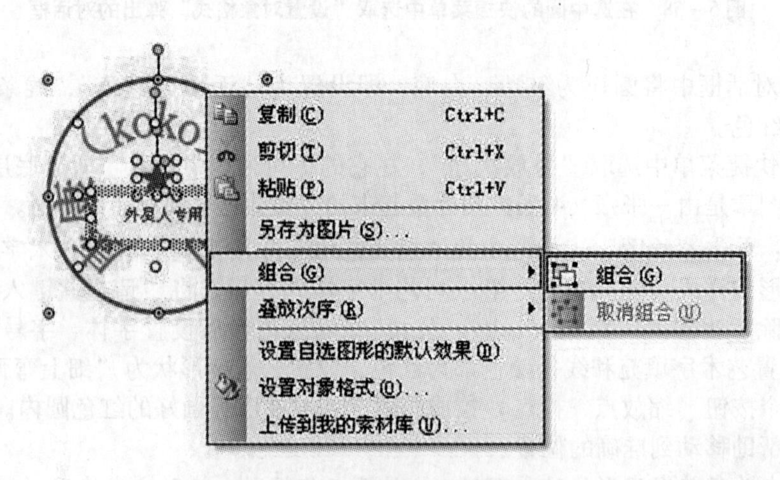

图5-60　“组合”的操作过程

通过以上 6 步操作，一个电子公章就制作出来了。要用时复制一个到目标处就行了。这里需要补充一句，用 WPS 文字制作电子公章可以用在一般的文档中，但如果是正式的行文，则要求公章有防伪功能，我们只能用其他软件来制作可以防伪的电子公章。

第 6 章　WPS 文字中的表格操作

在文稿中使用表格来说明和比较同类数据比单一的文字表述更加简明清晰、醒目易懂，是日常生活中记录和统计数据的有效工具。

在 WPS 文字中创建表格有多种方法，可以通过鼠标移动来绘制表格，也可以通过菜单命令创建、定制表格。

6.1　表格的组成与表格和边框工具栏

在创建表格之前，先要了解有关表格的几个基本术语。

6.1.1　表格的组成

（1）单元格——表格中存储数据或文字的单位叫做单元格，如表 6－1 中，每一个方格放一个数据（包括文字型数据、姓名、性别等），每一个格子就是一个单元格。

表 6－1　花名册

姓名	性别	籍贯	年龄
康　康	男	湖南长沙	14
黄丽子	女	北 京 市	12

（2）表题——也叫表格的标题，即表格的题目区域。表 6－1 中最上部的“花名册”区域即为表题。

（3）表头——一般为表格的前一行或几行，用来输入表格的每一列内容的名称，表 6－1 中的第一行即为表头，它对应的单元格里分别填入姓名、性别、籍贯等内容名称。

（4）表体——表格的主体区域，用来存放数据内容。

（5）报表——具有表题、表头和表体结构的才叫报表。

6.1.2　表格和边框工具栏

在 WPS 文字界面中，通常情况下，“表格和边框”工具栏是不显示的，只有在文字编辑中要用到表格时才将它调出来，其操作如下。

单击“视图 | 工具栏 | 表格和边框”命令，或者在屏幕右上空白处右击，如图 6－1 所示。

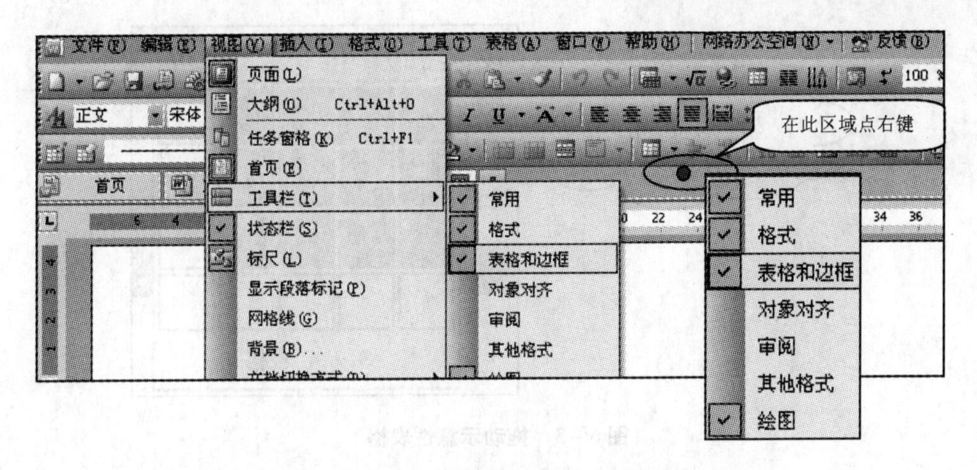

图6-1 调出“表格和边框”工具栏过程

“表格和边框”工具栏各按钮的功能如图6-2所示。

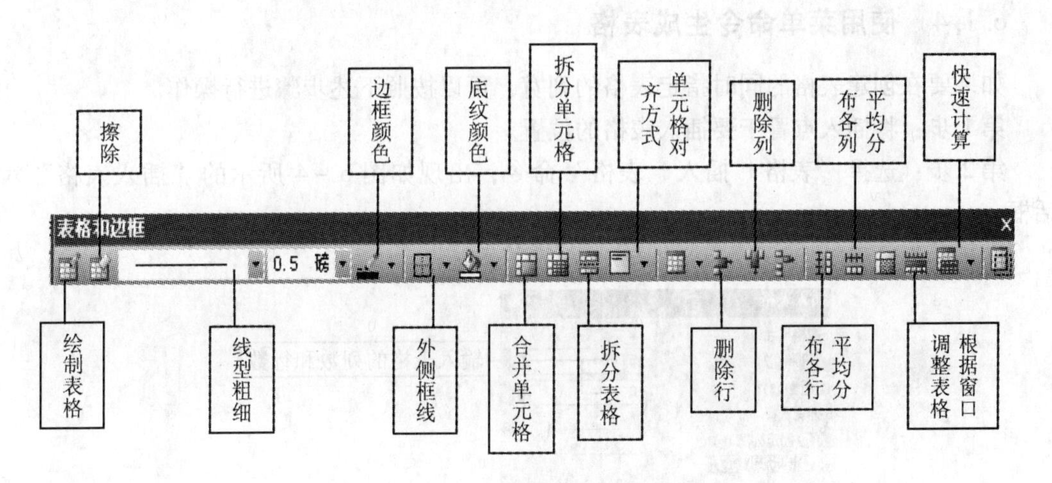

图6-2 “表格和边框”各按钮的功能

6.1.3 利用“插入表格”按钮生成表格

利用“常用”工具栏上的“插入表格”按钮▦，可以快速建立一个简单的表格，具体操作如下。

第1步：将插入点置于要插入表格的位置。

第2步：单击“常用”工具栏上的“插入表格”按钮▦，在该按钮下方出现一个示意性表格。

第3步：在示意性表格中拖动鼠标（使拖动区域呈蓝色显示），选择表格的行数和列数，同时会在示意性表格的下方显示相应的行、列数，如图6-3所示。

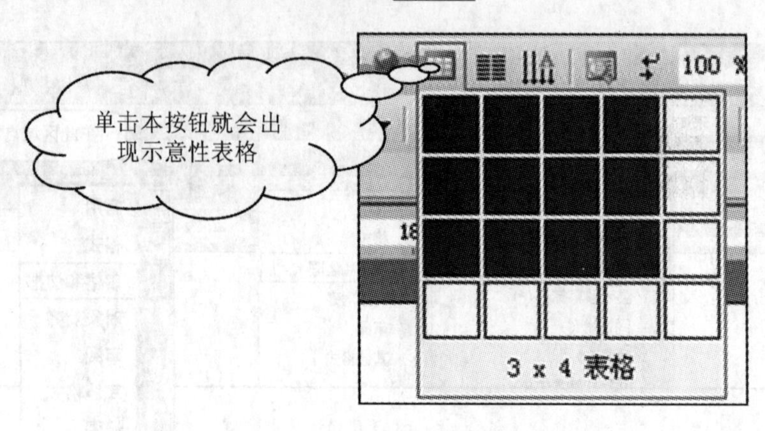

图 6－3 拖动示意性表格

第 4 步：在选定所需行、列数后，释放鼠标，即可得到一个简单的表格（此处为 3 行 4 列的表格）。

6.1.4 使用菜单命令生成表格

如果要在创建表格的同时指定表格的列宽，可以按照下述步骤进行操作。

第 1 步：将插入点置于要插入表格的位置。

第 2 步：选择“表格 | 插入 | 表格”命令，出现如图 6－4 所示的“插入表格”对话框。

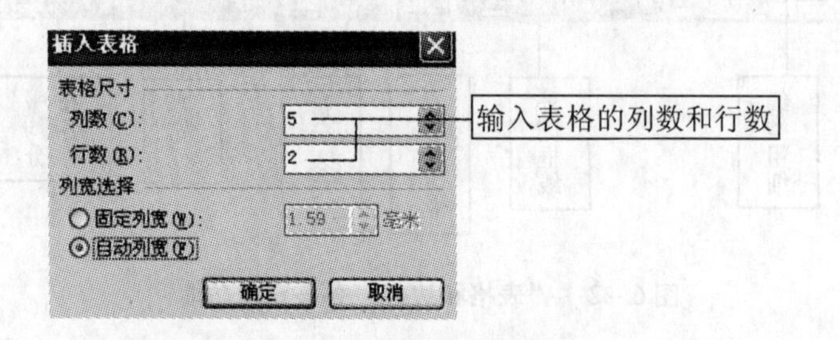

图 6－4 “插入表格”对话框

第 3 步：在“列数”和“行数”微调框中分别输入表格的列数和行数。

第 4 步：在“列宽选择”选项组中选择以下两个选项之一：

●选中“固定列宽”单选按钮，表示列宽是一个确切的值，可以在其后的文本框中指定列宽值；

●选中“自动列宽”单选按钮，表示表格宽度与页面宽度相同。

6.1.5 利用笔和橡皮画表格

利用笔和橡皮画表格的实质是通过移动鼠标来绘制表格。

在“表格和边框”工具栏的左端有一个“绘制表格”按钮（实际上相当于一支

笔）和一个“擦除”按钮（实际上相当于一块橡皮）。单击后光标就变为一支笔，单击后光标就变为一块橡皮，你可以用这支笔和橡皮相互配合，在文稿中画任意形状的表格，包括斜线表头。

在画表格以前，先交代几点：

（1）当画笔调出来以后，它始终只能画线，如要退出画线状态，需要再次单击“绘制表格”按钮。

（2）同理，橡皮被调出来以后，必须再次单击“擦除”按钮，才能退出当前状态。

（3）如果表格画得不合要求，需删除，则将光标移到需要被删表格左上角的“编辑点”并单击（选中），再用“剪刀”剪掉，即单击按钮，或按 Backspace 键删掉，用 Delete 键是不行的，如图6－5所示。

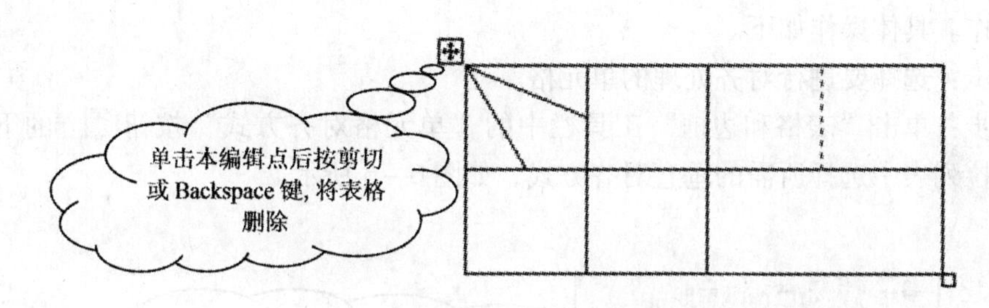

图6－5 用笔和橡皮绘制表格示意

用笔和橡皮绘制表格的具体操作如下。

第1步：单击“表格和边框”工具栏中的“绘制表格”按钮，此时光标变为一支笔。将它移到表格插入点，按住左键往右下角拖动的同时，会形成一个虚线框，待表格大小符合要求时松开左键，表格外框就形成了。

第2步：在表格内框用笔直接画横、竖线条，如为异形表格，则将光标靠近要修改的线条，当光标变为“╪”时，按住鼠标左键可调整行高或列宽，再用橡皮抹去多余的线条。

6.2 对表格进行编辑

编辑表格包括在表格中输入内容、选择单元格、移动和缩放表格等操作。值得注意的是，表格中的每个单元格好比一个小文档，可以在其中进行任意的文字处理（任意确定字体、字号、字形等一系列操作）。

6.2.1 在表格中输入内容

在表格中输入文本与在表格外的文档中输入文本一样，首先将插入点移动到要输入文本的单元格中，然后输入文本。如果输入的文本超过了单元格的宽度，则会自动换行并增大行高。如果要在单元格中开始一个新段落，可以按回车键，该行的高度也会相应增大。

如果要移到下一个单元格中输入文本，可以单击该单元格，或者按下 Tab 键或向右方向键移动插入点，然后输入相应的文本。

6.2.2 设置单元格中的文字格式

先选中单元格中的文字块，包括字体、字形、字号、颜色，和正文的设置完全一样，调用“格式 | 字体”命令，一次完成。

6.2.3 表格文字的对齐方式

表格中文字的对齐方式与文档中文字的水平对齐方式是一样的，只不过表格文字的对齐方式的参照物变为“单元格”。在表格中不但可以水平对齐文字，而且增加了垂直方向的对齐操作。具体操作如下。

第 1 步：选择要进行对齐处理的单元格。

第 2 步：单击“表格和边框”工具栏中的“单元格对齐方式”按钮的下三角按钮，从下拉列表中选择所需的垂直对齐方式，如图 6－6 所示。

图 6－6 “单元格对齐方式”按钮

6.2.4 修改表格的外观

完成表格的创建后，可以根据需要对表格的外观进行调整，如修改行高与列宽，添加或删除行和列，合并、拆分单元格，创建斜线单元格等。

在创建一个稍微复杂一点的表格时，经常会出现行或列数不够用，或者要删除一些多余的行和列的情况。

1. 添加行或列

首先选定要插入新行（列）的位置，选定的行（列）数与要插入的行（列）数应该相同，然后根据需要选择操作。

第 1 步：选择“表格 | 插入”命令。

第 2 步：在弹出的子菜单中选择“列（在左侧）”、“列（在右侧）”、“行（在上方）”或“行（在下方）”命令即可插入与选定行（列）数相同的行（列），如图 6－7 所示。

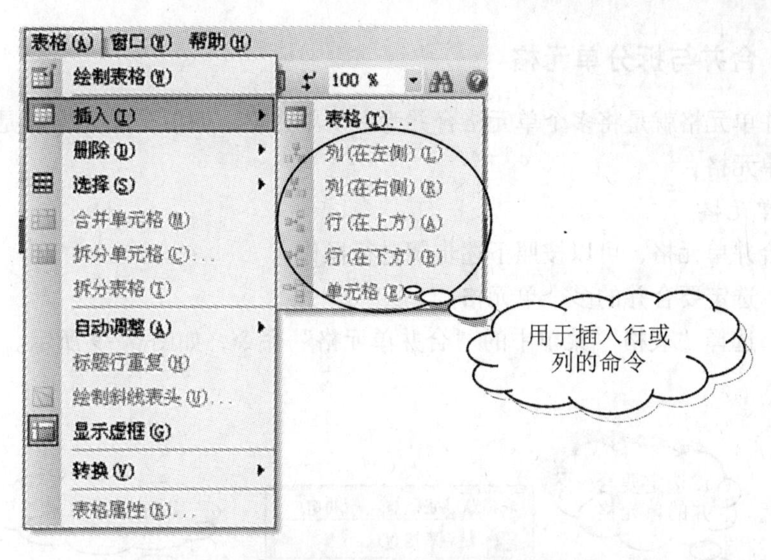

图6-7　选择"表格 | 插入"命令用于插入行或列

2. 删除行或列

若要删除表格中的行或列，则将光标置于要删除的行或列上的任意单元格中，然后选择执行下列方法之一。

(1) 选择"表格 | 删除 | 行"命令或者"表格 | 删除 | 列"命令，如图6-8所示。

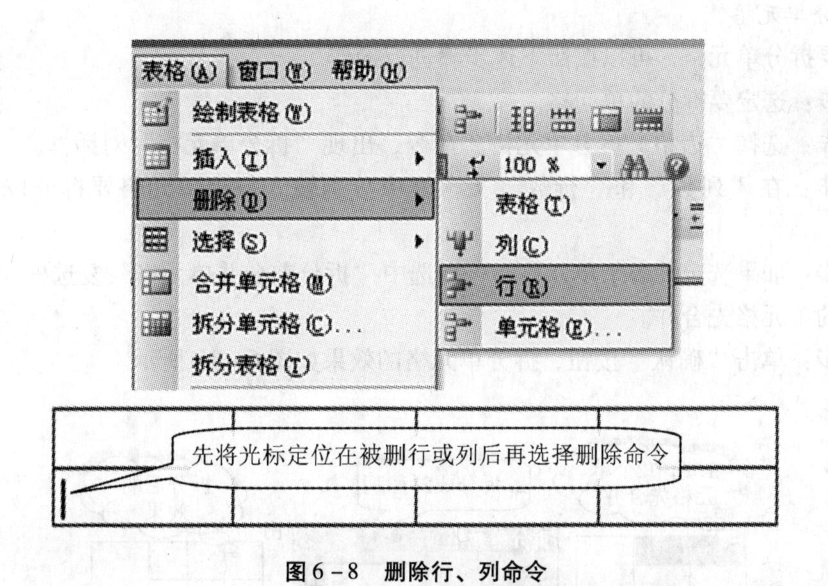

图6-8　删除行、列命令

(2) 单击"表格"工具栏上的"删除行"或"删除列"按钮。

6.2.5 合并与拆分单元格

所谓合并单元格就是将多个单元格合并为一个单元格，而拆分单元格则是将一个单元格分为多个单元格。

1. 合并单元格

如果要合并单元格，可以按照下述步骤进行操作。

第1步：选定要合并的多个单元格。

第2步：选择“表格”菜单中的“合并单元格”命令，如图6-9所示。

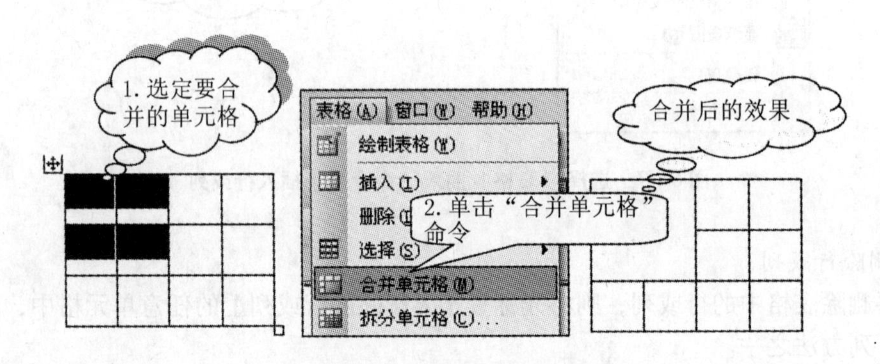

图6-9 合并单元格的操作过程

2. 拆分单元格

如果要拆分单元格，可以按照下述步骤进行操作。

第1步：选定要拆分的单元格。

第2步：选择“表格|拆分单元格”命令，出现“拆分单元格”对话框。

第3步：在“列数”和“行数”文本框中分别输入每个单元格要拆分成的列数和行数。

第4步：如果选定了多个单元格，可以选中“拆分前合并单元格”复选框，则在拆分前把选定的单元格先合并。

第5步：单击“确认”按钮，拆分单元格的效果如图6-10所示。

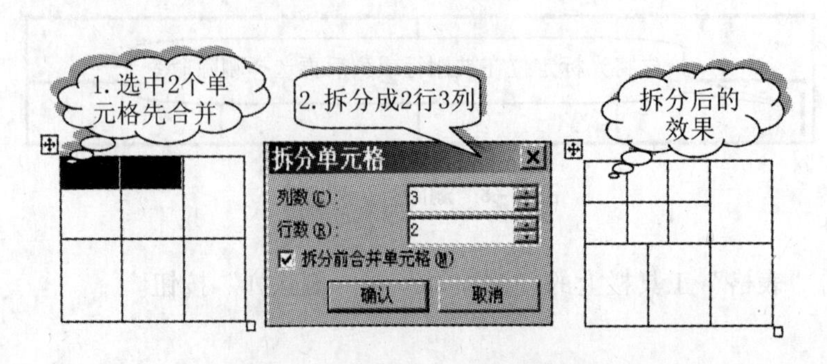

图6-10 拆分单元格的操作过程

6.3 绘制斜线表头

斜线表头可以使表格各部分所展示的内容更加清晰。绘制斜线表头时，可以根据用户需要选择不同的表头样式，其绘制方法如下。

第1步：将插入点移至需要绘制斜线表头的单元格中。

第2步：选择“表格｜绘制斜线表头”命令，出现如图6－11所示的“绘制斜线表头”对话框。

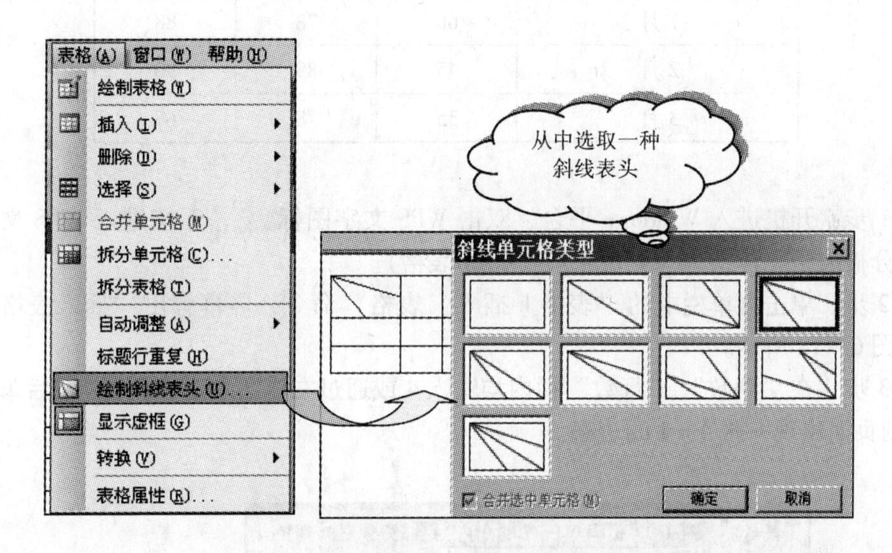

图6－11 选择“表格｜绘制斜线表头”命令

第3步：在此对话框中提供了9种表头样式，选择其中任意一种。

第4步：如果选定了各个单元格，可以选中“合并选中单元格”复选框，则在绘制斜线表头前把选定的单元格进行合并。最后单击“确定”按钮，完成设置。

提示：WPS文字提供的斜线表头可以随着表格的移动而移动，每一个斜线表头是一个独立的文字输入区域。

6.4 制表上机模拟操作

边学边练，尽管表6－2不尽如人意，但还是希望由粗到精先做出来。

表6－2 带斜线表头的表格

产品名称 / 数量（台） / 月份	电视机	洗衣机	电冰箱
1月	68	78	88
2月	45	89	90
3月	35	78	67

第1步：开机进入 Windows 平台，双击 WPS 文字图标，系统进入 WPS 文字编辑系统，分析表格总体结构为4行4列（4×4表格）。

第2步：单击菜单栏中的“表格｜插入｜表格”命令，屏幕弹出“插入表格”对话框，如图6－12所示。

第3步：在“列数”、“行数”栏内均输入4或通过右侧数字微调到4。最后单击“确定”，则页面出现一张4×4的表格。

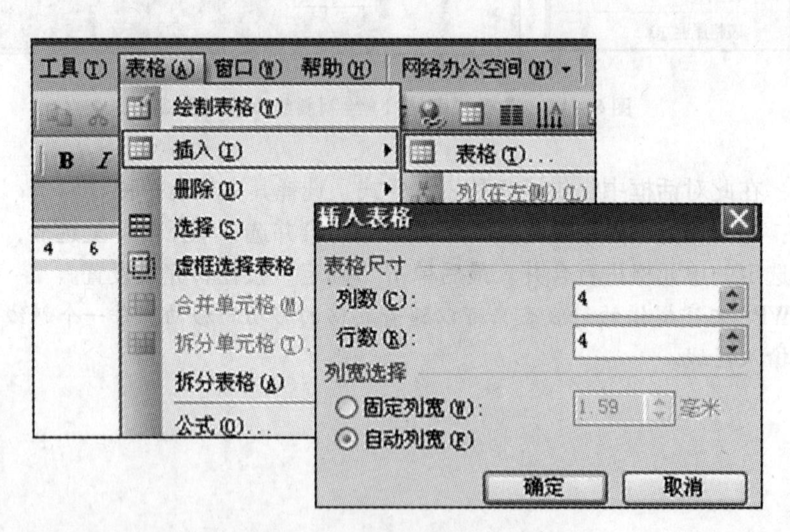

图6－12 “插入表格”对话框

或者单击工具栏中的“插入表格”按钮，屏幕上显示一张白色的虚拟表格。当光标在虚拟表格上面移动直至出现黑色选中的4×4表格时单击，则制表完成，如图6－13所示。

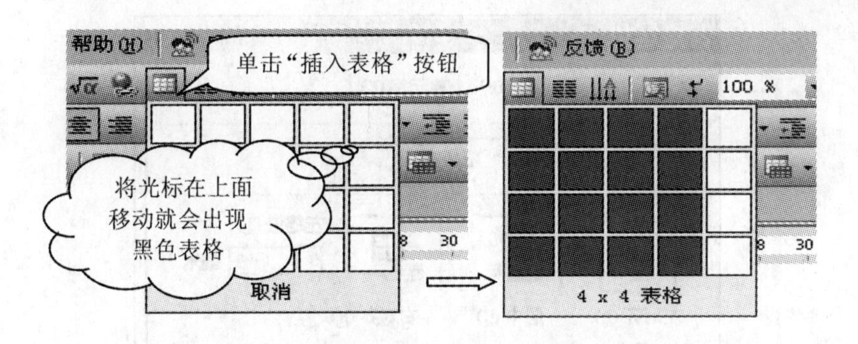

图 6-13 单击“插入表格”按钮示意图

第4步：将光标定位在表格要插入斜线表头的左上角后，单击“表格｜绘制斜线表头”命令，系统弹出“斜线单元格类型”对话框，如图6-14所示。

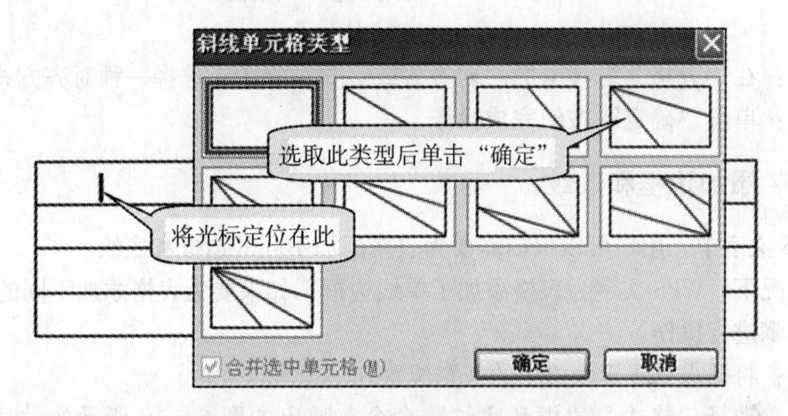

图 6-14 “斜线单元格类型”对话框

第5步：在此框中选取一种斜线表头后单击“确定”，这样斜线表头就插入了表格中，满足表6-2所示的要求。接下来输入有关数据完成表格的制作。

6.5 对表格进行排版

表格制作完成后，还需要对表格进行各种格式的修饰，从而生成更漂亮、更具专业性的表格。

6.5.1 表格的对齐方式

表格中文字的对齐方式共有9种。我们除了可以设置表格中文字的对齐方式外，还可以设置整个表格在文章中的对齐方式，具体方法如下。

第1步：将光标置于表格中的任意位置。

第2步：选择“表格｜表格属性”命令，打开“表格属性”对话框，如图6-15所示。

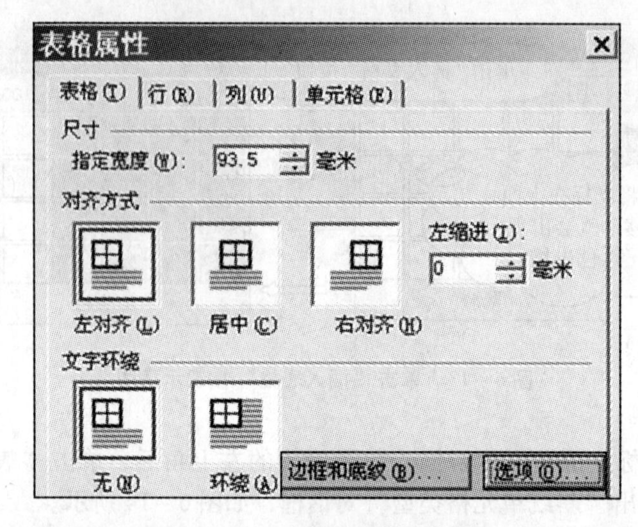

图 6－15　“表格属性”对话框

第 3 步：在“表格”选项卡的“对齐方式”选项组中，选择一种对齐方式。

第 4 步：单击“确定”按钮完成操作。

6.5.2　添加边框和底纹

在 WPS 文字中，用户可以根据需要为表格添加不同的边框和底纹。

默认情况下，WPS 文字为表格添加了单线边框。如果要为表格添加不同的边框，可以按照下述步骤进行操作。

第 1 步：将插入点置于表格中的任意位置。

第 2 步：选择“格式｜边框和底纹”命令，弹出如图 6－16 所示的“边框和底纹”对话框。

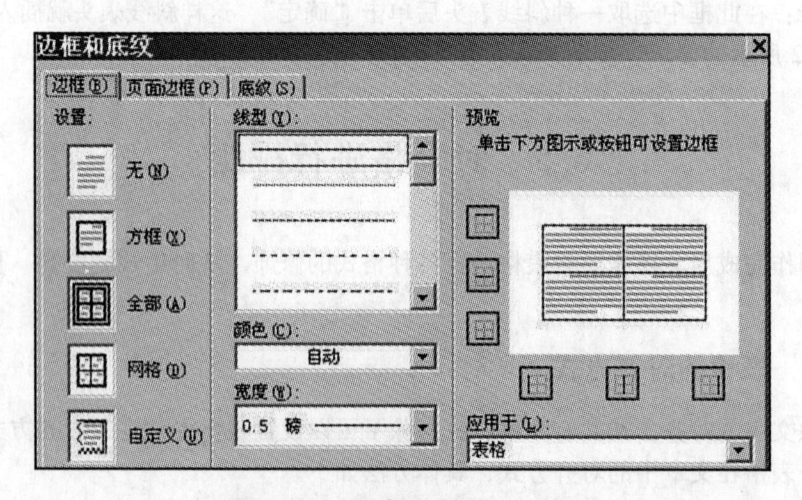

图 6－16　“边框和底纹”对话框

第3步：单击“边框”标签，在其选项卡的“应用于”下拉列表框中选择“表格”选项。

第4步：在“设置”选项组中选择边框的设置方式，例如选择“网格”选项。

第5步：在“线型”列表框中选择边框的线型。例如选择双线。此时，在“预览”框中将显示相应的效果。

第6步：在“颜色”下拉列表框中选择边框线的颜色，在“宽度”下拉列表框中选择边框线的粗细。

第7步：单击“确定”按钮，即可得到如图6－17所示的效果。

编 号	姓 名	单 位	电 话
2010	黄泌康	理工大学	77887788
2011	黄英丽	邮电学校	88778877

图6－17　表格添加了边框

如果要为表格中的部分单元格添加不同的边框线，例如，把表格中的第六行下边框线改为粗线，可以按照下述步骤进行操作。

第1步：将鼠标指针移到表格第六行的左方，使其变成右箭头，单击以选定一整行，如图6－18所示。

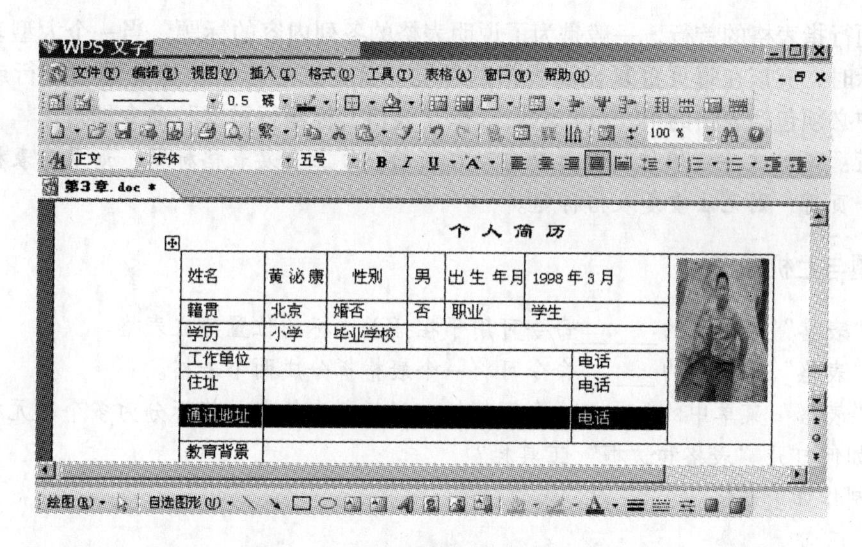

图6－18　选择要添加边框的单元格

第2步：选择“格式｜边框和底纹”命令，出现“边框和底纹”对话框。此时，单击“边框”标签，在其选项卡的“应用于”列表框中显示“单元格”选项。

第3步：在“设置”选项组中选择边框的设置方式为“自定义”。

第4步：从“线型”列表框中选择单线，从“颜色”下拉列表中选择红色，从“宽度”下拉列表中选择“1.5 磅”。

第5步：单击“预览”框中的下边框按钮，或者直接单击图6－18中的下边框线。

第6步：单击“确定”按钮，即可得到图6－19所示的效果。

个人简历

姓名	黄泌康	性别	男	出生年月	1998年3月	
籍贯	北京	婚否	否	职业	学生	
学历	小学	毕业学校				
工作单位					电话	
住址					电话	
通讯地址					电话	
教育背景						

图6－19　添加表格底纹

6.5.3　重复表格标题

标题行指表格的首行，一般是为了说明表格的各列内容的标题。当一个大型表格需要多页显示时，应该在每页重复显示表格的标题。首先选定作为表格标题的一行或几行文字，其中必须包括表格的第一行，然后选择“表格｜标题行重复”命令即可。

注意： WPS 文字能够依据分页符自动在新的一页上重复表格标题。如果在表格中插入了手动分页符，则无法重复表格标题。

习题与上机操作

1. “表格”菜单中的______命令可用于在插入光标的位置建立表格。
2. “表格”菜单中的______命令可将一个表格拆分成两个表格。
3. “表格”菜单中的______命令可将插入光标所在的单元格拆分为多个单元格。
4. 如何打开“表格和边框”工具栏？
5. 制作如下表格。

商品名称	规格	单位	数量	单价	金额						
小写金额合计											
总计金额	佰 拾 万 仟 佰 拾 元 角 分										

制表操作提示（供参考）：

(1) 先调用“常用”工具栏中的“插入表格”按钮生成一个4行×6列的表格再来改进。

(2) 通过单击“视图丨工具栏丨表格和边框”命令调出“表格和边框”工具栏，使用其中的笔和橡皮画线和删除线。

(3) 输入的文字一般默认为五号宋体，要选中后再设定为小五宋（一般表文、图文均为小五号字）。

(4) 表中的“商品名称”、“规格”、“单位”等内容名称通过“单元格对齐方式”按钮设定为“中下”方式。

6.6 利用WPS文字制作学生信息表实例

为了管理需要，往往通过各种表格收集信息，如学生信息表、学期成绩表等。下面将利用WPS文字所带来的强大表格功能，以学生信息表的制作为例来演示信息表制作的流程。

6.6.1 设想所需项——基本信息单元

建立一个表格首先应该想清楚需要填写哪些项目，在设想阶段应该尽量想全，以减少后期修改的工作。在所需项设想完毕后可以适当地为其归类，以使信息条理化。

如表6-3就是设想的学生信息表所需要填写的内容。建议在信息表建立之前先简单地建立这样一个表格，可以起到辅助思考和指导制作的作用。

表6-3 学生信息表所需基本信息单元

基本信息	姓名 民族 性别 学号 出生日期 政治面貌 家庭住址 班级 联系方式 照片
家庭信息	关系 姓名 工作单位 职务 联系方式
个人简介	特长 职务 能力 获奖情况
分数信息	分数表

6.6.2 构建表格

根据所需项考虑表格的最终版式，估算出所需的列数与行数。

如表 6－3 中的基本信息拟每一列两项内容；家庭住址较长，单为一行；照片在后期修改时再腾出位置。基本信息共需要 5 行 4 列。家庭信息拟把所需项名称列在第一行，需 4 行 5 列。个人简介需 4 行 2 列。分数信息可以整体为一行。

根据需要可以整体创建，然后逐步修改；也可以分别创建，分别修改，然后再组合到一起。为了便于大家学习，本节以分别创建修改的方法为大家演示。

以“基本信息”为例。单击菜单栏的“表格”菜单，选择“绘制表格”选项 绘制表格，光标变成铅笔状，按照 5 行 4 列的构想绘制 5×4 的表格即可，建议在绘制表格的时候最好要为后期的修改留好空间，可以适当多加 1～2 行和 1～2 列，如表 6－4 所示，绘制 6×5 的表格。

表 6－4 绘制 6×5 的表格

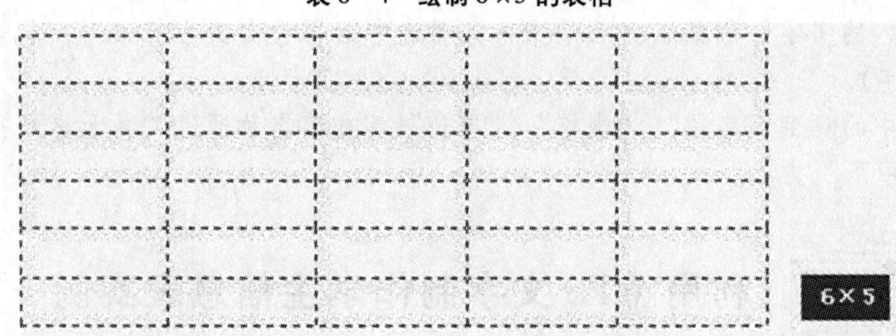

当然，得到表格的方法还有很多，如在 WPS 主菜单栏中选择“表格｜插入｜表格”命令插入表格也十分快捷方便。

6.6.3 修改表格

修改表格首先需要对表格的版式进行调整，也就是使用合并、拆分、删除单元格选项。选中所要更改的表格，右击即可选择相应的更改。

在表格调整、修改的工作中，建议调用表格工具栏中的“绘制表格”按钮的那支笔，可任你画来画去；同时调用表格工具栏中的“擦除”按钮的那块橡皮，任你擦来擦去，非常好用。

以基本信息为例。

第 1 步：首先需要做如下的合并、拆分等大的更改。

（1）为标明“基本信息”，合并第一行。

（2）合并除第一行外的最后一列，以用来粘贴照片。

（3）将最后一行调整为两列，用来填写地址。

第 2 步：调整行高与列宽，以便于填写（如表 6－5 所示）。

表6－5 调整后的效果

第3步：填写所需项信息，并根据需要进行适当调整（如表6－6所示）。

表6－6 填写信息后的效果

基本信息				
姓名		学号		相片
性别		民族		
政治面貌		出生日期		
班级		联系方式		
家庭住址				

第4步：利用字体选项和其他选项调整细节。

一般会把所需信息居中，“相片”两个字可以选择插入竖向文本框，也可以选择输入“相片”两个字后利用回车键进行调整（如表6－7所示）。

表6－7 添加“相片”后的效果

基本信息				
姓名		学号		相 片
性别		民族		
政治面貌		出生日期		
班级		联系方式		
家庭住址				

第5步：利用表格样式美化表格。

选中表格，利用WPS文字主菜单栏的“格式｜边框和底纹”命令进入“边框和底纹”对话框，如图6－20所示。

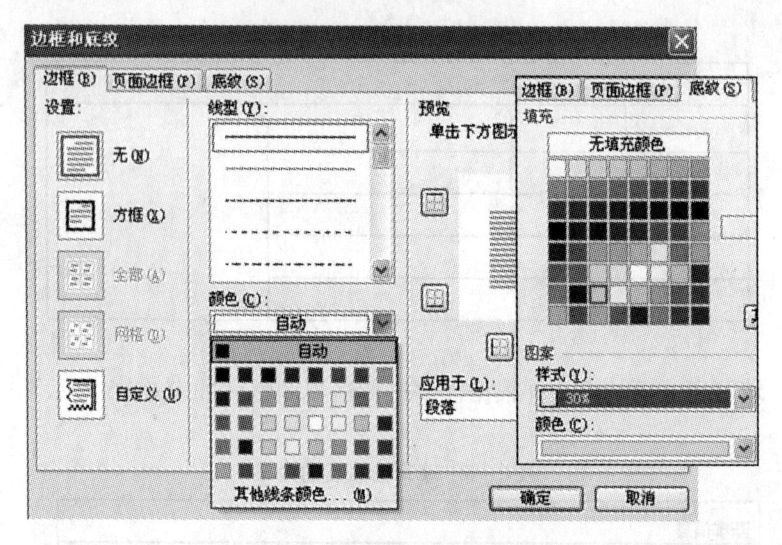

图 6－20　“边框和底纹”对话框中的“边框”、“底纹”选项卡

利用“边框和底纹”对话框中的“边框”、“底纹”选项卡：① 对表格边框进行美化；②对表格某些单元格设置彩色底纹，以便输入学生信息时具有提示性，不易出错，如图 6－21 所示。

基本信息				
姓名		学号		相片
性别		民族		
政治面貌		出生日期		
班级		联系方式		
家庭住址				

图 6－21　对表格某些单元格设置彩色底纹示例

如果有特殊要求，也可以通过每次选择一部分表格样式来达到配色多样化的目的，如图 6－22 所示。

基本信息				
姓名		学号		相片
性别		民族		
政治面貌		出生日期		
班级		联系方式		
家庭住址				

图 6－22　配色多样化

第 6 步：完成其他表格。

同上所述，分别建立家庭信息表（表 6－8）、个人简介表（表 6－9）和分数信息表（表 6－10）。

表 6－8　家庭信息表

家庭信息				
关系	姓名	工作单位	职务	联系方式

表 6－9　个人简介表

个人简介	
特长	
职务	
能力	
获奖情况	

表 6－10　分数信息表

分数信息

第 7 步：合并表格。

当表格的各个部分均已做好时即可开始表格的合并，表格的合并需要注意整体版式的协调（图 6－23）。

学 生 信 息 表

基本信息				
姓名		学号		相片
性别		民族		
政治面貌		出生日期		
班级		联系方式		
家庭住址				
家庭信息				
关系	姓名	工作单位	职务	联系方式
个人简介				
特长				
职务				
能力				
获奖情况				
分数信息				

图 6－23　最终完成的学生信息表

建议有经验的用户可以直接创建整个表格，以避免合并表格时较为烦琐的工作。

第7章　WPS电子表格的应用

WPS表格是一个灵活高效的电子表格制作工具，可以广泛应用于财务、行政、金融、经济和统计等众多领域。WPS表格可以高效地完成各种表格和统计图的设计，进行复杂的数据计算与分析，并支持100多种常用函数计算、条件表达式、排序、筛选、合并计算等，其中特别提供了大量的电子表格模板，使用这些模板可以快捷地创建各式表格，供显示、打印或回复对方。

电子表格在保存（存盘）时，可以根据用户的需求定义为.txt格式文件，以增加通用性。它与微软的电子表格（Excel）兼容（即在微软的系统中能顺利地打开WPS的电子表格）。

7.1　WPS电子表格简介

电子表格的简介分为两项：①首页简介。②新建空白文档简介。

7.1.1　电子表格首页简介

在Windows平台上，双击WPS表格图标，打开电子表格工作界面，如图7-1所示。

图7-1　WPS电子表格初始界面——首页

WPS 电子表格初始界面（首页）同 WPS 文字的首页差不多，在首页中有：标题栏、主菜单栏、常用工具栏、文字工具栏、各式各样的电子表格模板文件以及供用户“建立空白文件”的按钮等。其中特别值得注意的是中文办公系统的特色——有大量的模板文件供用户直接调用（单击）。例如，我想建立一份“现金日记账”，只需双击“现金日记账”小图标，电脑立即调出标准的现金日记账簿，将日常收支项目均列入其中，并作适当的修改就搞定了，立即存盘、打印，真是省时省力。

7.1.2 “新建空白文档”界面

如果不需调用模板，可在首页中单击屏幕第三行最左边的“新建空白文档”按钮，或单击屏幕右边的新建空白文档按钮，均将进入电子表格空白编辑界面，如图 7－2 所示。

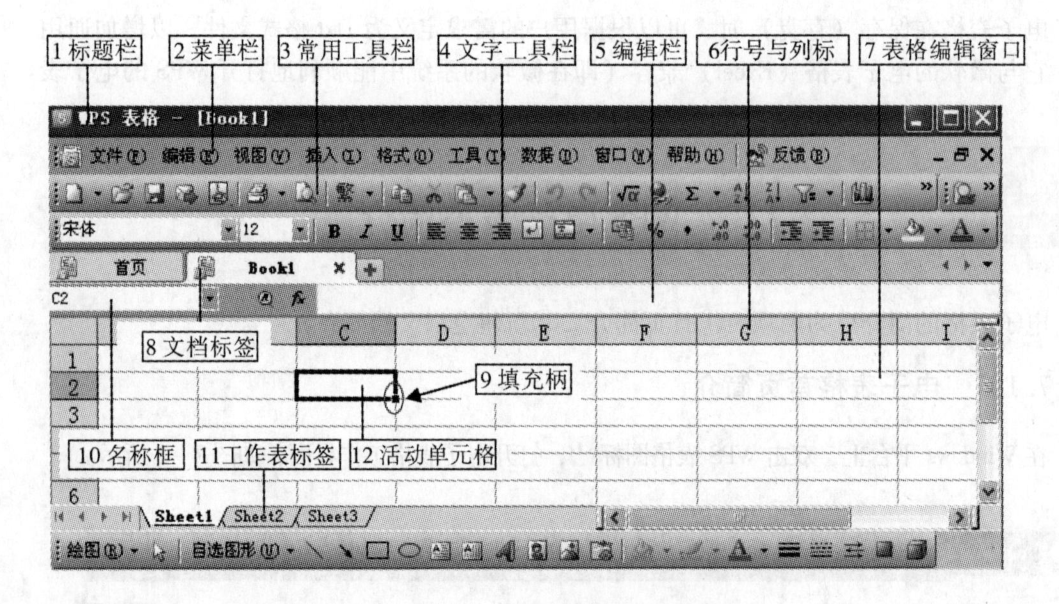

图 7－2　WPS 表格的工作界面

该工作表由各元素组成，下面来介绍这些元素。

（1）标题栏——用来显示文件的名称。当新建文件时，程序会自动为文件命名为 Book1、Book2……（在实际使用存盘时都得换名，否则会出现同名文件）

（2）菜单栏——在这些菜单中提供了编辑表格时需要用到的各种命令。

（3）常用工具栏——提供了编辑表格时常用到的命令，并以按钮的形式表现（即单击该命令就执行解决某一问题），以提高工作效率。

（4）文字工具栏——提供在文字录入、编辑中要用到的基本工具，如字体、字形、字号、颜色、对齐方式、上标、下标……

（5）编辑栏——如同 WPS 文字的编辑区，为表格的主题部分，用来编辑所选单元格的数据，或直接在单元格中编辑时显示编辑内容。

（6）行号与列标——在一个工作表中，垂直方向上的一系列单元格组成了工作表的列，水平方向上的一系列单元格则构成了工作表的行。一个工作表可以划分为若干个行和列，WPS 表格使用行号与列标来标记不同的行和列；列标位于表格编辑窗口上方，用大写英文字母 A、B、C 等表示，表格的列即被称为 A 列、B 列、C 列等；行号位于表格编辑窗口左侧，用阿拉伯数字 1、2、3、4 等表示，表格的行即被称为第 1 行、第 2 行、第 3 行等。

行号与列标的组合就构成“单元格”，是存储数据（数值数据、文字数据）的最小单位，每张工作表由若干个单元格组成。单元格是工作表最基本的“元件”，是进行输入、编辑、格式化的最基本的单位。

（7）表格编辑窗口。

（8）文档标签——通过单击文档标签中相应的文档名就可以很方便地在多个文档中进行切换。

（9）填充柄——“活动单元格”的右下角有一个单独的“小黑点”，该小黑点叫填充柄，它是电子表格中一个最好用的工具，具体用法后面将举例。

（10）名称框——在此框中显示的是所选单元格的地址名称。如果选中的是一个以上的单元格，则该框显示的是选择的范围。

（11）工作表标签——用来显示一个文件中不同的工作表名称。可通过单击切换活动工作表，双击则更改名称。

（12）活动单元格——活动单元格也称为“当前单元格”。在当前工作表的众多单元格中，有一个被明显的粗黑框包围着的单元格 ▭，它就是活动单元格，粗黑框被称为活动单元格指针。数据被输入到活动单元格中，用鼠标单击即可选择活动单元格，活动单元格的地址将显示在编辑栏的名称框中。

如图 7－2 中（C，2）单元格，是存储数据（数值数据、文字数据）的最小单位，用户可对活动单元格内的数据直接进行编辑。

7.1.3 工作簿和工作表

在 WPS 表格中，工作簿类似一本“书”，而工作表就是这本书的“页”。工作簿中包含了许多工作表，这些工作表中可以存储不同类型的数据。工作簿和工作表是 WPS 表格中重要的基础概念。

1. 工作簿

WPS 表格文件又称为工作簿，是用来计算和存储数据的，每个工作簿中可以包含多张工作表，如图 7－3 所示的工作簿中就拥有 3 个工作表，因此可在单个文件中管理各种类型的相关信息。工作簿以文件形式存放在磁盘上。一个工作簿就是一个表格文档，其扩展名为 *.et。

	A	B	C	D	E	F	G
1	康康（koko）公司2012年销售额统计						
2		一季度	二季度	三季度	四季度		
3	笔记本电脑	324500	457800	6578700	3768400		
4	家用电器	67800	54500	67800	453290		
5	网络服务器	34300	56800	45700	672200		
6							
7							
8							
9							

标签滚动按钮

2012年销售额　2011年销售额　2010年销售额

在这个工作簿中包括3个工作表，其中反白显示的为活动工作表

图 7－3　工作簿

2. 工作表

每个工作簿中都包含多张工作表，使用工作表可以对数据进行组织和分析，每个工作表都是由行和列构成的。当启动 WPS 表格时，就自动打开了工作簿。在默认情况下，一个工作簿包含 3 张工作表，分别以 Sheet1、Sheet2、Sheet3 来命名，用户可以根据需要进行增删。表格编辑窗口底部的工作表标签用于标识、切换工作表。当工作表较多时，可利用标签左侧的滚动按钮进行查找（参见图 7－3）。

工作表由单元格组成，并组成表格文件，即工作簿。工作表名称呈反白显示的为活动工作表（也可叫当前工作表或者正在编辑处理的工作表），用户可对表中单元格的内容直接进行编辑。

7.2　电子表格的制作

要制作电子表格，首先要搞清楚原始数据（数值数据和文字数据）的输入、能自动填充的数据输入、要进行计算的公式输入，以及从网上、其他外部数据库中获取数据等基础知识，以下分别讨论这些内容。实际上电子表格易学好用，能方便地解决办公系统中的实际问题。

7.2.1　向电子表格中输入文字和数据

在 WPS 表格中，将数据划分为两大类：一类是文本型（如纯文字“姓名”、文字与数字混合“2008 级 B 班” 等）；另一类是数值型，由纯数值构成（如人民币、学生成绩等），数值型数据全部可以用于计算。

注意：在默认情况下，WPS 表格将文本型数据居左排列，数值型数据靠右排列。

1. 输入文本

在 WPS 表格中，文本是指字符或数字和字符的组合。输入到单元格中的字符等，系

统只要不解释成数字、公式、日期或者逻辑值，WPS 表格就均视之为文本。

在文本型数据中，有一类特殊的“数值”型文字，其形式上全部表现为数值，但不能也无需参与计算。如电话号码，全部为数字，但对电话号码进行加减乘除是毫无意义的。再如“010”这类序号，如果不将其定义为文本型，前面占位的 0 根本显示不出来。因为从数值的角度来讲，010 与 10 是完全相等的。

提示：要想输入数值型文本数据，只需在数字前面输入西文的单撇号“'”即可完成定义。对于数值型文本，拖动填充柄就可进行序列填充，按下 Ctrl 键再拖动填充柄则可进行复制操作（注意后面的举例）。

2. 输入数字

数字是由 0 ~ 9 以及特殊字符（如 +、 -、 ¥ 、&、% 等）构成的。输入数字有以下几点说明：

（1）输入正数时，不用在数字前加正号，即使加了，也会被忽略。

（2）用括号将数字括起时，表示输入的是负数，如（456）表示 -456。

（3）为了避免将分数当做日期，应该在分数的前面加0。如要输入1/2，应输入0 1/2，0 与1/2 之间要加一个空格。分数前不加 0 的话，则作为日期处理，如输入 1/2，将显示成1月2日。

（4）当输入的数值长度超过单元格宽度或超过 11 位时，自动以科学计数法显示。

3. 输入日期和时间

输入日期时，要用反斜杠（/）或连接符（ - ）隔开年、月、日，如“06/4/19”或“06 - 4 - 19”。输入时间时，要用冒号（:）隔开时、分、秒，如“9：30”和“10：30 AM”等（AM 表示上午，PM 表示下午）。

输入日期和时间有以下几点说明：

（1）日期和时间在 WPS 表格中均按数字处理，因此可以进行各种运算。

（2）要以 12 小时制输入时间的话，应在时间后加一空格并输入“AM”或“PM”；否则，将以 24 小时制来处理时间。

（3）如果要在某一单元格中同时输入日期和时间，则日期和时间要用空格隔开，如“2011 -9 -19 8：30”。

7.2.2 自动填充数据

使用自动填充功能可以完成智能复制，快速输入一部分数据，有效提高输入效率。在 WPS 表格中可以填充的常用序列有两类。第一类是年、月份、星期、季度等文本型序列。对于文本型序列，只需输入第 1 个值（如输入“星期一”），然后拖动填充柄就可以进行填充。图 7 -4 描述了自动填充“星期一”到“星期日”的操作过程。

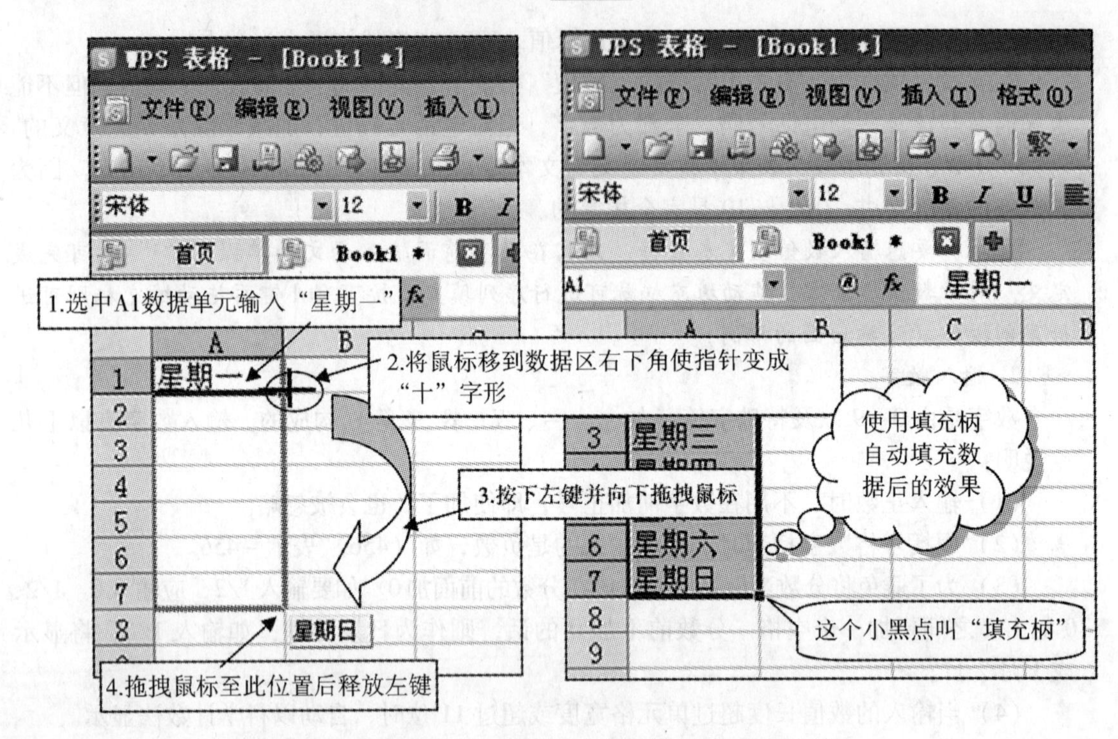

图7-4　自动填充“星期一”到“星期日”的操作过程

第二类是如1、2、3，2、4、6等数值型序列。对于数值型序列，需要输入两个数据，体现出数值的变化规则，再拖动填充柄即可按给定的规则进行填充。

绝大部分表格都有序列号（编号）字段，下面看看如何发挥电子表格中填充柄的强大功能。

具体操作如下。

第1步：开机进入 Windows 平台，双击 WPS 表格图标进入 WPS 表格（电子表格）平台，选中 A1 单元格（即将光标移到 A1 单元格上，它的四周呈黑色粗线条表示被选中），并输入汉字“编号”，如图7-5所示。

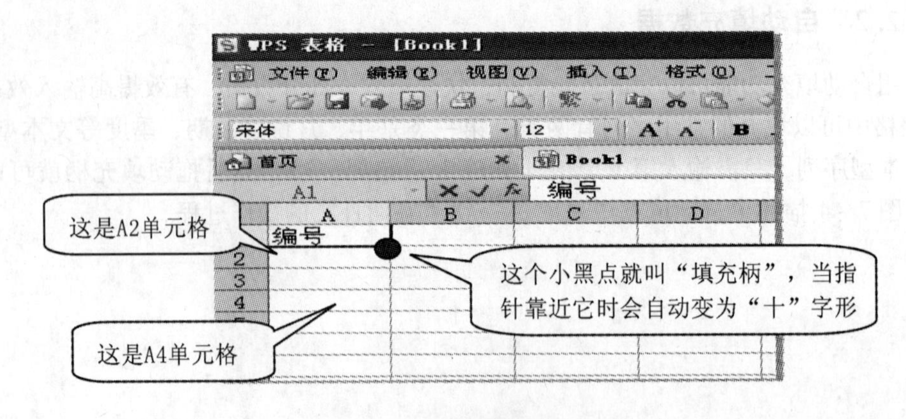

图7-5　电子表格部分画面

第2步：需要输入两个数据，体现出数值的变化规则，故选中 A2 单元格输入“1”，选中 A3 单元格输入“2”，如图 7－6 所示。

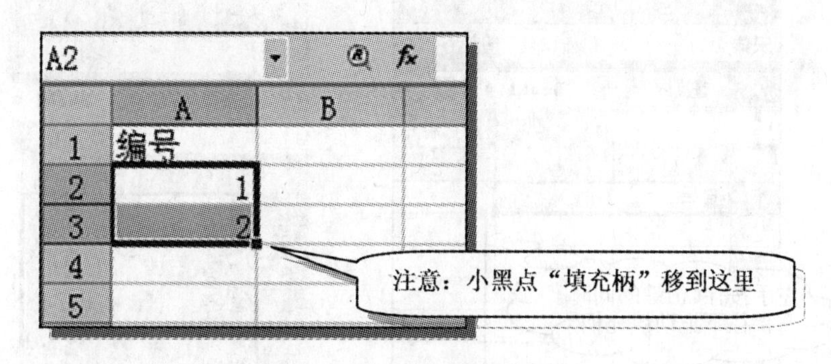

图 7－6　电子表格部分画面

第3步：将指针靠近小黑点，它会自动变为“十”字形，按住鼠标左键垂直往下拖，填充柄拖到哪里，序列号就出现到哪里，省时省力，如图 7－7 所示。

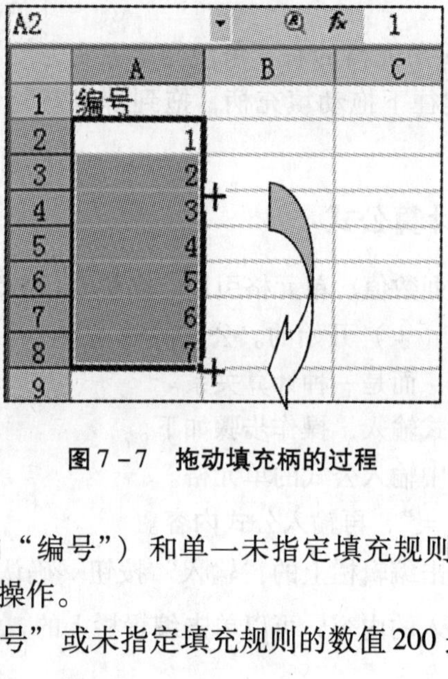

图 7－7　拖动填充柄的过程

对于非序列型文本（如“编号”）和单一未指定填充规则的数值（如 200），拖动填充柄时就会对数据进行复制操作。

如对非序列型文本“编号”或未指定填充规则的数值 200 进行复制操作，则其操作步骤如下。

第1步：开机进入 Windows 平台，双击 WPS 表格图标 进入 WPS 表格（电子表格）平台，选中 A1 单元格（即将鼠标移到 A1 单元格上并点击，它的四周呈黑色粗线条表示被选中），并输入汉字“编号”，再选中 B1 单元格输入数值“200”，如图 7－8 左图所示。

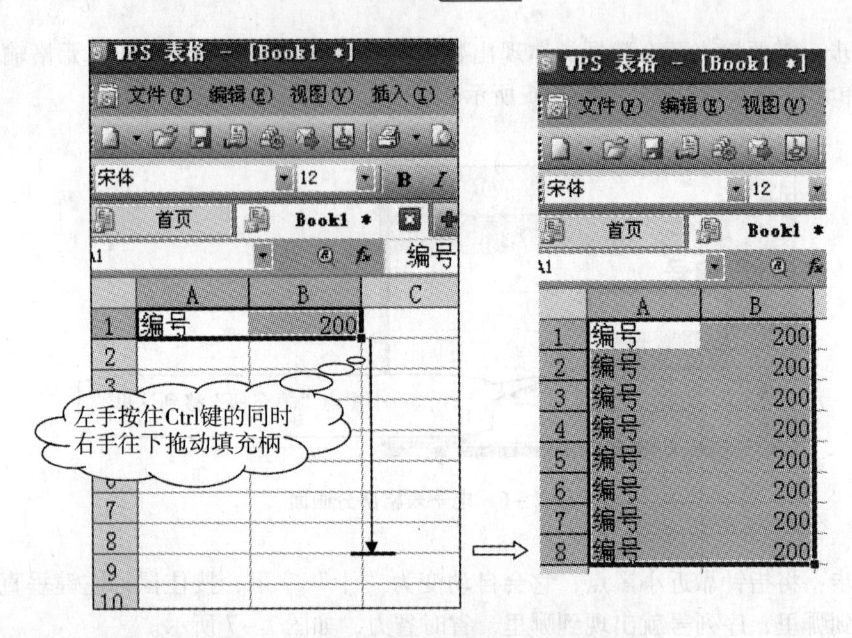

图 7-8　填充柄的复制操作过程示意图

第 2 步：将光标移到 B1 单元格的右下角，当光标变为“十”字形时，左手按住 Ctrl 键的同时右手按住鼠标左键往下拖动填充柄，拖到哪里就复制到哪里，如图 7-8 右图所示。

7.2.3　在表中输入计算公式

公式是单元格内的一系列数值、单元格引用、名称、函数和运算符的集合，可共同产生新的值，公式总是以等号（=）开始的。公式的输入方法与一般的数据不同，因为公式表达的不是一个具体的数值，而是一种计算关系。

选中单元格即可进行公式输入，操作步骤如下。

第 1 步：单击将要在其中输入公式的单元格。

第 2 步：先输入等号“=”，再输入公式内容。

第 3 步：按回车键或单击编辑栏上的“输入”按钮✓确认输入的公式。

第 4 步：如果要取消输入的内容，可以单击编辑栏上的✕按钮。

7.3　电子表格中的数据排序

新同学新班级第一次上体育课，大家随便站成一行，老师叫“立正、向右看齐”，你知道下一步该做什么？排序。大家根据各自的身高相互比来比去，最后得到由高到低或由低到高一行（或一列）整齐的队伍。某班同学成绩表中每个同学的数学、语文等科目的总分各异，当聪明的计算机对每个同学的总分进行排序时，可以由高分到低分——降序排列，也可以由低分到高分——升序排列，很快就能得出学习成绩的名次。同理，奥运会中的金牌、银牌和铜牌数的排序都可用计算机来解决。

电子表格提供了数据排序功能，用户可以对表格中的数据进行各种排序，如对行排成升序或降序、对列排成升序或降序。排序的操作如下。

7.3.1 汉字排序——对“中药名称”排序

按国际上的规定，每个英文字母（拼音）是有大小之分的（a < b < c < … < z），汉字按拼音顺序来排列也有大小之分（比如“张三” > “李四”……）。

现有一个原始电子表格“中药出入库存表.xls”，如图7－9左图所示。以对“中药名称”进行升序排列为例，其操作步骤如下。

WPS 表格 - [中药出入库存表.xls]

	A	B	C	D
1	中药明细表			
2	制表日期：2010年12月28日			
3	中药编号	中药名称	入库数量(kg)	销售数量（kg）
4	2010083	板蓝根	9.9	6.8
5	2010132	丹参	3.7	2.8
6	2010185	金银花	2.6	1.8
7	2010245	枸杞子	15.5	12.5
8	2010096	甘草	14.5	12.8
9	2010177	板蓝根	3.8	2.3
10	2010046	金银花	3.5	2.4
11	2010345	丹参	1.6	1.2
12	2010214	甘草	4.5	3.2
13	2010123	板蓝根	12.3	10.5
14	2010056	金银花	3.5	2.7
15	2010158	枸杞子	16	12

WPS 表格 - [中药出入库存表.xls]

	A	B	C	D	E
1	中药明细表				
2	制表日期：2010年12月28日				
3	中药编号	中药名称	入库数量(kg)	销售数量（kg）	库存数量（kg）
4	2010083	板蓝根	9.9	6.8	3.1
5	2010132	丹参	3.7	2.8	0.9
6	2010185	金银花	2.6	1.8	0.8
7	2010245	枸杞子	15.5	12.5	3
8	2010096	甘草	14.5	12.8	1.7
9	2010177	板蓝根	3.8	2.3	1.5
10	2010046	金银花	3.5	2.4	1.1
11	2010345	丹参	1.6	1.2	0.4
12	2010214	甘草	4.5	3.2	1.3
13	2010123	板蓝根	12.3	10.5	1.8
14	2010056	金银花	3.5	2.7	0.8
15	2010158	枸杞子	16	12	4

图7－9 左图为原始表格，右图为选中以后的电子表格

第1步：选中要排序的数据，包括字段名（表中的“中药编号”、“中药名称”……“库存数量”叫字段名），如图7－9右图所示。

第2步：选择菜单栏中的“数据 | 排序”命令，打开“排序”对话框，如图7－10所示。

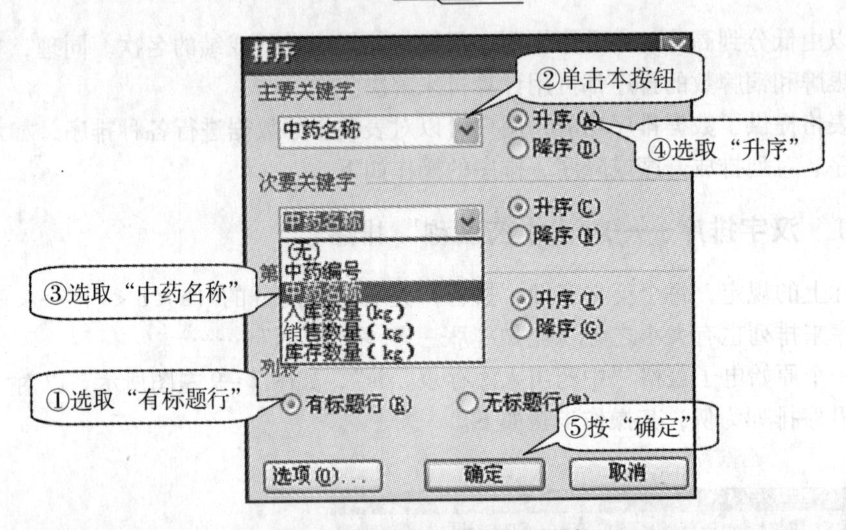

图7－10　数据“排序”对话框

对“中药名称”进行排序（此处的实质是对汉字“板蓝根”、“丹参”……“甘草”进行排序），操作方法如下。

(1) 在“列表”中选取“有标题行”。

(2) 在“主要关键字”选项组中单击右侧下三角按钮，选取其中的“中药名称”。

(3) 选取“升序”。

(4) 单击“确定”。

按“中药名称”、“升序”进行排序的结果如图7－11所示。

WPS 表格 - [中药出入库存表.xls *]

文件(F) 编辑(E) 视图(V) 插入(I) 格式(O) 工具(T) 数据(D) 窗口(W) 帮助(H) 网络办公空间

中药出入库存表.xls *

E21

	A	B	C	D	E	F
1	中　药　明　细　表					
2	制表日期：2010年12月28日					
3	中药编号	中药名称	入库数量(kg)	销售数量（kg）	库存数量（kg）	
4	2010177	板蓝根	3.8	2.3	1.5	
5	2010123	板蓝根	12.3	10.5	1.8	
6	2010083	板蓝根	9.9	6.8	3.1	
7	2010345	丹参	1.6	1.2	0.4	
8	2010132	丹参	3.7	2.8	0.9	
9	2010214	甘草	4.5	3.2	1.3	
10	2010096	甘草	14.5	12.8	1.7	
11	2010245	枸杞子	15.5	12.5	3	
12	2010158	枸杞子	16	12	4	
13	2010056	金银花	3.5	2.7	0.8	
14	2010185	金银花	2.6	1.8	0.8	
15	2010046	金银花	3.5	2.4	1.1	

图7－11　按“中药名称”、“升序”进行排序的结果

该表的原始记录是根据市场需要有进有出的，但按“中药名称”进行排序后就可对成千上万条记录开始进行整理，为下一步的“分类”、“汇总”作准备。

7.3.2 数据排序——对“库存数量”排序

数据有大小之分，更可以排序。以对“库存数量”进行降序排列为例，其操作步骤如下。

第1步：选中要排序的数据，包括字段名，如图7－9右图所示。

第2步：选择菜单栏中的“数据｜排序”命令，打开“排序”对话框，如图7－12左图所示。

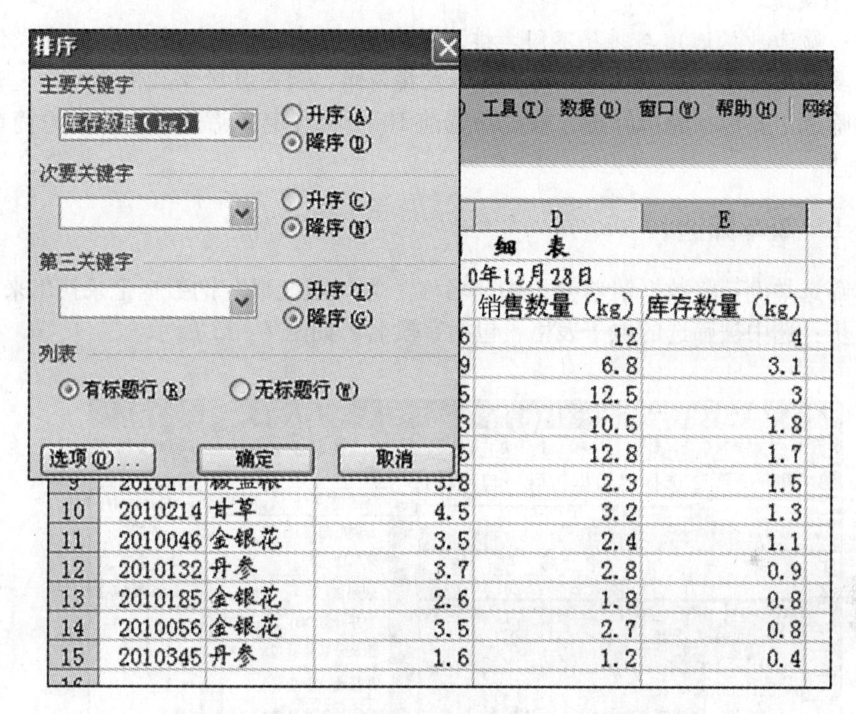

图7－12　按“库存数量”、“降序”进行排序的结果

（1）在“列表”中选取“有标题行”。

（2）在“主要关键字”选项组中单击右侧下三角按钮，选取其中的“库存数量”。

（3）选取“降序”。

（4）单击“确定”。

按“库存数量”、“降序”进行排序的结果如图7－12右图所示。

注意：表中如果将“库存数量”字段名改为每个学生的“总分”进行排序将获得什么信息？

7.4 电子表格中的自动筛选数据

现仍以“中药出入库存表.xls”电子表格为例进行讨论，如图 7－9 所示。表中的每一行称为一条记录，这个数据清单或称数据表格实际上是由大量的、一条条的记录组成的。

自动筛选是查找和处理数据清单时用户查找记录的快捷方法。用户可以指定条件对表中数据记录进行筛选（挑选），将满足条件的记录显示出来而将那些不满足条件的记录暂时屏蔽（隐藏）。

注意： 筛选（挑选）与排序不同。排序是各条记录之间要按某一字段的“值”比来比去，因要互相交换位置而耗时；筛选并不重排清单，因而耗时少且快捷。

自动筛选主要包括简单筛选、自动筛选前 10 个和自定义筛选。本节讨论简单筛选和自定义筛选。

7.4.1 简单筛选

简单筛选举例：将数据清单中“中药名称”为“板蓝根”的数据记录找出来。

第 1 步：选中被筛选的电子表格，包括字段名，如图 7－13 所示。

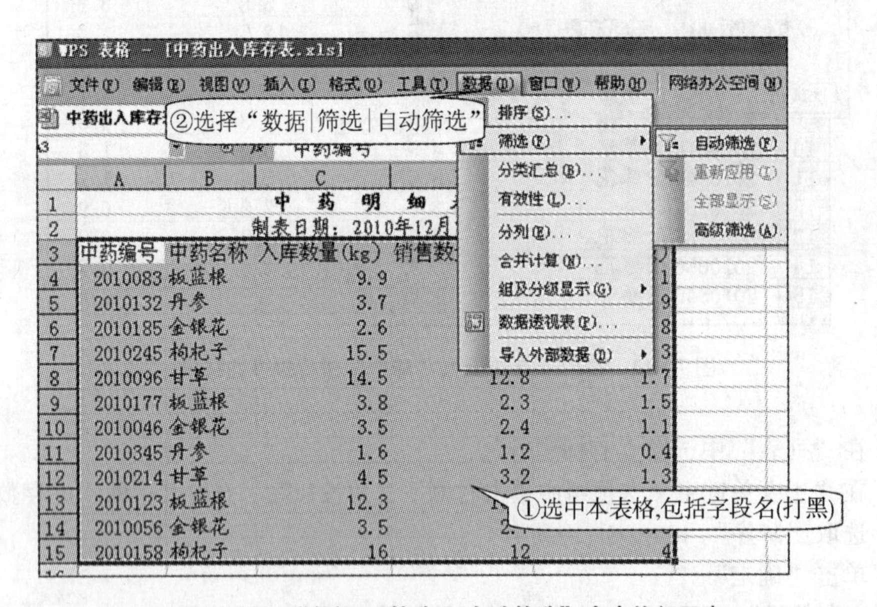

图 7－13 “数据 | 筛选 | 自动筛选”命令执行示意

第 2 步：选择菜单栏中的“数据 | 筛选 | 自动筛选”命令。图中每个字段的右侧均出现了一个下三角按钮▾。

第 3 步：单击“中药名称”右侧的下三角按钮▾，从下拉列表中单击要找的“板蓝根”，如图 7－14 所示。

首页 | 中药出入库存表.xls *

	A	B	C	D	E
1	中 药 明 细 表				
2	制表日期：2010年12月28日				
3	中药编号	中药名称	入库数量（kg	销售数量（kg	库存数量（kg
4	201	升序排列 降序排列	9.9	6.8	3.1
5	201		3.7	2.8	0.9
6	201	(全 部)	2.6	1.8	0.8
7	201	(前10个...)	15.5	12.5	3
8	201	(自定义...) 板蓝根	14.5	12.8	1.7
9	201	丹参	3.8	2.3	1.5
10	201	甘草	3.5	2.4	1.1
11	201	枸杞子 金银花	1.6	1.2	0.4
12	2010214	甘草	4.5	3.2	1.3
13	2010123	板蓝根	12.3	10.5	1.8
14	2010056	金银花	3.5	2.7	0.8
15	2010158	枸杞子	16	12	4

图7-14 筛选“中药名称”中的“板蓝根”

电脑很快从众多的数据记录中将“板蓝根”筛选出来，如图7-15所示。

WPS 表格 - [中药出入库存表.xls *]

文件(F) 编辑(E) 视图(V) 插入(I) 格式(O) 工具(T) 数据(D) 窗口(W) 帮助(H)

首页 | Book1 | 中药出入库存表.xls *

A3 | 中药编号

	A	B	C	D	E
1	中 药 明 细 表				
2	制表日期：2010年12月28日				
3	中药编号	中药名称	入库数量（kg	销售数量（kg	库存数量（kg
4	2010083	板蓝根	9.9	6.8	3.1
9	2010177	板蓝根	3.8	2.3	1.5
13	2010123	板蓝根	12.3	10.5	1.8

图7-15 从众多数据记录中筛选出来的“板蓝根”的记录

7.4.2 自定义筛选

如果要使用同一列中的一个数值范围筛选数据清单，或者使用比较运算符（等于、不等于、大于、大于或等于、小于、小于或等于、始于、并非起始于、止于、并非结束于、包含、不包含）而不是简单的“等于”，可用自定义筛选。

自定义筛选举例：将“中药出入库存表.xls”数据清单中“入库数量”大于10kg而又不超过16kg的中药记录筛选出来并列表打印。

在数据清单“入库数量”这一列数值里面，设要筛选的数值为 x，用比较运算符描述为：$10 < x < 16$（更具体地说 x 的取值范围是10.1kg～15.9kg）。

第 1 步：选中要筛选的数据清单，包括字段名，参阅图 7-9。

第 2 步：选择菜单栏中的“数据 | 筛选 | 自动筛选”命令，并单击表中“入库数量”右侧的下三角按钮，如图 7-16 所示。

WPS 表格 - [中药出入库存表.xls *]

文件(F) 编辑(E) 视图(V) 插入(I) 格式(O) 工具(T) 数据(D) 窗口(W) 帮助(H)

A3 中药编号

中药明细表

制表日期：2010年12月28日

中药编号	中药名称	入库数量(kg)	销售数量（kg）	库存数量（kg）
2010083	板蓝根		6.8	3.1
2010132	丹参		2.8	0.9
2010185	金银花		1.8	0.8
2010245	枸杞子		12.5	3
2010096	甘草		12.8	1.7
2010123	板蓝根		10.5	1.8
2010046	金银花		2.4	1.1
2010345	丹参		1.2	0.4
2010214	甘草		3.2	1.3
2010177	板蓝根		2.3	1.5
2010056	金银花		2.7	0.8
2010158	枸杞子		12	4

升序排列
降序排列
(全 部)
(前10个...)
(自定义...)
1.6
2.6
3.5
3.7
3.8
4.5
9.9
12.3
14.5
15.5
16

图 7-16　执行“数据 | 筛选 | 自动筛选”命令的结果

第 3 步：单击“自定义”，系统显示“自定义自动筛选方式”对话框，如图 7-17 所示。

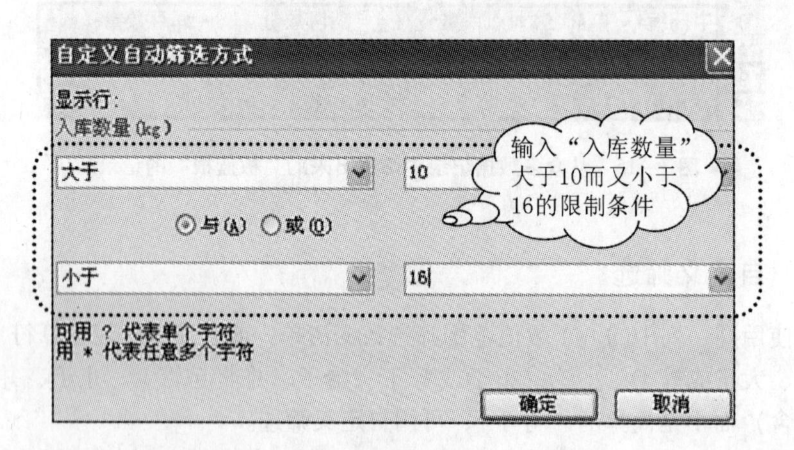

图 7-17　“自定义自动筛选方式”对话框

在该对话框中选择（或键盘输入）运算的条件和上、下限的值，最后单击“确定”按钮，电脑很快筛选出符合条件的记录，如图 7-18 所示。

WPS 表格 - [中药出入库存表.xls *]

文件(F) 编辑(E) 视图(V) 插入(I) 格式(O) 工具(T) 数据(D) 窗口(W) 帮助(H)

首页 | Book1 | 中药出入库存表.xls *

A3 | 中药编号

	A	B	C	D	E
1	中 药 明 细 表				
2	制表日期：2010年12月28日				
3	中药编号	中药名称	入库数量（kg）	销售数量（kg）	库存数量（kg）
7	2010245	枸杞子	15.5	12.5	3
8	2010096	甘草	14.5	12.8	1.7
9	2010123	板蓝根	12.3	10.5	1.8

图 7－18 被筛选出的符合条件的记录列表

7.5 电子表格中的分类汇总

WPS 表格中提供的分类汇总功能可帮助用户在一个数据清单的适当位置加上统计数据。使用分类汇总选项，不需要创建公式，系统会自动创建公式，并对数据清单的某个字段进行诸如“求和”、“计数”之类的汇总函数，实现对分类汇总值的计算，还会将计算结果分级显示出来。

现仍以“中药出入库存表.xls”电子表格为例进行讨论，操作步骤如下。选中要排序的数据，包括字段名，如图 7－19 左图所示；选择菜单栏中的“数据 | 排序”命令，打开“排序”对话框，如图 7－19 右图所示，先对“中药名称”进行排序，让表中同一种中药的记录排在一起，以便“先分类后汇总”。

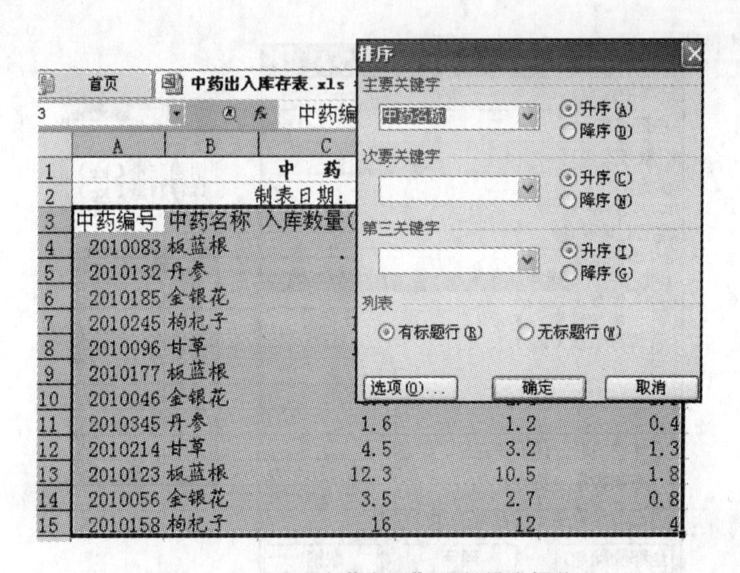

图 7－19 对“中药名称”进行排序操作

（1）对需要分类汇总的字段进行排序，从而使相同的记录集中在一起。例如，图7－20所显示的数据清单中，把同一种中药的记录排在一起。

WPS 表格 - [中药出入库存表.xls *]

文件(F) 编辑(E) 视图(V) 插入(I) 格式(O) 工具(T) 数据(D) 窗口(W) 帮助(H)

数据菜单：排序(S)... 筛选(F) 分类汇总(B)... 有效性(L)... 分列(E)... 合并计算(N)... 组及分级显示(G) 数据透视表(P)... 导入外部数据(D)

A3 中药编号

中 药 明 细 表

制表日期：2010年12月

	A	B	C	D	E
3	中药编号	中药名称	入库数量(kg)	销售数	)
4	2010083	板蓝根	9.9		1
5	2010123	板蓝根	12.3		8
6	2010177	板蓝根	3.8		5
7	2010132	丹参	3.7		9
8	2010345	丹参	1.6	1.2	0.4
9	2010096	甘草	14.5	12.8	1.7
10	2010214	甘草	4.5	3.2	1.3
11	2010245	枸杞子	15.5	12.5	3
12	2010158	枸杞子	16	12	4
13	2010185	金银花	2.6	1.8	0.8
14	2010046	金银花	3.5	2.4	1.1
15	2010056	金银花	3.5	2.7	0.8

图7－20　按“中药名称”进行“分类汇总”的操作过程

（2）选择需要进行分类汇总的数据区域（图中汇总区域不包括“中药编号”，因编号汇总无意义）。

（3）选择“数据”菜单中的“分类汇总”命令，弹出如图7－21所示的对话框。

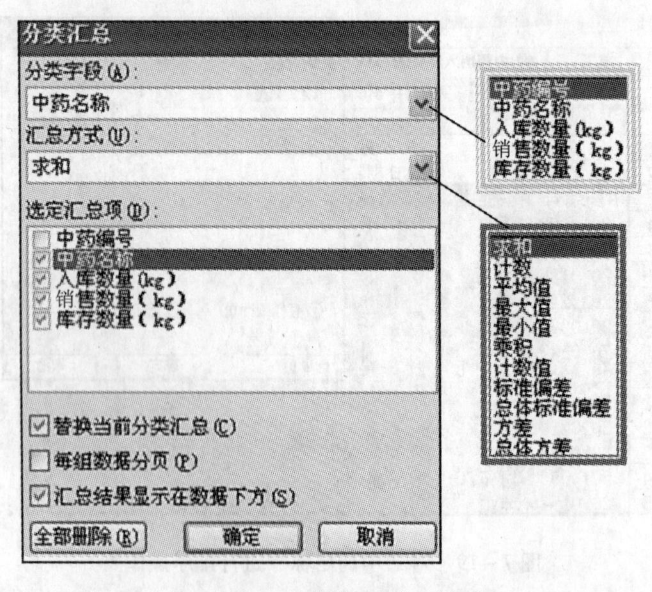

图7－21　“分类汇总”对话框

（4）单击“分类字段”下拉列表框的下三角按钮，在下拉列表框中选择所需字段作为分类汇总的依据。例如，选择“中药名称”。

（5）在“汇总方式”下拉列表框中选择所需的统计函数。例如，求和、计数、平均值等多种函数，本处选择“求和”。

（6）在“选定汇总项”列表框中，选中需要对其汇总计算的字段前面的复选框。例如，选择“库存数量”，其汇总计算的结果如图 7－22 所示。

WPS 表格 － [中药出入库存表.xls *]

文件(F) 编辑(E) 视图(V) 插入(I) 格式(O) 工具(T) 数据(D) 窗口(W) 帮助(H) 网络办公空间(N)

首页 Book1 中药出入库存表.xls *

A3 中药编号

	A	B	C	D	E
1	中 药 明 细 表				
2	制表日期：2010年12月28日				
3	中药编号	中药名称	入库数量(kg)	销售数量（kg）	库存数量（kg）
4	2010083	板蓝根	9.9	6.8	3.1
5	2010123	板蓝根	12.3	10.5	1.8
6	2010177	板蓝根	3.8	2.3	1.5
7	板蓝根 汇总	0	26	19.6	6.4
8	2010132	丹参	3.7	2.8	0.9
9	2010345	丹参	1.6	1.2	0.4
10	丹参 汇总	0	5.3	4	1.3
11	2010096	甘草	14.5	12.8	1.7
12	2010214	甘草	4.5	3.2	1.3
13	甘草 汇总	0	19	16	3
14	2010245	枸杞子	15.5	12.5	3
15	2010158	枸杞子	16	12	4
16	枸杞子 汇总	0	31.5	24.5	7
17	2010185	金银花	2.6	1.8	0.8
18	2010046	金银花	3.5	2.4	1.1
19	2010056	金银花	3.5	2.7	0.8
20	金银花 汇总	0	9.6	6.9	2.7
21	总计	0	91.4	71	20.4

图 7－22 按“库存数量”进行汇总计算的汇总表

除去“中药编号”字段，对其他所有字段进行汇总的结果如图 7－23 所示。

中药编号		中药名称	入库数量(kg)	销售数量（kg)	库存数量（kg)
2010083		板蓝根	9.9	6.8	3.1
2010123		板蓝根	12.3	10.5	1.8
2010177		板蓝根	3.8	2.3	1.5
	板蓝根 汇总	0	26	19.6	6.4
2010132		丹参	3.7	2.8	0.9
2010345		丹参	1.6	1.2	0.4
	丹参 汇总	0	5.3	4	1.3
2010096		甘草	14.5	12.8	1.7
2010214		甘草	4.5	3.2	1.3
	甘草 汇总	0	19	16	3
2010245		枸杞子	15.5	12.5	3
2010158		枸杞子	16	12	4
	枸杞子 汇总	0	31.5	24.5	7
2010185		金银花	2.6	1.8	0.8
2010046		金银花	3.5	2.4	1.1
2010056		金银花	3.5	2.7	0.8
	金银花 汇总	0	9.6	6.9	2.7
	总计	0	91.4	71	20.4

中 药 明 细 表　制表日期：2010年12月28日

图 7－23　汇总表

小结：经过以上各步操作，最后得到中药汇总表，该表可以理解为：能从成百上千种中药中，得出每种中药的销售数据，用以指导获得更多的经济效益，如中药“板蓝根”入库数量为26kg，已卖出19.6kg，库存尚有6.4kg……

7.6　电子表格的制作之一——学生成绩单

实例分析：本例是用 WPS 电子表格制作一个学生成绩单（如图 7－24 所示），主要用到了 WPS 电子表格的一些基本操作及常用的功能，如调整行高和列宽、合并单元格、自动填充、排序、函数 SUM 等，是一个较简单的例子。

五年级（二）班各科成绩单

学号	姓名	语文	数学	英语	音乐	美术	总分
1	黄沁康	90	89	90	91	92	452
2	黄丽子	91	90	91	92	72	436
3	陈　西	92	91	92	93	67	435
4	刘　劝	93	92	93	94	95	467
5	李道杰	45	93	94	95	67	394
6	季小州	78	56	95	96	67	392
7	赵匡印	96	95	96	97	98	482
8	张　将	97	96	97	98	78	466
9	钱战城	78	56	98	99	88	419
10	马　建	99	98	99	78	78	452
11	孙绥纱	86	99	56	98	67	406
12	周同围	67	89	78	78	78	390
每门课程平均分		84.33333333	87	89.91666667	92.41666667	78.91666667	
各科不及格人数		1	2	1	0	0	
全班总平均分		86.51666667					
				制表日期：2012-9-30			

图 7－24　学生成绩单

第1步：输入数据。在制作一张表格时我们最好先建立表头，然后确定表的行标题和列标题的位置，最后填入表的数据。

数据输入的步骤如下。

（1）为了输入表头“五年级（二）班各科成绩单”，必须准备一块区域，故合并单元格A1：H1（注：“A1：H1”可理解为A1单元格~H1单元格，即A1、B1、C1、D1、E1、F1、G1、H1共8个单元格全部打通，合并为一块区域，准备放表头文字块）。

选择区域A1：H1（即按住鼠标左键从A1拖到H1），然后单击工具栏中的“合并单元格”图标，再输入“五年级（二）班各科成绩单”。

（2）在第2行输入表的列标题（文本数据）：“学号”、“姓名”、“语文”、“数学”、“英语”、“音乐”、“美术”、“总分”。

（3）输入不用计算的文本数据：学号和姓名。

注意：在输入学号时，可以使用“自动填充”功能。先输入前两个数据（1和2），输入前两个数据后，选中这两个单元格，将鼠标指针指向黑色边框的右下角，当指针变为黑“十”字形时，按鼠标左键垂直向下拖动完成序列号的自动填充，释放鼠标后WPS电子表格会根据用户输入的内容自动填充下面的数据。

（4）将各科成绩依次填入，若有相同数据可采用复制、粘贴单元格的方式快速输入。

第2步：简单计算。

当原始数据输入表中以后，就可以进入统计、计算了。

1. 计算每个人的总分

计算各人总分可以有以下几种方式。

（1）使用自动求和：选中C3：H3，在工具栏中单击“自动求和”图标Σ，则会在H3中显示“黄沁康”的总分，其他也依此方法。

（2）使用公式：在H3中输入“=C3+D3+E3+F3+G3”，这里不用考虑大小写，但在编辑公式时一定要在开头加上等号“=”；也可以单击编辑栏左边的“输入”按钮✓，再输入C3+D3+E3+F3+G3，然后按Enter键或单击编辑栏中的“输入”按钮✓确认，在H3中就输入了一个公式且会显示出结果。

其他的可用自动填充的方式计算，用鼠标左键拖动边框右下角向下填充即可。使用这种方式的优点：当原始数据更改时，其总分会自动相应变化。

（3）使用函数SUM：WPS表格提供了38个数学函数，主要功能是对单元格内的数据进行常用的数学运算。例如函数SUM就是求指定区域的数值和。

在H3中输入“=SUM（C3：G3）”，这里也不区分大小写，可在单元格里输入也可在编辑栏中输入。再利用自动填充（单击H3右下角，按鼠标左键拖动到H14）来计算其他人的总分。

注意：WPS电子表格还提供了一种可随时查看选中区域数据之和的方法：选中数据区域，状态栏的右侧将出现所选的区域中数据和的值。

2. 求各科平均分

选中C15后在编辑框中或直接在C15中输入公式“=SUM（C3：C14）/12”，单击“确定”按钮，将算出语文的平均分。再选中C15，按住鼠标左键向右拖动到G15，计算出其他各科平均分。

3. 统计各科不及格人数

WPS 表格提供了 19 个统计函数，主要功能是在选定区域内，对单元格内的数据进行统计运算。其中 COUNTIF（范围，条件）表示统计选定区域内满足特定条件的单元格数目。

例如：COUNTIF（C3：C14，"＜60"）表示在 C3～C14 单元格中的每一个数据均需判断一次，如果小于 60 分，则计数一次，否则不计数，即统计出语文不及格人数。

选中 C16，然后输入公式“＝COUNTIF（C3：C14，"＜60"）”，单击“确定”按钮，计算出语文的不及格人数。再选中 C16，按住鼠标左键向右拖到 G16（自动填充），计算出其他各科的不及格人数。

4. 求全班总平均分

双击 C17 单元格进入编辑状态，输入求平均值函数“＝AVERAGE（C3：G14）”后，按回车键或按编辑栏上的“输入”按钮✓确认，全班总平均分显示在 C17 单元格中。

提示：记得在函数 AVERAGE（C3：G14）前面加等号“＝”。

5. 输入制表日期

最后在表的底部输入制表的日期，同时按 Ctrl 和“；”（分号）快速输入当前日期。

注意：WPS 电子表格中还有快速输入当前时间的方法：按 Ctrl＋Shift＋；（分号）。

日期的显示格式是可以设置的，选择主菜单“格式｜单元格”命令，在图 7－25 所示的对话框中，用户可选择任意一种日期表示格式。

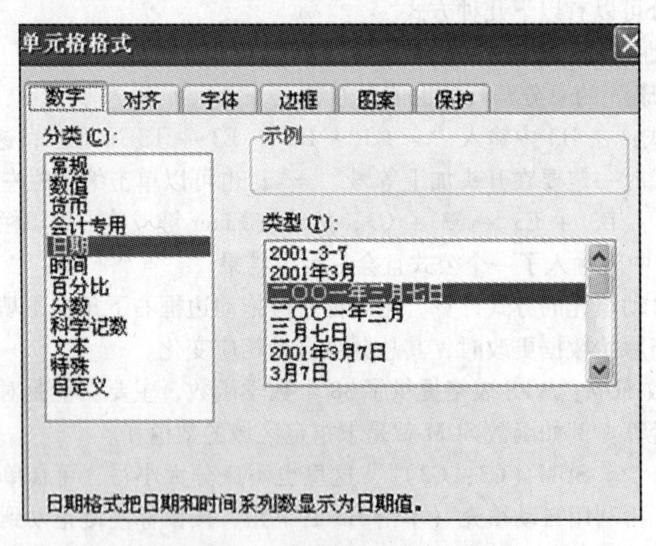

图 7－25　日期的显示格式对话框

第 3 步：排序。

所谓排序指的是：根据数据的大小，由大到小（降序）或由小到大（升序）排列。总分出来以后就可以排名次了，其步骤如下。

（1）选择单元格区域“H3：H14”（总分这一列数据）。

（2）单击工具栏中的“降序排序”按钮，即由高分到低分排列，如图7－26所示。

	A	B	C	D	E	F	G	H
1	五年级（二）班各科成绩单							
2	学号	姓名	语文	数学	英语	音乐	美术	总分
3	7	赵匡印	96	95	96	97	98	482
4	4	刘　劝	93	92	93	94	95	467
5	8	张　将	97	96	97	98	78	466
6	1	黄祁康	90	89	90	91	92	452
7	10	马　建	99	98	99	78	78	452
8	2	黄丽子	91	90	91	92	72	436
9	3	陈　西	92	91	92	93	67	435
10	9	钱战城	78	56	98	99	88	419
11	11	孙绥纱	86	99	56	98	67	406
12	5	李道杰	45	93	94	95	67	394
13	6	季小州	78	56	95	96	67	392
14	12	周同围	67	89	78	78	78	390
15	每门课程平均分		84.33333333	87	89.91666667	92.41666667	78.91666667	
16	各科不及格人数		1	2	1	0	0	
17	全班总平均分		86.51666667					
18						制表日期：2012-9-30		

图7－26　按总分排名次的报表

表中说明：第1名是赵匡印（482分），第2名是刘劝（467分）……

第4步：调整表格行高和列宽。

如果用户觉得工作表默认的行列大小不太合适，可以自己调整行高或列宽。

设置行高有两种方法。

方法一：

（1）选择单行、多行或区域。

（2）单击“格式｜行｜行高”命令，弹出如图7－27所示的调整行高对话框。

（3）单击“行高”，在弹出的对话框中输入要设置的数值。单击“最适合的行高”，可设置成最适合的行高。

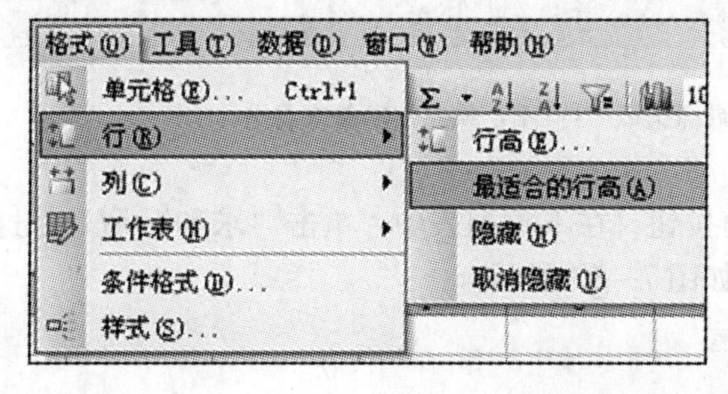

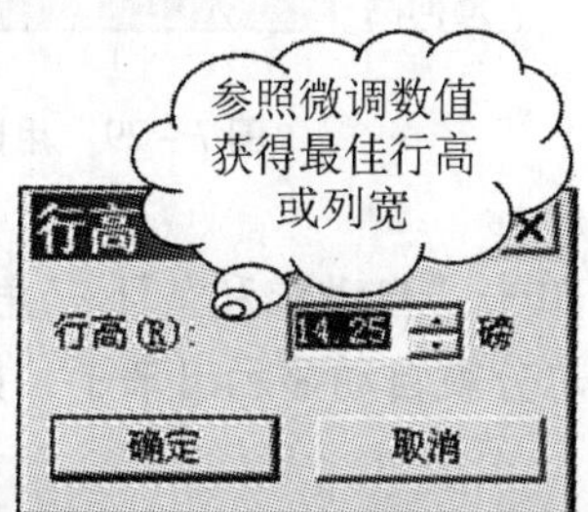

图7－27　调整行高对话框

如果选择的是区域，则区域所在行的行高都被调整为所设置的值或最适合的行高。

方法二：

(1) 选择单行、多行或区域。

(2) 将鼠标指针移到任一选中行的下方交界处。

(3) 当指针变为※时拖动交界线，调整到用户所需的位置。

设置列宽的方法类似于设置行高，这里从略。

注意：双击行或列的交界线，WPS 电子表格会根据单元格的内容给这一行或列设置最合适的行高或列宽。

第 5 步：自动求和。

自动求和是在制作表格时经常用到的功能，打开“工具”菜单，将鼠标指针指向“自动求和”命令或单击“常用”工具栏上的自动求和图标 Σ ▾ 右边的下三角按钮，如图 7－28 所示，可以看到 WPS 电子表格提供的自动求和、平均值、计数、最大值、最小值和其他更多的函数形式。

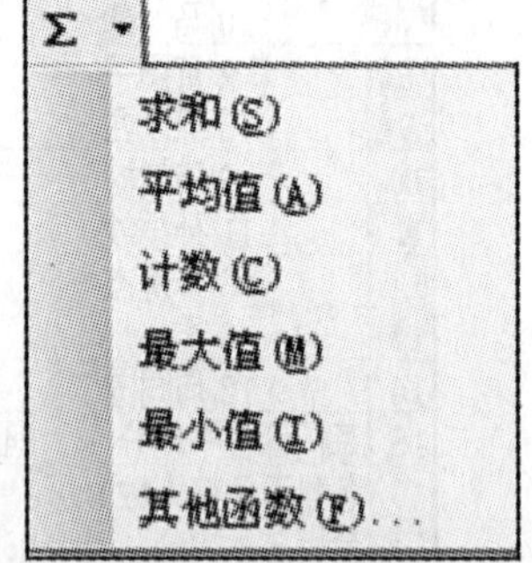

图 7－28　WPS 电子表格提供的自动求和形式

(1) 选取每个学生的各科成绩。用鼠标选取 C3：H14 单元格（即每个学生的各科成绩，图中深色区域，也包括“总分”字段在内），如图 7－29 所示。

	A	B	C	D	E	F	G	H
1	五年级（二）班各科成绩单							
2	学号	姓名	语文	数学	英语	音乐	美术	总分
3	1	赵匡印	96	95	96	97	98	
4	2	刘　劲	93	[illegible]	93	94	95	
5	3	张　将	97	[illegible]	97	[illegible]	78	
6	5	马　建	90	89	[illegible]	[illegible]	92	
7	4	黄沁康	91	90	[illegible]	[illegible]	72	
8	6	黄丽子	92	91	[illegible]	[illegible]	67	
9	7	陈　西	99	67	99	78	78	
10	8	钱战城	78	56	98	99	88	
11	9	孙绥纱	86	99	56	98	[illegible]	
12	10	李道杰	45	93	94	95	[illegible]	
13	11	季小州	78	56	95	96	[illegible]	
14	12	周同围	67	89	78	78	78	

此为 C3 单元格

1. 选取每个学生的各科成绩

此为H14单元格

图 7－29　用鼠标选取 C3：H14 单元格准备求总分

(2) 单击“自动求和”下三角按钮，在下拉列表中，单击“求和”命令。这样，每个学生的总分就自动显示出来了，如图 7－30 所示。

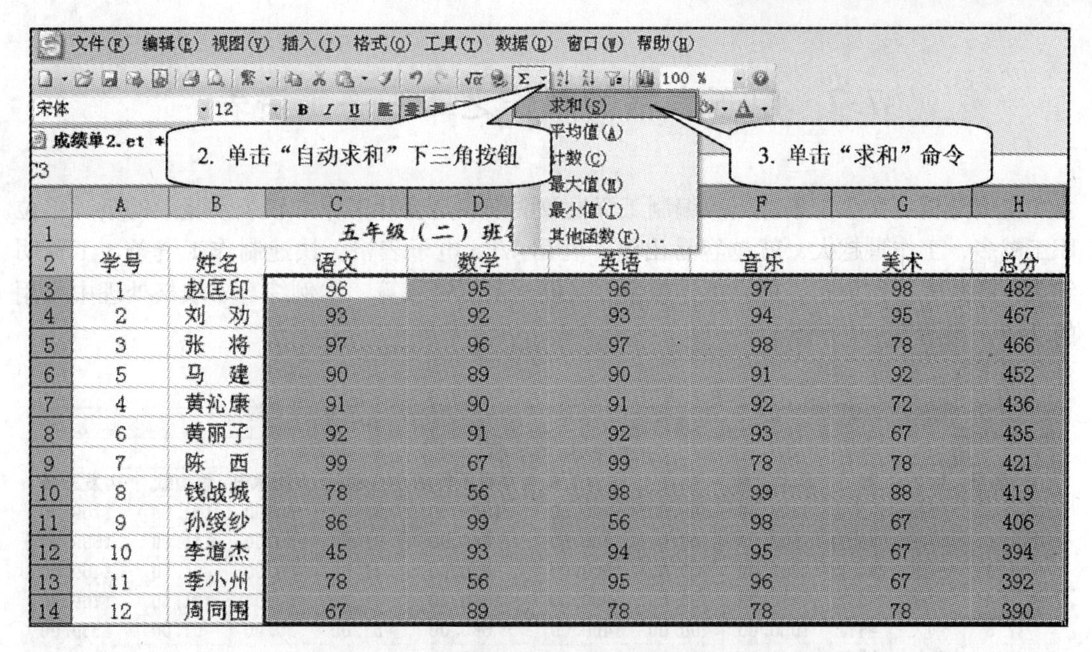

	A	B	C	D	E	F	G	H
2	学号	姓名	语文	数学	英语	音乐	美术	总分
3	1	赵匡印	96	95	96	97	98	482
4	2	刘　劝	93	92	93	94	95	467
5	3	张　将	97	96	97	98	78	466
6	5	马　建	90	89	90	91	92	452
7	4	黄沁康	91	90	91	92	72	436
8	6	黄丽子	92	91	92	93	67	435
9	7	陈　西	99	67	99	78	78	421
10	8	钱战城	78	56	98	99	88	419
11	9	孙绥纱	86	99	56	98	67	406
12	10	李道杰	45	93	94	95	67	394
13	11	季小州	78	56	95	96	67	392
14	12	周同圄	67	89	78	78	78	390

图7－30　“自动求和”下拉按钮的使用过程

注意该下拉列表中还有：求平均值、计数、求数列中的最大值和最小值等命令，在实际工作中非常好用，希望初学者多加练习。

第6步：定义名称。

在WPS电子表格中可以为单元格、区域或常量命名。例如，在上面的例子中将区域“C3：G3”命名为“aa”，在求其总分时只需输入“＝SUM（aa）”即可计算出他的总分。在这种情况下其他人的成绩就不能通过复制公式来计算了，因为使用名称对单元格或区域的调用是绝对的调用。命名后的单元格或区域可以通过名称来选择该单元格或区域，名称可以直接从名称框的下拉列表中选择，并直接在公式中调用。命名方式有以下两种。

（1）从“插入”菜单命名，步骤如下。

①打开“插入”菜单，将鼠标指向“名称”。

②单击“定义”命令。

③在最上面的编辑框中输入名称，然后在“引用位置”输入要命名的单元格或区域。

④如果只命名一个，请单击“确定”按钮；如果要命名多个，请单击“添加”按钮，继续为其他的单元格或区域命名。

（2）在“名称栏”中命名，步骤如下。

①选择单元格或单元格区域。

②在“名称栏”中输入用户想要的名称。

③按Enter键确认。

这时在“名称定义”对话框中也保存了用户所输入的内容，引用该名称时可以直接输入或从“名称定义”对话框中选择已有的名称。在名称栏中直接输入单元格引用或者已有的单元格名称，再确认，将跳转到指定单元格。

7.7 电子表格的制作之二——工资表

实例分析：在手工条件下，编制工资发放明细表是会计工作中较烦琐复杂的事，单位职工越多，工作量越大，就越容易出错。利用 WPS 电子表格，快速制作工资条、工资明细表，既减轻工作负担，提高工作效率，又能规范工资核算。本例综合了表格处理中常用的功能，如图 7－31 所示。

	A	B	C	D	E	F	G	H	I	J	K
1	工资表（单位：元）										
2	编号	姓名	部门	基本工资	奖金	应发工资	应交税所得额	应交税额	房租水电	总扣款	实发工资
3	1	张三	办公室	1400.00	500.00	1900.00	1060.00	81.00	50.00	131.00	1769.00
4	2	李四	办公室	1300.00	400.00	1700.00	860.00	61.00	50.00	111.00	1589.00
5	3	王五	办公室	1200.00	300.00	1500.00	660.00	41.00	50.00	91.00	1409.00
6	4	康康	办公室	1400.00	500.00	1900.00	1060.00	81.00	50.00	131.00	1769.00
7	5	刘大	销售	1000.00	400.00	1400.00	560.00	31.00	30.00	61.00	1339.00
8	6	王兰	销售	900.00	300.00	1200.00	360.00	18.00	30.00	48.00	1152.00
9	7	高力	销售	1100.00	400.00	1500.00	660.00	41.00	30.00	71.00	1429.00
10	8	徐生	生产	1100.00	300.00	1400.00	560.00	31.00	40.00	71.00	1329.00
11	9	左大	生产	1000.00	300.00	1300.00	460.00	23.00	40.00	63.00	1237.00
12	10	陈西	生产	900.00	300.00	1200.00	360.00	18.00	40.00	58.00	1142.00
13	总计			11300.00	3700.00	15000.00	6600.00	426.00	410.00	836.00	14164.00
14								制表日期：2011-02-24			

图 7－31 工资表示例

7.7.1 工资表的制作

第 1 步：新建工作表。

单击“常用”工具栏上的“建立新文件”按钮，或直接按 Ctrl＋N 键。如果是刚启动 WPS 电子表格，则 WPS 电子表格中已带有三个空工作表（Sheet1、Sheet2、Sheet3），不必再新建。

第 2 步：页面设置。

在前面已交代过，编辑任何文件前要先设定版心以确定页面宽度。

（1）选择主菜单“文件｜页面设置”命令，或按 Ctrl＋L 键，弹出“页面设置”对话框，选择“页面”选项卡，对话框如图 7－32 所示。

（2）方向选择“横向”。

（3）纸张大小选择“A4”，宽度为 21 厘米，高度为 29.7 厘米。

（4）页面其余设置都使用系统默认设置，单击“确定”按钮。

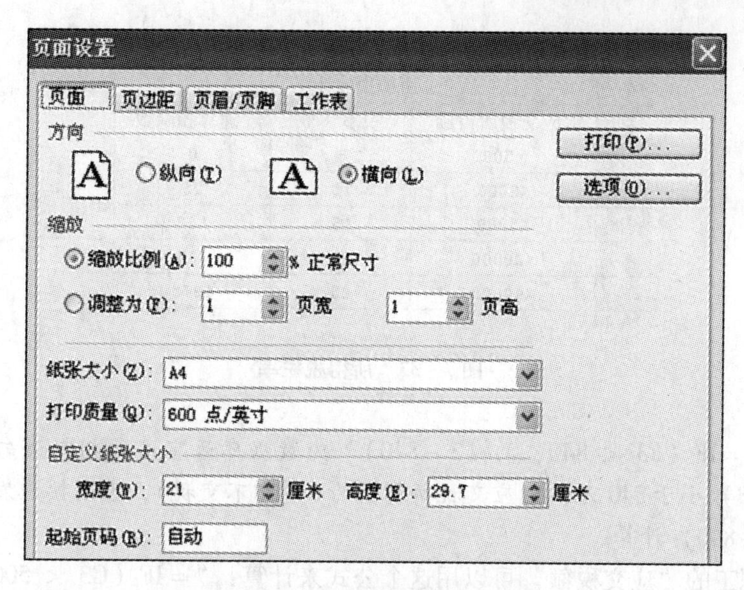

图7－32 “页面设置”对话框

第3步：输入数据。

(1) 合并单元格A1：L1。选择区域A1：L1，然后单击工具栏中的“合并单元格”图标，以合并A1～L1这一片连续单元格，再输入表头“工资表（单位：元）”。

(2) 在第二行的A2：L2区域输入工资项目：编号、姓名、部门、基本工资、奖金、应发工资、应交税所得额、应交税额、房租水电、总扣款、实发工资。

(3) 输入所有工资原始数据（项目）：编号、姓名、部门、基本工资、奖金、房租水电。

注意：其他数据如应发工资、应交税所得额、应交税额、总扣款、实发工资是通过工资原始数据按规定（法规）计算出来的。

输入“编号”时利用“自动填充”功能（输入前两个数据后，选中这两个单元格，将鼠标指针指向黑色边框的右下角。当指针变为黑“十”字形时，按鼠标左键向下拖动完成序列号的自动填充），其他一些相同的数据可以用复制、粘贴或自动填充功能来输入（输入第一个值后，按鼠标左键并向下拖动黑色边框）。

第4步：计算部分工资项目。

(1) 应发工资——此项目为基本工资＋奖金。第一个职工（张三）的“应发工资”计算公式为“＝D3＋E3”，或者用带函数的公式“＝SUM（D3：E3）”来计算，然后利用向下填充的功能形成其他职工此项目的数据（D3、E3分别为基本工资、奖金）。

(2) 所得税的计算——“应交税所得额”是由“应发工资”计算而得的，而“应交税额”是由“应交税所得额”计算而得。如果规定（假设）应发工资超过了840元就要交所得税，则第一个职工的“应交税所得额”可用公式“＝IF（F3 ＜ 840，0，F3－840）”来计算，然后利用向下填充的功能形成其他职工此项目的数据。假设所得税税率如图7－33所示，则各项所得税按本表计算。

	A	B	C
1	所得税的计算		
2	应交税所得额	税率（%）	速算扣除数
3	<500	5	0
4	<2000	10	25
5	<5000	15	125
6	<20000	20	375
7	<40000	25	1375

图 7－33　所得税税率

注意：“＝IF（F3 ＜ 840，0，F3－840）”为数据库语言条件判断语句，如果（IF）应发工资（F3）小于840元，则应交税所得额为0（即不交税），否则按应发工资减去840元即按（F3－840）计算。

第一个职工的“应交税额”可以用这个公式来计算：“＝IF（G3 ＜ 500，G3 ×0.05，G3 ×0.1－25）”，同样利用向下填充的功能形成其他职工此项目的数据。

注意：此工资表能用这个公式来计算“应交税额”的前提是表中每个职工的应发工资都小于2 000元，“速算扣除数”都按25元来计算。

（3）总扣款——此项目为应交税额＋房租水电。第一个职工的“总扣款”计算公式为“＝ H3 ＋ I3”，然后利用向下填充的功能形成其他职工此项目的数据。

（4）实发工资——此项目为应发工资－总扣款。第一个职工的“实发工资”计算公式为“＝ F3－J3”，然后利用向下填充的功能形成其他职工此项目的数据。

（5）总计——对于“基本工资”这一项的“总计”可用公式“＝SUM（D3：D12）”来计算，其他各项的总计可以利用向右填充的方式复制此公式来计算。

（6）在表格的右下角输入制表的日期：将鼠标移到 K14，按 Ctrl＋；（分号）快速输入当前日期。

至此，工资表数据全部形成，即工资表已基本完成，如图 7－34 所示。

	A	B	C	D	E	F	G	H	I	J	K
1	工资表（单位：元）										
2	编号	姓名	部门	基本工资	奖金	应发工资	应交税所得额	应交税额	房租水电	总扣款	实发工资
3	1	张三	办公室	1400.00	500.00	1900.00	1060.00	81.00	50.00	131.00	1769.00
4	2	李四	办公室	1300.00	400.00	1700.00	860.00	61.00	50.00	111.00	1589.00
5	3	王五	办公室	1200.00	300.00	1500.00	660.00	41.00	50.00	91.00	1409.00
6	4	康康	办公室	1400.00	500.00	1900.00	1060.00	81.00	50.00	131.00	1769.00
7	5	刘大	销售	1000.00	400.00	1400.00	560.00	31.00	30.00	61.00	1339.00
8	6	王兰	销售	900.00	300.00	1200.00	360.00	18.00	30.00	48.00	1152.00
9	7	高力	销售	1100.00	400.00	1500.00	660.00	41.00	30.00	71.00	1429.00
10	8	徐生	生产	1100.00	300.00	1400.00	560.00	31.00	40.00	71.00	1329.00
11	9	左大	生产	1000.00	300.00	1300.00	460.00	23.00	40.00	63.00	1237.00
12	10	陈西	生产	900.00	300.00	1200.00	360.00	18.00	40.00	58.00	1142.00
13		总计		11300.00	3700.00	15000.00	6600.00	426.00	410.00	836.00	14164.00
14								制表日期：2011-02-24			

图 7－34　工资表

第5步：设置工作表格式。

工作表的格式包括数字、对齐、字体、边框、底纹图案、文档保护等诸多内容。

单击主菜单栏的“格式 | 单元格”命令，系统弹出“单元格格式”对话框，如图7-35所示。

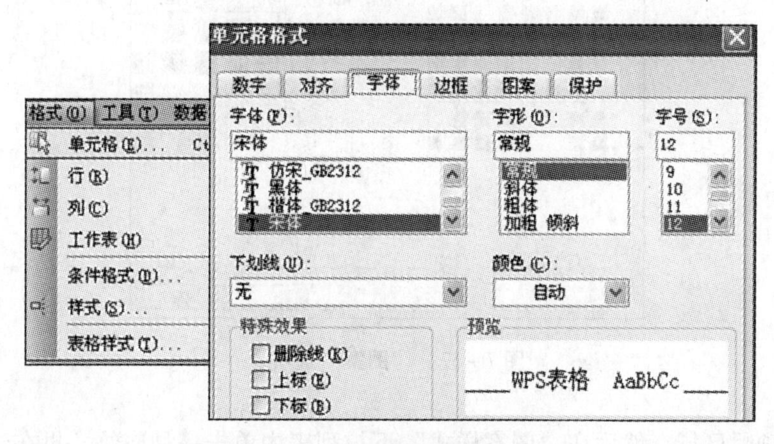

图7-35 “单元格格式”对话框

对话框中有“数字”、“对齐”、“字体”、“边框”、“图案”和“保护”6个选项卡，每个选项卡中均有独特的功能，它能解决电子表格的字体、字号、字形、对齐方式、边框的设置、美化表格、添加底纹图案及各项目的着色等问题，使表格更加美观，还能对表格的数据安全采取保护性措施。

(1) 设置对齐方式——在默认为“常规”格式的单元格中，文本是左对齐的，而数字、日期和时间是右对齐的，更改对齐方式并不会改变数据的类型。先选中表头单元格A1，然后单击“文字”工具栏中的“居中”按钮。

(2) 设置字体、字号及字体和背景颜色——表头设置为“宋体”、“三号”字，表格的其他部分设置为“宋体”、“五号”字，这样就能看到整张表。

“单元格格式”对话框能修改表格中的字体、字号及字体和背景颜色。为了区分或强调某些项目的数据，或者说使表格更美观，可以给某些项目设置不同的背景或字体颜色。例如要把工资表的各项目名称设置为红色字体、黄色背景，则先选中A2：L2这个区域，然后单击“颜色”框的下三角按钮，在弹出的调色板中选择所需的颜色，或单击“常用”工具栏上的“字体颜色”按钮，在弹出的调色板中选择所需的颜色，如图7-36所示。

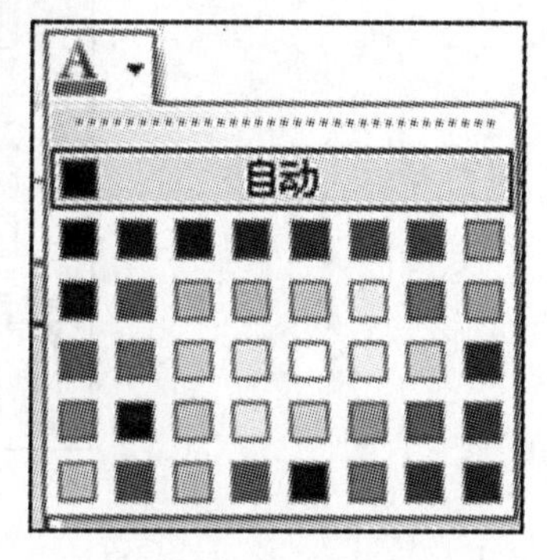

图7-36 调色板

同样用这种方法将其他的数据设置成不同的颜色。

(3) 设置底纹和背景颜色——选择“单元格格式”对话框中的“图案”选项卡，如图7-37所示。

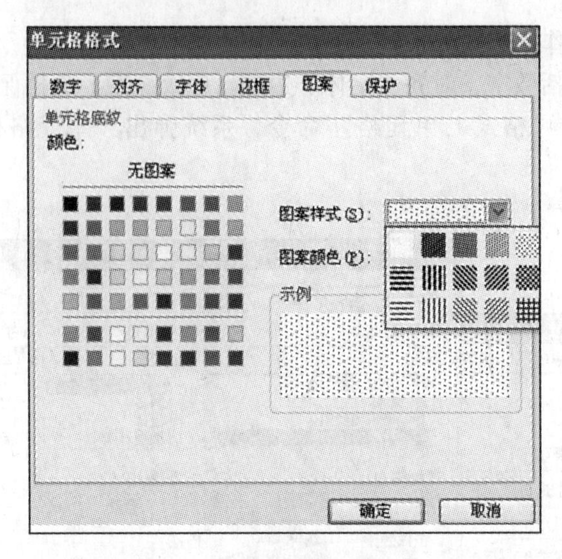

图 7－37 “图案”选项卡

先选择项目区域，然后在“图案样式”下拉列表中单击一种底纹，再在“图案颜色”下拉列表中单击一种颜色，最后单击“确定”。

（4）设置电子表格边框。

如果不给单元格设置边框，打印出来的表是没有边框的，所以一般都会给单元格设置边框。选择 A1：L13，选择“单元格格式”对话框中的“边框”选项卡，如图 7－38 所示。

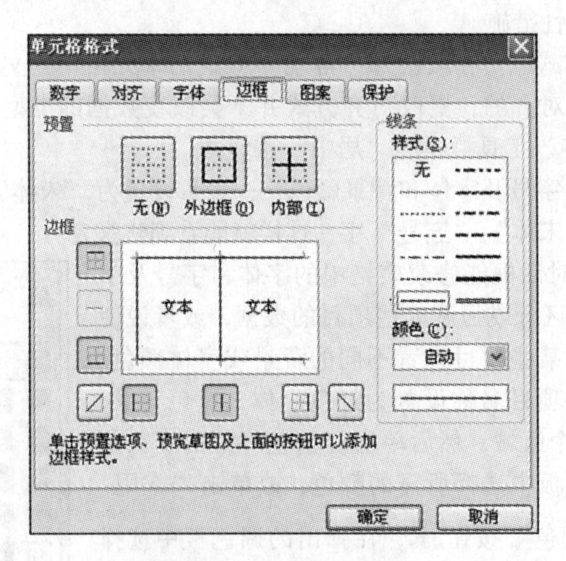

图 7－38 “边框”选项卡

单击“外边框”样式按钮，并在“线条”选项组中的“样式”中选取一种框线线型，如框线要着色就单击“颜色”下三角按钮，从调色板中单击一种颜色，最后“确定”，单元格的边框设置完成。

7.7.2 工资表的查看与数据安全

工资表完成以后用户可能需要再查看一遍。如果这张工资表较大，而用户需要浏览整个表，那么可以调整其显示比例。

在查看工资表的过程中，要防止别人修改工资数据，怎么办？特别是办公系统中的工资数据，谁都看得到，因此工资表中的数据安全至关重要。

1. 查看工资表

单击菜单栏中的“视图”命令，其下拉列表如图7－39所示。

在下拉列表中有“普通”查看、“分页预览”查看、“页面”查看，还可以通过改变“显示比例”查看。具体操作是：首先启动WPS电子表格并打开“工资表.et”文件，再单击菜单栏中的“视图”命令，在下拉列表中分别单击“普通”、“分页预览”、“页面”，哪一种显示效果最满意就设置哪种查看方式。要提示的是：这不是一个“只读”文件。

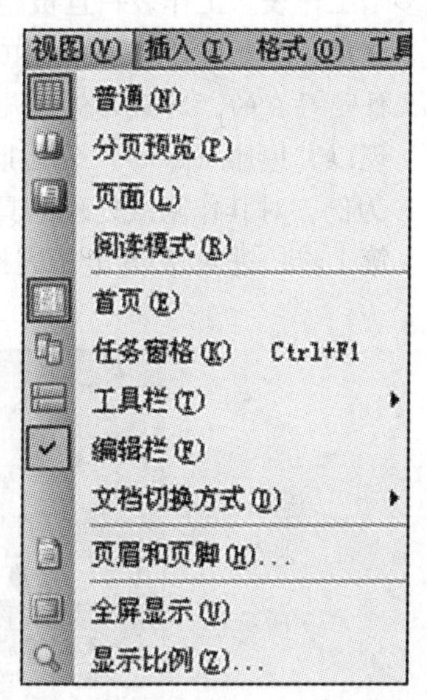

图7－39 “视图”命令下拉列表

2. 工资表的数据安全

启动WPS电子表格并打开“工资表.et”文件，再单击菜单栏中的“工具|保护|保护工作簿”命令，在“保护工作簿”对话框中输入密码，经密码认定后单击“确定”，如图7－40所示。

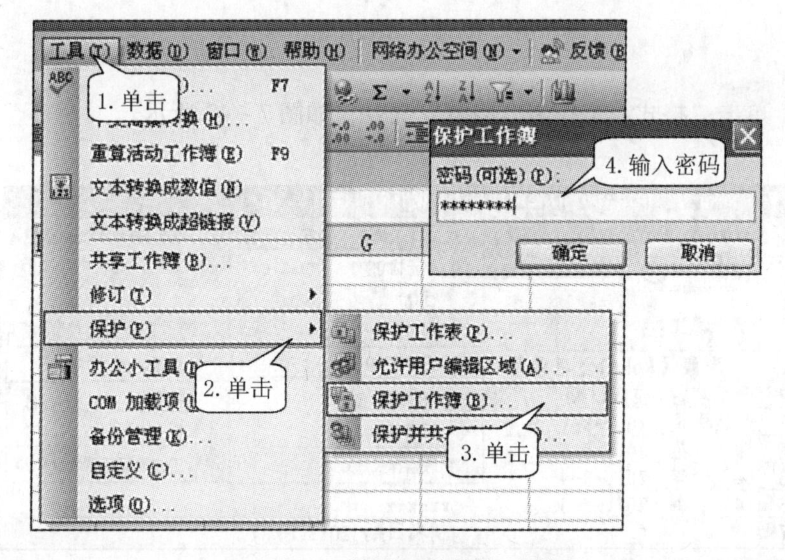

图7－40 “保护工作簿”对话框

这样“工资表.et”文件就变成了一个“只读”文件，谁都可以看，但修改不了工资数据。

7.8　电子表格的隐藏

在某些特定的环境下，如办公室的公用电脑或网络中心，用户可以有选择地隐藏一个或多个工作表。工作表一旦被隐藏，将无法显示其内容，工作表标签也将被隐藏。

注意：*在电脑的硬盘中，在该文件原存放的位置，这个文件的文件名是看得到的，即该文件是存在的，隐藏的仅仅是它的内容，以达到“相对”保密的目的。*

现以“康康（koko）公司期货‘数据有效’检测表”（以下简称“数据有效”电子表）为例，对其作隐藏处理的具体操作如下。

第1步：进入WPS电子表格，打开“数据有效”电子表，如图7－41所示。

WPS 表格 － [康康(koko)公司期货“数据有效”检测表.xls]
文件(F) 编辑(E) 视图(V) 插入(I) 格式(O) 工具(T) 数据(D)
首页　康康(koko)公司期货“...
I13

	A	B	C	D	E
1	康康（koko)公司期货“数据有效”检测表				
2	产品名称	成货日期	产地	备注	
3	天然橡胶	2011-8-1		xxxxxx	
4	棉　花	2011-8-5		xxxxxx	
5	0#　锌	2011-8-4		xxxxxx	
6	1#　铜	2011-8-3		xxxxxx	
7				制表日期	2011.8.

图7－41　打开“数据有效”电子表

第2步：单击“格式 | 工作表 | 隐藏”命令，如图7－42所示。

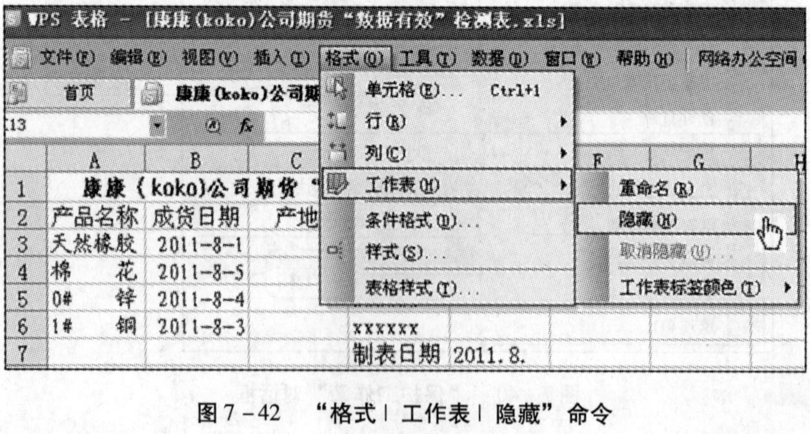

WPS 表格 － [康康(koko)公司期货“数据有效”检测表.xls]
文件(F) 编辑(E) 视图(V) 插入(I) 格式(O) 工具(T) 数据(D) 窗口(W) 帮助(H) 网络办公空间
单元格(E)... Ctrl+1
行(R)
列(C)
工作表(H)　重命名(R)　隐藏(H)　取消隐藏(U)...　工作表标签颜色(T)
条件格式(D)...
样式(S)...
表格样式(T)...

	A	B	C
1	康康（koko)公司期货“		
2	产品名称	成货日期	产地
3	天然橡胶	2011-8-1	
4	棉　花	2011-8-5	
5	0#　锌	2011-8-4	
6	1#　铜	2011-8-3	xxxxxx
7			制表日期 2011.8.

图7－42　“格式 | 工作表 | 隐藏”命令

此时屏幕上看不到表格内容了，说明表格已被隐藏。

第3步：单击工具栏中的“保存”按钮，最后退出WPS表格系统，即单击屏幕右上角的“关闭”按钮。退出Windows并关机。

提问：本处只单击工具栏中的“保存”按钮，该表格文件就能存盘（保存），为什么？

如果用户要查看、修改本表格，怎么办？当然就是撤销该文件的隐藏。该文件原存放在哪个具体位置（指盘符、路径、文件夹、文件名），用户知道这些信息就可以撤销“隐藏”了。

具体操作如下。

第1步：开机进入Windows界面，启动WPS电子表格（即双击WPS电子表格图标），进入电子表格界面。

第2步：单击工具栏中的“文件丨打开”命令，系统进入“打开”对话框，如图7-43所示。

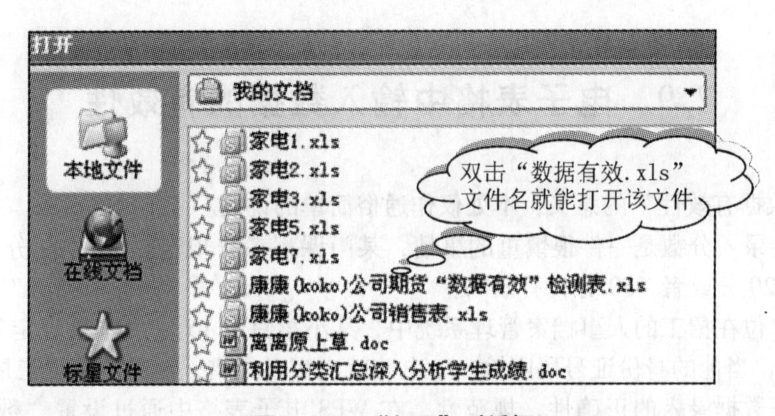

图7-43 “打开”对话框

在C盘的“我的文档”文件夹中发现了“康康（koko）公司期货‘数据有效’检测表.xls”文件名，如果想要减少一步操作就可以直接双击该文件名，系统返回空表格界面（实际上该文件已经打开，因为“隐藏”了，所以看不到表格内容）。但在屏幕最上面一行标题栏中发现了“康康（koko）公司期货‘数据有效’检测表.xls”文件名，说明该文件已经被打开了。

第3步：单击“格式丨工作表丨取消隐藏”命令，屏幕显示“取消隐藏”对话框，单击“确定”按钮，如图7-44所示。

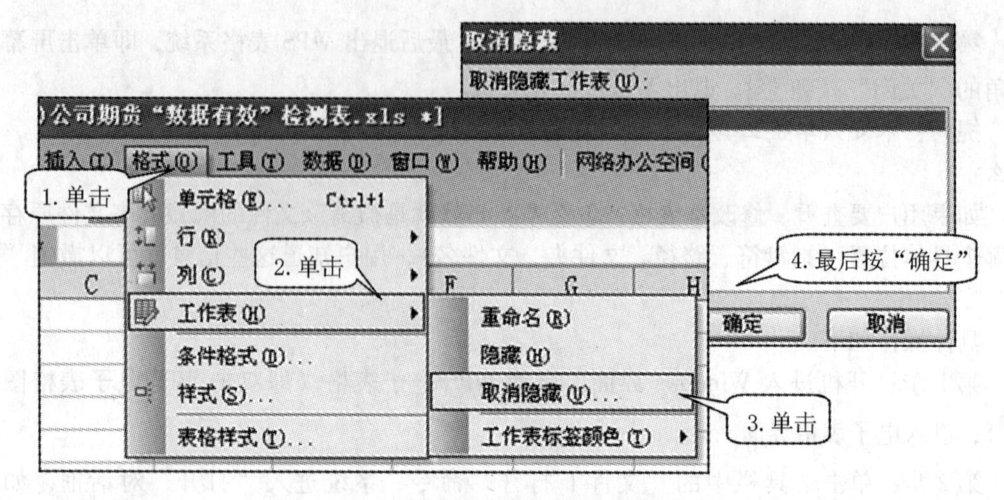

图7－44　“取消隐藏”对话框

7.9　电子表格中输入数据的有效性

对于“数据有效性”的意义，本处仅作通俗简单的说明。

高考评卷录入分数是一件很慎重的事情，某门课程考分规定是0～100分，可程序员不小心录入120分或者－50分，有效吗？

某用人单位在招工的人事档案管理系统中，某小孩只有15岁（本处设定年龄小于16岁者为童工），当他的身份证号码刚输入，电脑就应实时报错，因为招聘童工是非法的。

为了保证数据录入的正确性、规范性，在WPS电子表格中通过设置“数据有效性”可以实时检查数据，防止数据的错误输入，从而提高工作效率。

以下是一张与“期货”有关的“数据输入有效”的示意电子报表，如图7－45所示。

	A	B	C	D	E
1	康康（koko）公司期货“数据有效”检测表				
2	产品名称	成货日期	原产地	规格	备注
3	天然橡胶	2012-9-1	海南岛		×××
4	棉花	2012-9-5	山东		×××
5	0# 锌	2012-9-4	湖南		×××
6	1# 铜	2012-9-3	江西		×××
7					
8				制表日期	2012.9.

图7－45　“数据输入有效”的示意电子报表

众所周知，对于“期货”的数据库管理系统而言，“成货日期”是一个至关重要的数据，不能有任何差错，故对该项输入的数据作“数据有效”处理。具体操作如下。

第 1 步：选定要设置"数据有效"的所有单元格（B3：B6），按住鼠标左键由 B3 单元格拖到 B6 单元格后，单击"数据 | 有效性"命令，系统弹出"数据有效性"对话框，如图 7－46 所示。

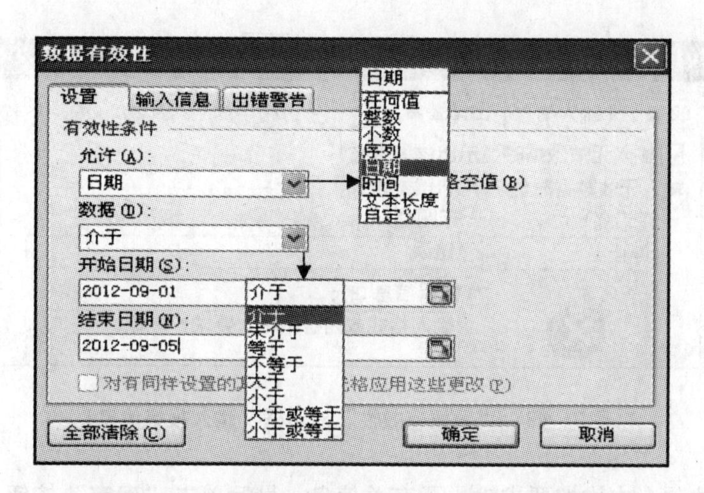

图 7－46 **"数据有效性"对话框（输入控制条件）**

此对话框有"设置"、"输入信息"和"出错警告"三个选项卡，均须按设计要求填写。

在"设置"选项卡的"有效性条件"下，在"允许"的下拉列表中选取"日期"；在"数据"下拉列表中选取"介于"；在"开始日期"中输入"2012－09－01"，在"结束日期"中输入"2012－09－05"（准备控制输入的日期范围在 2012－09－01 至 2012－09－05 有效，否则会即时报错）。

第 2 步：选择"输入信息"选项卡，在"标题"栏中输入"提示"；在"输入信息"栏中输入"请按 yyyy－mm－dd 格式输入 2012－09－01 到 2012－09－05 的有效数据"，如图 7－47 所示。

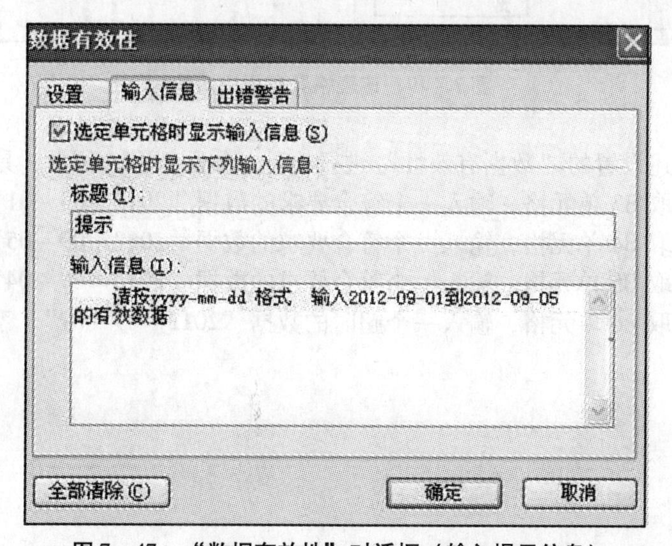

图 7－47 **"数据有效性"对话框（输入提示信息）**

第3步：选择“出错警告”选项卡，在“样式”中选取“停止”；在“标题”栏中输入“错误”；在“错误信息”文本框中输入“输入格式或内容不符合要求！重输!”，如图7－48所示。

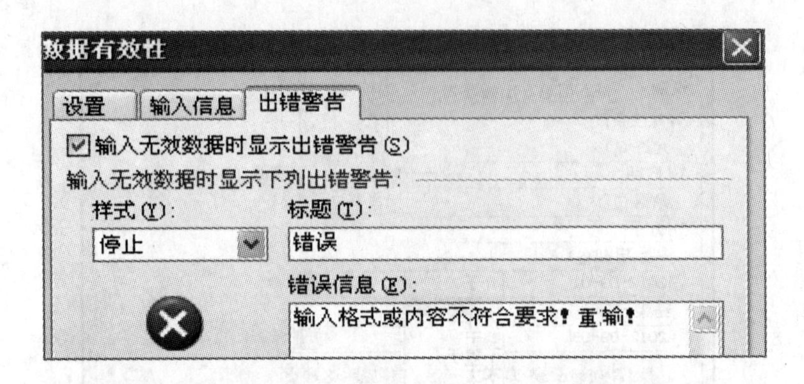

图7－48 “数据有效性”对话框（输入报错信息）

以上三个选项卡中均按要求输入了有关信息，最后单击“确定”按钮，系统返回原工作表界面，如图7－49所示。

	A	B	C	D	E
1	康康（koko）公司期货“数据有效”检测表				
2	产品名称	成货日期	原产地	规格	备注
3	天然橡胶		海南岛		×××
4	棉花		山东		×××
5	0# 锌		湖南		×××
6	1# 铜		江西		×××
7					
8				制表日期	2012.9.
9					

提示
请按
yyyy-mm-dd
格式 输入
2012-09-01
到2012-09-05的有效数据

图7－49 该表格具有报错功能

下面将对上述设置的“数据有效性”进行检验，如图7－50所示，具体操作如下。

第1步：选取B3单元格，输入一个符合要求的数据“2012－09－01”，系统认可。

选取B4单元格，输入一个符合要求的数据“2012－09－05”，系统认可。

选取B5单元格，输入一个符合要求的数据“2012－09－04”，系统认可。

第2步：选取B6单元格，输入一个超时的数据“2012－09－09”，系统即时报错，要求重输。

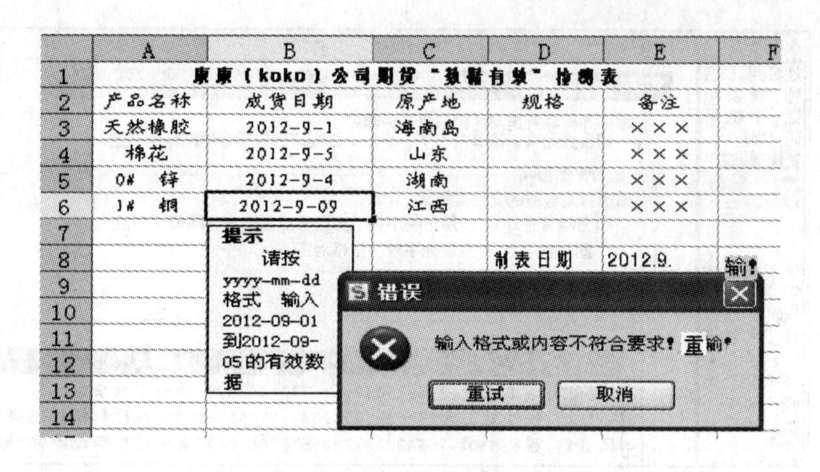

图7－50 对"数据有效性"进行检验示例

7.10 电子表格中数据分列的应用

前面提到WPS电子表格能广泛应用于财务、行政、金融、经济与统计领域，这是因为它能获取外部数据（比如某部门的职工工资数据、人事档案数据、统计局的统计数据等均放在相应的数据库里，如Access、dBASE、SQL Server或Web服务器上创建的数据库）。

WPS电子表格能：

（1）直接打开这些数据库，将其中的数据（数值数据、文本数据）调入WPS电子表格中，继续加工处理，获取有效信息。

（2）使用ODBC数据源连接向导，将外界数据库中的数据导入工作表，是一个与外界相当兼容的工作平台。

下面通过一则实例来演示其具体操作步骤。

如图7－51所示的文本框中有不规范的数据，拟通过电子表格进行"数据分列"处理而使其规范化。

（1）导入外界文本数据——先新建一个空白工作表，再选中上述文本数据（即将光标插入点移到文本框左上角，按住鼠标左键拖到右下角，选中后再单击工具栏中的"复制"按钮，此时文本数据已进入剪贴板），再粘贴到空白工作表的A1单元格中，如图7－52所示。

图7－51 文本框中的数据

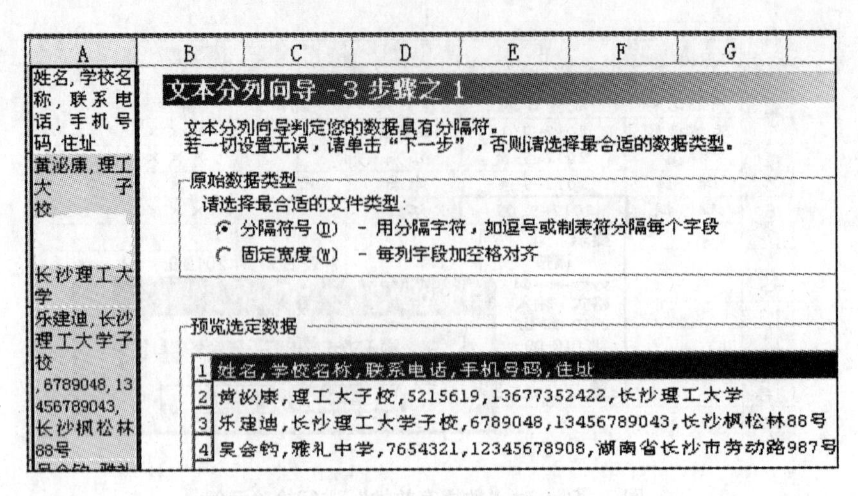

图 7 - 52　截取 A1 单元格部分画面

（2）选定 A 列，在菜单栏上选择“数据 | 分列”，系统弹出“文本分列向导 - 3 步骤之 1”对话框，如图 7 - 53 所示。

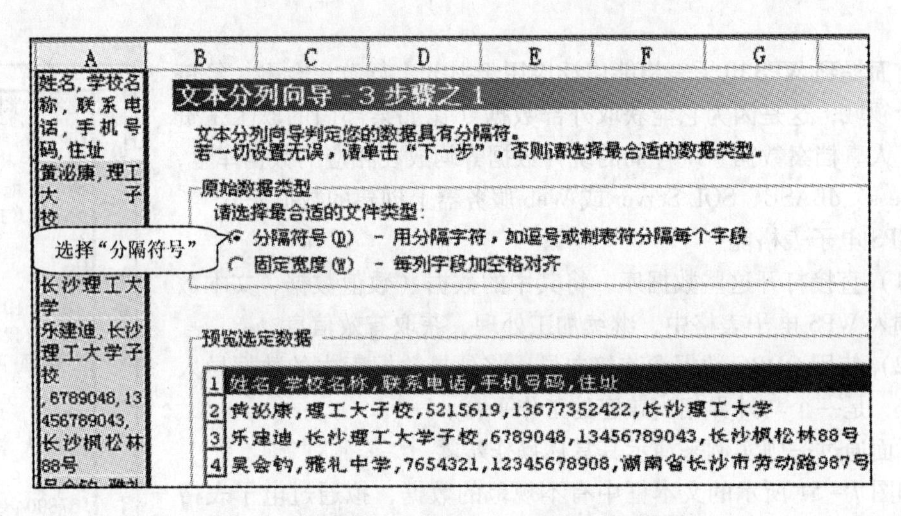

图 7 - 53　“文本分列向导 - 3 步骤之 1”对话框

（3）根据文本的基本特征选择适合的文本类型，本例选择的是“分隔符号”。单击“下一步”，进入“文本分列向导 - 3 步骤之 2”对话框，如图 7 - 54 所示。

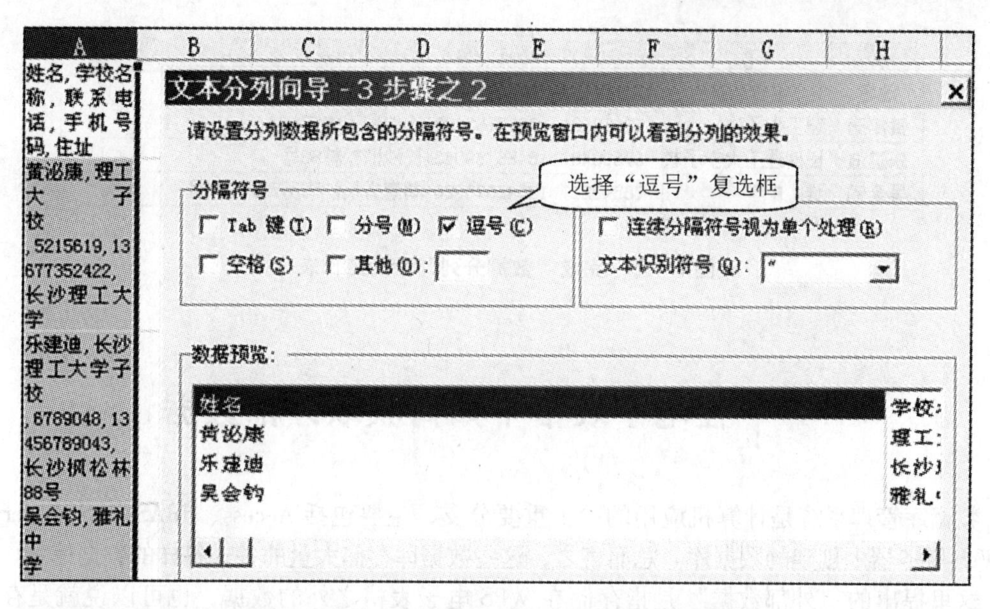

图7-54 “文本分列向导-3步骤之2”对话框

（4）做进一步的设置。在分隔符号中选择“逗号”复选框，其他设置为默认值。单击“下一步”按钮，系统弹出“文本分列向导-3步骤之3”对话框，如图7-55所示。

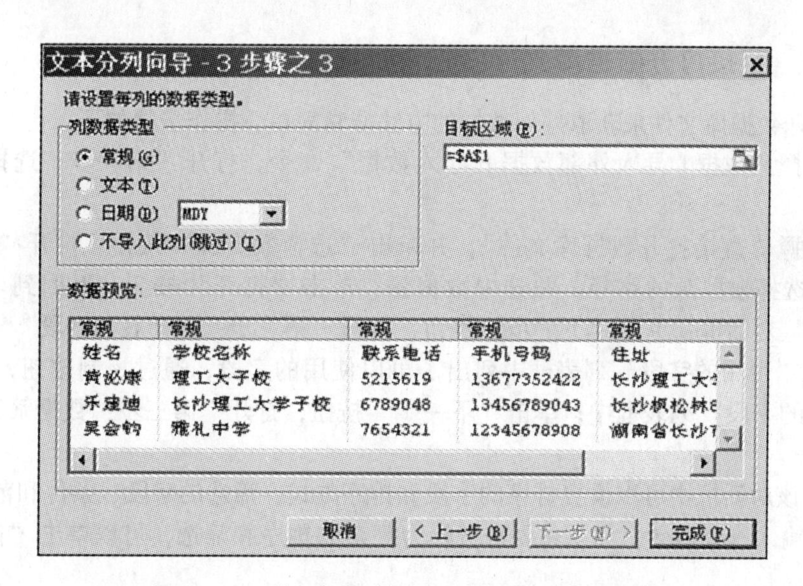

图7-55 “文本分列向导-3步骤之3”对话框

在文本向导的第3个步骤可设置每列的数据类型。例如将第2列和第3列设置为“文本”；否则，数据将在分列后舍去最前面的“0”（如07315215619变为数值数据7315215619）。

（5）单击“完成”按钮，结果如图7-56所示。

A	B	C	D	E	F
姓名	学校名称	联系电话	手机号码	住址	
黄泌康	理工大子校	5215619	13677352422	长沙理工大学	
乐建迪	长沙理工大学子校	6789048	13456789043	长沙枫松林88号	
吴会钧	雅礼中学	7654321	12345678908	湖南省长沙市劳动路987号	

图 7－56　完成“数据分列”后的工作表

7.11　在电子表格中如何获取外部数据

数据库管理系统是计算机应用的一个重要分支，主要包括 Access、dBASE、SQL Server 或 Web 服务器上创建的数据库。总而言之，这些数据库存储大量的各式各样的数据信息。

这里提出的“外部数据”是指存储在 WPS 电子表格之外的数据，也可以说就是存储在上述数据库中的原始数据。

通过“数据”菜单中的“导入外部数据”命令，可将大多数数据源中的数据导入 WPS 电子表格，继续加工处理，获取有效信息。获取外部数据有两种方法，下面详细介绍。

7.11.1　直接打开数据库文件

直接打开数据库文件来获取外部数据的方法非常简单，操作步骤如下。

（1）选择“数据 | 导入外部数据 | 导入数据”命令，打开“第一步：选择数据源”对话框。

（2）选择“直接打开数据库文件”，并单击“选择数据源”按钮；打开“打开”对话框，从中选择数据源的路径，并选中数据源；单击“打开”按钮，返回到“第一步：选择数据源”对话框；单击“下一步”按钮，打开“第二步：选择表和字段”对话框。

（3）在“可用的字段”列表框中列出了可以使用的字段，通过控制按钮，将字段添加到“选定的字段”列表框中；单击“下一步”按钮，打开“第三步：数据筛选与排序”对话框。

（4）在该对话框中可以设置排序的字段和排序方式，筛选的字段、条件和范围，同时还可以直接输入查询语句。如果想要进行较为复杂的排序和筛选，可以单击“高级查询”按钮。

（5）单击“下一步”按钮，打开“第四步：预览”对话框。

7.11.2　使用 ODBC 数据源连接向导

开机进入 Windows 界面，双击 WPS 电子表格图标，进入电子表格界面。

第 1 步：选择“数据 | 导入外部数据 | 导入数据”命令，如图 7－57 所示。

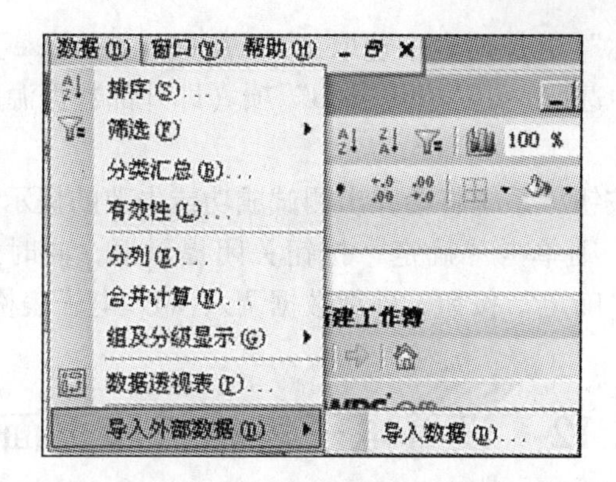

图7-57 “数据|导入外部数据|导入数据”命令

系统弹出“第一步：选择数据源”对话框，如图7-58所示。

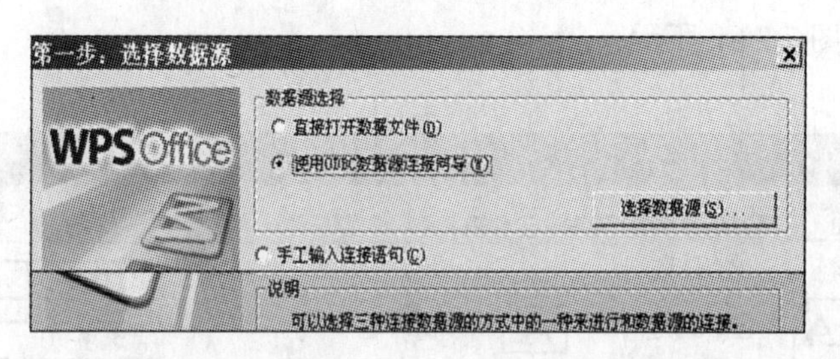

图7-58 “第一步：选择数据源”对话框

第2步：在“选择数据源”选项组中，选取“使用ODBC数据源连接向导”，单击“选择数据源”，系统弹出“数据链接属性”对话框，如图7-59所示。

选取其中的“Microsoft OLE DB Provider for ODBC Drivers”项。

第3步：单击“下一步”，系统弹出“数据链接属性”的“连接”选项卡，如图7-60所示。

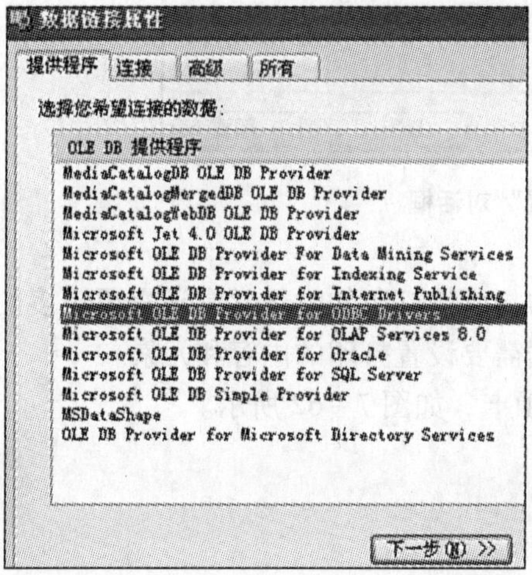

图7-59 “数据链接属性”对话框

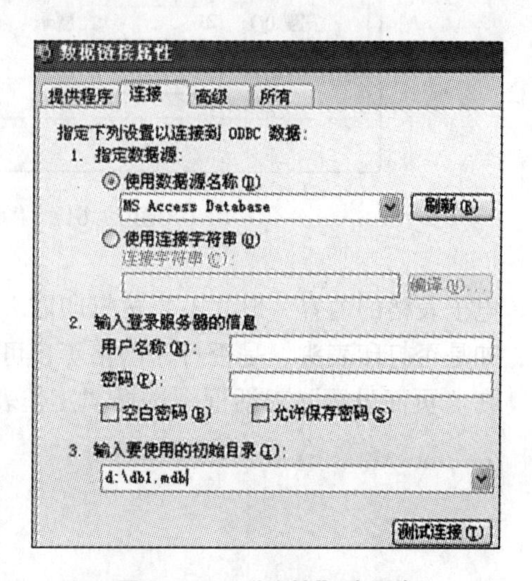

图7-60 “连接”选项卡

在“使用数据源名称”下拉列表中选取“MS Access Database”项；在“输入要使用的初始目录”下拉列表中选取“d:\ db1. mdb”项（即外部数据源所在的盘符、路径、文件夹、数据库文件名）。

单击“测试连接”按钮，系统将会弹出测试成功或失败的提示框。如果数据源提供的数据、格式等符合要求，则单击“确定”按钮关闭提示框，同时返回“数据链接属性”对话框，在此框中单击“确定”按钮，外部数据调入 WPS 电子表格成功。

7.12 设置电子表格打印页面

通过“页面设置”，对页面、页边距、页眉和页脚、工作表进行相关的设定，以达到用户要求。进行“页面设置”的操作方法：选择“文件 | 页面设置”命令，打开“页面设置”对话框，如图 7－61 所示。

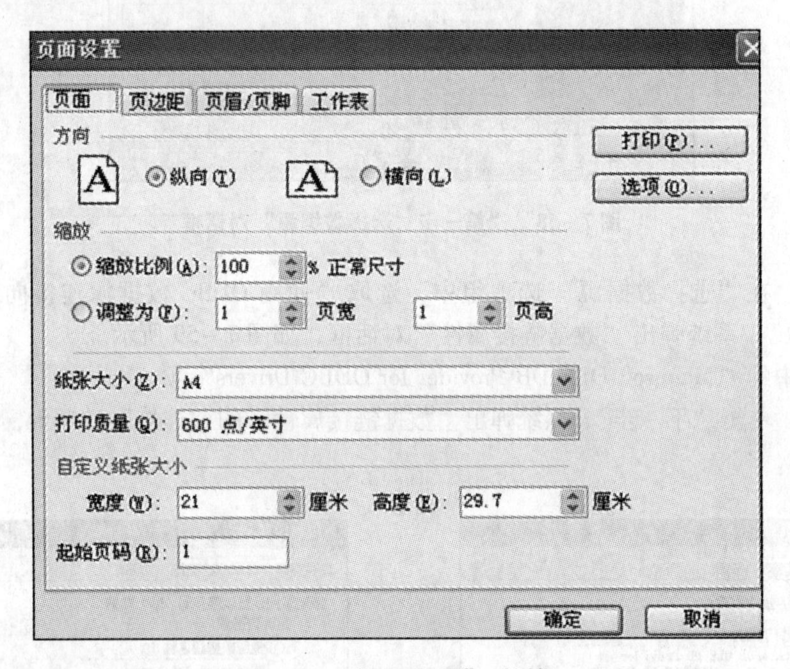

图 7－61 “页面设置”对话框

电子表格的内容一般并不是按打印需求编排的，所以打印的时候常常还需要更多的设置，如是否打印表头、是否打印网格等，可以根据需要设置打印的内容和元素。

在“页面设置”对话框中选择“工作表”选项卡，如图 7－62 所示。

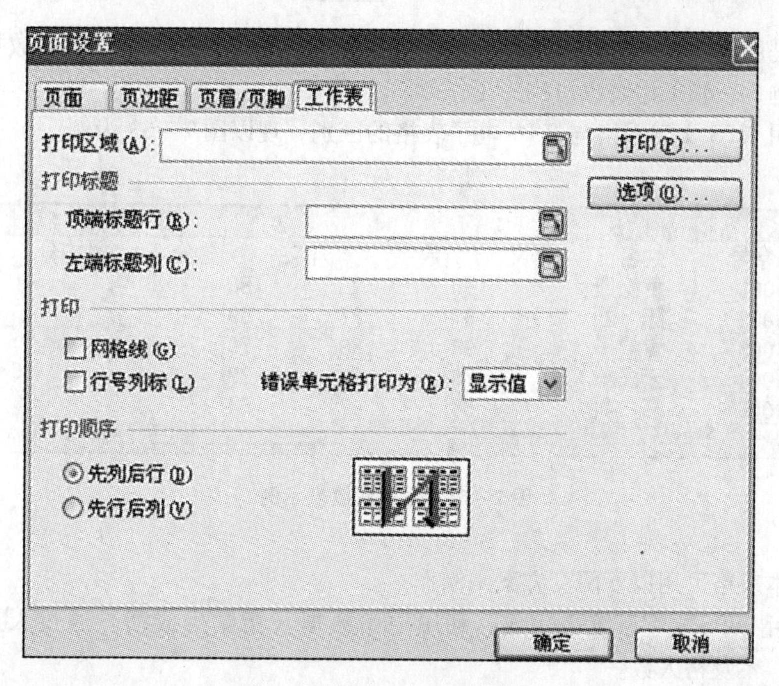

图7－62 “工作表”选项卡

“工作表”选项卡中的各选项功能如下。

（1）打印区域——可以设置要打印的区域，直接在“打印区域”输入要打印区域的引用或用鼠标选定要打印的区域。当然也可同时设置多个打印区域，区域引用之间用逗号隔开。

（2）打印标题——如果要使每一页上都打印列标志，将“顶端标题行”微调框调整到列标志所在行的行号或直接输入列标志所在行的行号；如果要使每一页上都打印行标志，将“左端标题列”微调框调整到列标志所在列的列标或直接输入列标志所在列的列标。

（3）打印网格线——可以选择打印网格线或者不打印，还可以单独选择打印水平网格线或打印垂直网格线。当你选择不打印网格线时，打印工作表的速度会快点。

（4）打印行号列标——选中“行号列标”复选框，在打印时打印行号和列标。

（5）打印顺序——可以选择“先列后行”或“先行后列”的顺序打印。

7.13　电子表格中的计算

特别强调电子表格不同于普通表格：普通表格属于 WPS 文字的范围，前面已学习过可以在文件中插入各式各样的表格，关键的是这些表格中的数据，全是“死的”，制表时输入的数据是多少，打印出来就是多少，固定不变；而电子表格是动态的，在默认状态下，打开表格时电子表格会自动计算带有公式的工作簿（一叠工作表组成工作簿，更通俗地说，账簿是由很多页组成，每页都有原始数据，也有局部经过人工计算的数据）统计数据。作为特例，一张工作表也可称为工作簿。

为了说明WPS文字表格与WPS电子表格的区别，现以图7－63为例。

	A	B	C	D	E	F	G
2	学号	姓名	语文	数学	外文	总分	平均分
3	001	黄泌康	90	98	88		
4	002	陈　西	67	87	89		
5	003	黄粒子	98	89	79		
6	004	云民承	76	84	79		
7	005	高　兵	56	67	84		

Sheet1 / Sheet2 / Sheet3

图7－63　学生成绩表示例

很明显本表格可用以下两套方案来制作：

（1）可用WPS文字系统来完成，利用原始数据（指学生成绩）通过人工来计算总分、平均分、不及格人数。

（2）用WPS电子表格完成，其中学生的总分可在F3单元格中输入公式“＝C3＋D3＋E3”，再利用填充柄求出每个学生的总分；也可利用求和函数“SUM（C3：E3）”来完成。而各门课程的不及格人数可用逻辑判断函数“COUNTIF（ ）”来完成。

我们可以模拟教材上的步骤边学边练，将上表做出来。

（1）开机进入Windows平台，双击WPS电子表格图标，进入电子表格系统，屏幕上显示出一张空白表格，如图7－64所示。

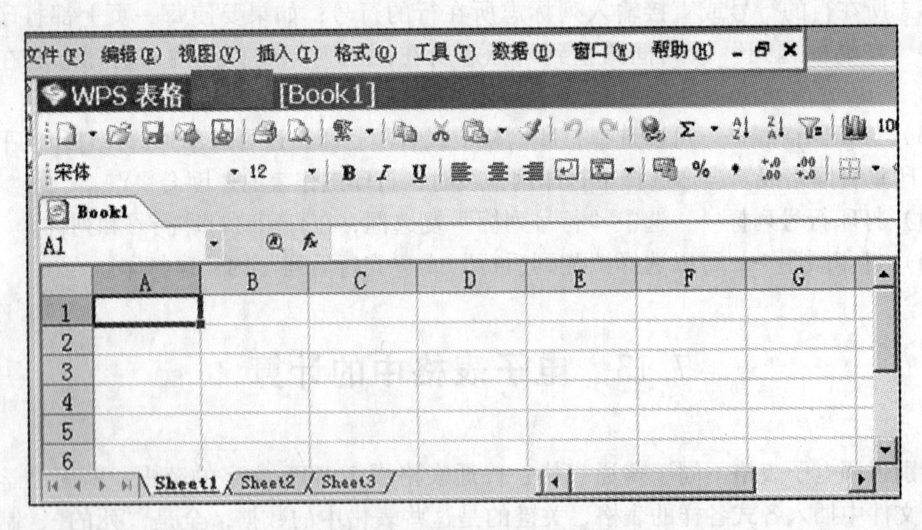

图7－64　Book1空白表格

该空白表格的文件名系统定义（规定）为Book1，这里向你提出一个问题：当这张表的有关数据（文本数据或数值数据）、计算公式等全部完成后要保存文件（存盘）时，能用这个文件名“Book1. dls”吗？回答是：绝对不行，一定要换名存盘。为什么？因为每次开机进入 WPS 电子表格，它都规定为 Book1、Book2、Book3，到时将会出现大量同名文件。回顾前面所学的“盘符、路径（文件夹）和文件名”的概念，我们知道在同一个文件夹中，聪明的电脑绝不允许同名文件的存在，要么后者（指文件内容）覆盖前者，强调“后入为主”；要么就需要给文件改名。更通俗地说，在同一个班里（本处理解为文件夹），若有好几个同名同姓的“张三”，则给大家特别是班主任添多少麻烦？

（2）为嵌入表头（标题）——“学生成绩表”准备区域，需将 A1 ~ G1 共 7 个单元格合并，故将鼠标移到 A1 单元格的右下角，当指针变为“十”字形时按住鼠标左键水平方向拖到 G1 单元格（按住鼠标左键由 A1 单元格拖到 G1 单元格也可以），即选中 A1 ~ G1 共 7 个单元格，然后单击工具栏中的“合并单元格”按钮。这时 A1 ~ G1 区域由深色变为白色并合成了一个单元格，即为嵌入表头（标题）——“学生成绩表”做好了准备。

（3）从键盘上输入“学生成绩表”，并在“学”字的左边添加适当的空格，将表头“学生成绩表”移到 A1 ~ G1 的中间。

（4）对表头做文字编辑工作。选中表头（即“学生成绩单”）后，直接单击“文字”工具栏中的“字号”下三角按钮，选中文字大小（此处为 13 号字）；再单击“字体”下三角按钮，选取字体（此处为宋体）。或者单击主菜单栏中的“格式 | 设置单元格格式”命令，如图 7 - 65 所示。

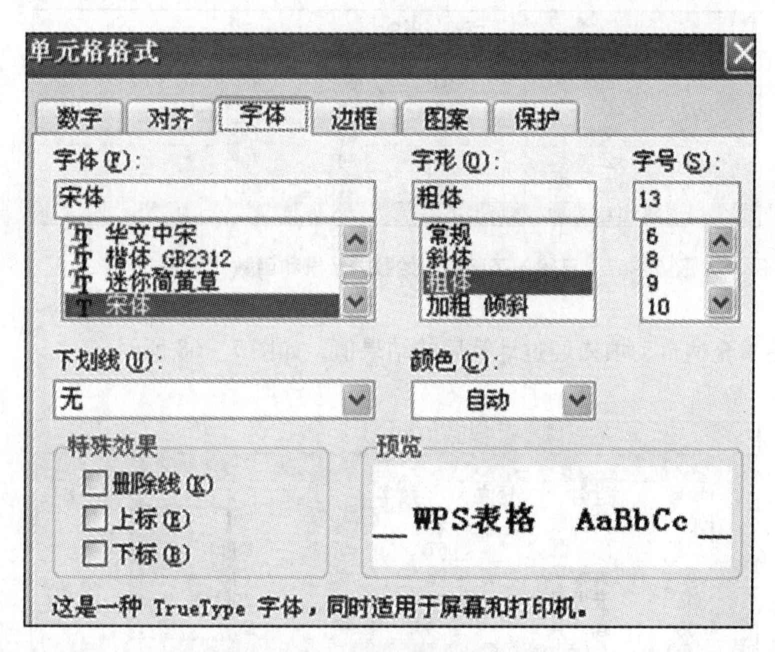

图 7 - 65 “单元格格式”对话框

（5）在表中输入原始数据：在 A2 单元格中输入文本数据“学号”，在 B2 单元格中输入“姓名”等，在 G2 单元格中输入“平均分”。

（6）准备在 A3 单元格输入“学号”的具体数值——001（三位），但按 WPS 电子表格的定义，将把 001 作为数值数据处理变成 1。为了定义为文本数据“001”，先在 A3 中输入西文的单撇号“ ' ”（而不是中文的逗号）便可完成定义。同样可以利用填充柄提高录入效率，不过要在 A3 中输入“'001”，在 A4 中输入“'002”后，填充柄才发挥作用。

注意：本处填充柄自动填充学号的操作过程请参阅图 7－7 拖动“填充柄”的过程。

现在已输入了所有原始数据，如图 7－66 所示。

F3 =c3+d3+e3

	A	B	C	D	E	F	G
3	001	黄泌康	90	98	88	=c3+d3+e3	
4	002	陈 西	67	87	89		
5	003	黄粒子	98	89	79		
6	004	云民承	76	84	79		
7	005	高 兵	56	67	84		

Sheet1 / Sheet2 / Sheet3

图 7－66 已输入了所有原始数据

（7）由电脑来求总分和平均分。选中 F3 单元格，输入求总分的公式：可以用“＝C3＋D3＋E3”公式求总分；亦可用求和函数“SUM（ ）”，输入“＝SUM（C3：E3）”，如图 7－67 所示。

F3 =sum(c3:e3)

	A	B	C	D	E	F	G
3	001	黄泌康	90	98	88	=sum(c3:e3)	
4	002	陈 西	67	87	89	SUM (数值1, ...)	
5	003	黄粒子	98	89	79		
6	004	云民承	76	84	79		
7	005	高 兵	56	67	84		

Sheet1 / Sheet2 / Sheet3

图 7－67 已输入了所有原始数据及求和函数“SUM（ ）”

然后利用填充柄自动填入经过计算后的结果值，如图 7－68 所示。

F3 =sum(c3:e3)

	A	B	C	D	E	F	G
2	学号	姓名	语文	数学	外文	总分	平均分
3	001	黄泌康	90	98	88	276	
4	002	陈 西	67	87	89	243	
5	003	黄粒子	98	89	79	266	
6	004	云民承	76	84	79	239	
7	005	高 兵	56	67	84	207	

Sheet1 / Sheet2 / Sheet3

图 7－68 利用填充柄自动填入结果值

(8) 完成最后一项——求平均分。可用求平均值函数“AVERAGE（ ）”，在 G3 单元格中输入计算函数“=average（C3：E3）”，如图 7-69 所示。

G3 =average(c3:e3)

	B	C	D	E	F	G	H
2	姓名	语文	数学	外文	总分	平均分	
3	黄泌康	90	98	88	276	=average(c3:e3)	
4	陈 西	67	87	89	243	AVERAGE (数值1, ...)	
5	黄粒子	98	89	79	266		
6	云民承	76	84	79	239		
7	高 兵	56	67	84	207		

Sheet1 / Sheet2 / Sheet3

图 7-69　输入求平均值函数“AVERAGE（ ）”

然后利用填充柄自动填入平均分，如图 7-70 所示。

G5 =average(c5:e5)

	B	C	D	E	F	G
2	姓名	语文	数学	外文	总分	平均分
3	黄泌康	90	98	88	276	92
4	陈 西	67	87	89	243	81
5	黄粒子	98	89	79	266	#########
6	云民承	76	84	79	239	#########
7	高 兵	56	67	84	207	69

Sheet1 / Sheet2 / Sheet3

图 7-70　求出平均分

黄粒子、云民承两人的平均分为“#########”符号，其他同学的总分正好被 3 整除，因而平均分为整数，能够正常显示出来。

其中黄粒子的平均分为 266÷3=88.6666……出现循环小数，其位数超过单元格的规定宽度，电脑无法显示，因此用#号显示。如何解决暂留给读者动脑筋。

(9) 将文件 Book1 存盘，否则关机以后什么都丢了。既然是保存到电脑的外部存储器（硬盘）中，就应当考虑该文件放在哪一个盘上（C、D、E……）的哪一个文件夹中，并且文件必须更名。

现拟放在 D 盘的“康康”文件夹中，将 Book1 更名为“学生成绩表”。其操作如下。

①单击菜单栏“文件 | 另存为”命令，弹出“另存为”对话框，如图 7-71 所示。

图 7－71　“另存为”对话框

② 通过这 3 个按钮，从硬盘里找出“康康”文件夹。

③ 将“文件名”框中的“BOOK1”删除，再输入“学生成绩表”，最后单击“保存”，生成永久性的磁盘文件“学生成绩表.et”。

提问：这里选择的是“另存为”，用“文件|保存”命令行吗？什么情况下用“另存为”？什么情况下单击“保存”按钮？建议上机时都试一试。

（10）对“学生成绩表.et”电子表格进行检验和扩展。

① 因为电子表格会自动计算带有公式的工作表，特别当各数据或者表格结构发生变化时，电脑会自动检测到修改过的单元格，并对单元格重新进行计算。

为此，启动 WPS 电子表格，将“学生成绩表.et”调入屏幕，如图 7－72 所示。

学生成绩表.et *

C8　=average(c3:e7)

	B	C	D	E	F	G
1	学生成绩表					
2	姓名	语文	数学	外语	总分	平均分
3	黄淞康	90	98	88	276	92
4	陈　西	67			243	81
5	黄粒子	98	89	79	266	#########
6	云民承	76	84	75	235	#########
7	高　兵	56	67	84	207	69
8	全班总平均分	=average(c3:e7)				

将98改为96分

图 7－72　求出“全班总平均分”

将光标移到 C5 单元格，将“黄粒子”的语文成绩改为 96 分，并按回车键，看看总分和平均分有什么变化。这说明了什么问题？

② 在 B8 单元格输入“全班总平均分”，在 C8 单元格填入数据。

7.14 电子报表中函数调用举例——怎样让平均分更合理

WPS 电子表格为用户提供了丰富的函数，借助这些函数可以创建公式，对表格中的数据进行运算，更加方便快速。实际上我们在前面早已用上了函数，如求和函数“SUM ( )”、求平均值函数“AVERAGE ( )”、计数函数“COUNT ( )”……

在电子表格中，包括日期与时间、数学与三角函数、统计、查找与引用、文本、逻辑、信息、财务和工程函数等 9 大类函数。

(1) 日期与时间函数 15 个。

(2) 数学与三角函数 38 个，主要功能是对单元格内的数据进行常用的数学运算。

(3) 统计函数 19 个，主要功能是在选定范围内对单元格中的数据进行统计运算。

(4) 查找与引用函数 14 个，主要功能是查找工作表中的单元格。

(5) 文本函数 19 个，主要功能是对文本和字符串进行控制和处理。

(6) 逻辑函数 6 个，主要功能是进行逻辑判断和控制电子表格的公式计算。

(7) 信息函数 15 个，用于检验数值或引用类型，返回转化为数值后的值和查找错误值。

(8) 财务函数 16 个，可以用于财务计算，为财务分析提供了极大的方便。

(9) 工程函数 7 个，主要用于工程分析。

这些函数的具体使用方法可参阅 WPS 的《工作手册》，易学好用。现以统计函数中的“大函数 LARGE (array, k)、小函数 SMALL (array, k)”为例，以期举一反三。

所谓大函数 (LARGE) 指的是它能从某一数列中找出其中最大的一个数；反之，小函数 (SMALL) 指的是它能从某一数列中找出其中最小的一个数。

例如：学校举行演讲比赛，多位评委给选手打分，算平均分时要先去掉两个最高分和两个最低分，如何解决这一问题呢？打开 WPS 电子表格，实践一下吧！

第 1 步：录入各位选手的得分，如图 7 - 73 所示。

首页 | 选手得分.xls

K14

	A	B	C	D	E	F	G	H	I
1	选手	得分1	得分2	得分3	得分4	得分5	得分6	得分7	得分8
2	康康	8.9	9.5	8.6	9.5	8.7	9.8	9.6	9.5
3	丽子	9.8	9.8	9.9	8.9	8.8	9.5	9.5	9.7
4	沁康	9.8	9.8	9.7	9.8	9.5	8.9	8.8	9.4
5									

图 7 - 73　各位选手的得分

第 2 步：计算各位选手的两个最高分和两个最低分，如图 7 - 74 所示。

(1) 在 J2 格输入：“ = LARGE (B2: I2, 1)”，表示求 B2 ~ I2 格中最大（参数“1”）的值。

(2) 在 K2 格输入：“ = LARGE (B2: I2, 2)”，表示求 B2 ~ I2 格中第二大（参数“2”）的值。

J2 =LARGE(B2:I2,1)

	A	B	C	D	E	F	G	H	I	J	K
1	选手	得分1	得分2	得分3	得分4	得分5	得分6	得分7	得分8	最高分1	最高分2
2	康康	8.9	9.5	8.6	9.5	8.7	9.8	9.6	9.5	9.8	9.6
3	丽子	9.8	9.8	9.9	8.9	8.8	9.5	9.5	9.7	9.9	9.8
4	沁康	9.8	9.8	9.7	9.8	9.5	8.9	8.8	9.4	9.8	9.8

图 7－74　各位选手的两个最高分

（3）在 L2 格输入：“ = SMALL（B2：I2，1）”，表示求 B2 ~ I2 格中最小（参数“1”）的值。

（4）在 M2 格输入：“ = SMALL（B2：I2，2）”，表示求 B2 ~ I2 格中第二小（参数“2”）的值，如图 7－75 所示。

首页 | 选手得分.xls *

=SMALL(B2:I2,1)

	A	B	C	D	E	F	G	H	I	J	K	L	M
1	选手	得分1	得分2	得分3	得分4	得分5	得分6	得分7	得分8	最高分1	最高分2	最低分1	最低分2
2	康康	8.9	9.5	8.6	9.5	8.7	9.8	9.6	9.5	9.8	9.6	8.6	8.7
3	丽子	9.8	9.8	9.9	8.9	8.8	9.5	9.5	9.7	9.9	9.8	8.8	8.9
4	沁康	9.8	9.8	9.7	9.8	9.5	8.9	8.8	9.4	9.8	9.8	8.5	8.8

图 7－75　各位选手的两个最低分

（5）在 N2 格输入：“ = （SUM（B2：I2，）－SUM（J2：M2））/4”，表示用选手得分的和减去两个最高分、两个最低分后，再除以 4，以得到相对合理的平均分，如图 7－76 所示。

首页 | 选手得分.xls

=(SUM(B2:I2,)-SUM(J2:M2))/4

B	C	D	E	F	G	H	I	J	K	L	M	N
得分1	得分2	得分3	得分4	得分5	得分6	得分7	得分8	最高分1	最高分2	最低分1	最低分2	平均分
8.9	9.5	8.6	9.5	8.7	9.8	9.6	9.5	9.8	9.6	8.6	8.7	9.35
9.8	9.8	9.9	8.9	8.8	9.5	9.5	9.7	9.9	9.8	8.8	8.9	9.625
9.8	9.8	9.7	9.8	9.5	8.9	8.8	9.4	9.8	9.8	8.5	8.8	9.7

图 7－76　各位选手相对合理的平均分

（6）自动填充，即通过“填充柄”往下拉，求出所有的有用信息。

（7）最高分和最低分也可以用 MAX、MIN 函数来求。同样的道理，统计学生考试的平均成绩也可以去掉若干最低分再计算。

7.15　在电子表格中用图表显示数据实例

为了增强数据的说服力，使表格数据得以形象地表示出来，用户可以使用图表来显示数据。图表是分析数据最直观的方式，WPS 电子表格能根据表格数据自动生成各种类型的图表，如柱形图、折线图、面积图、饼图等 11 种图表，且各种类型之间可以方便地转换。本节内容就将介绍图表的结构、如何创建图表、设置图表的高级属性，并用实例输出图表等内容。

7.15.1 认识图表及其类型与结构

所谓图表，就是将表格以图的形式表达出来。既有表又有图，图表具有较好的视觉效果，可以方便用户查看数据的差异、图案和预测趋势。

图表可以使数据更加清晰易懂、形象直观，而且用户可以通过图表直接了解到数据之间的关系和变化趋势，从而为人们的思维、判断、多目标决策提供了强有力的科学依据。

1. 图表的类型

在WPS电子表格中一共提供了11种图表类型，它们分别是柱形图、条形图、折线图、饼图、XY散点图、面积图、圆环图、雷达图、气泡图、股价图以及自定义图表等，每一种图表类型中都有不同的样式以及配色方案以供选择，如图7-77所示。

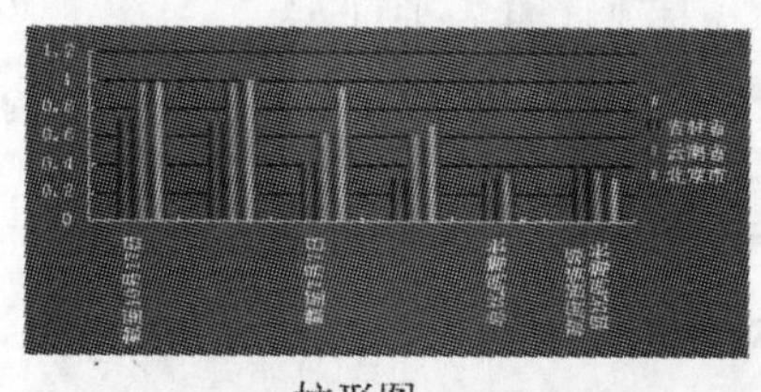

柱形图

条形图

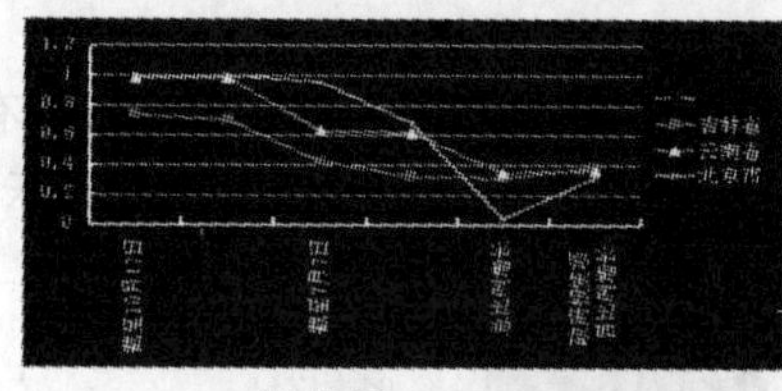

折线图

饼图

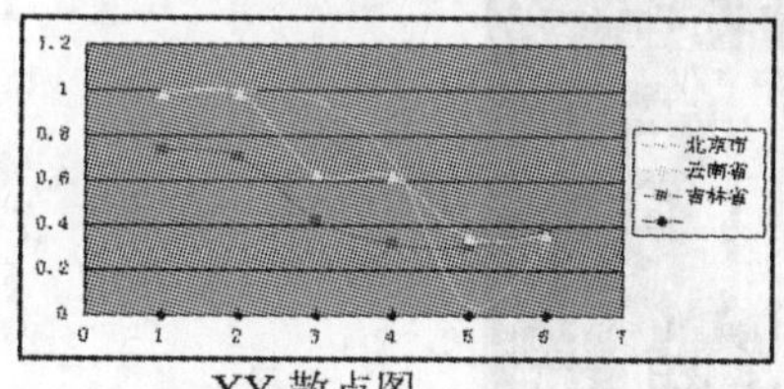

XY散点图

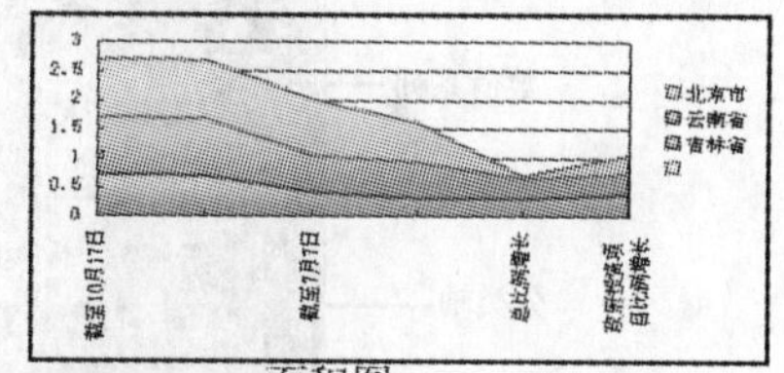

面积图

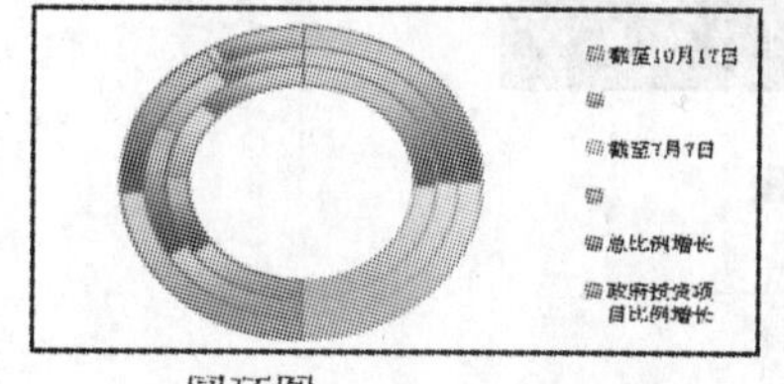

圆环图

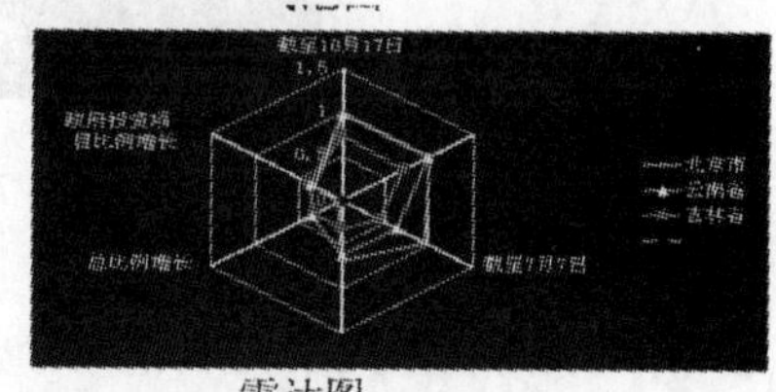

雷达图

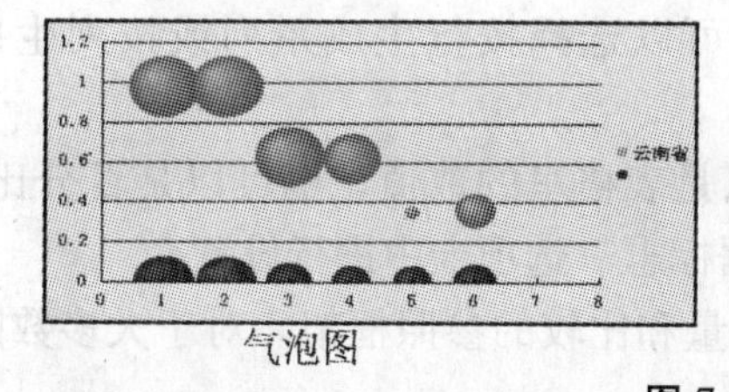

气泡图

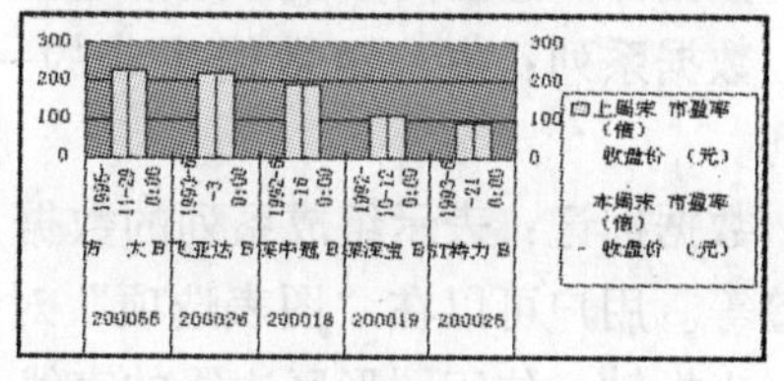

股价图

图7-77 部分图表效果图

图 7－78 为“图表类型”对话框。

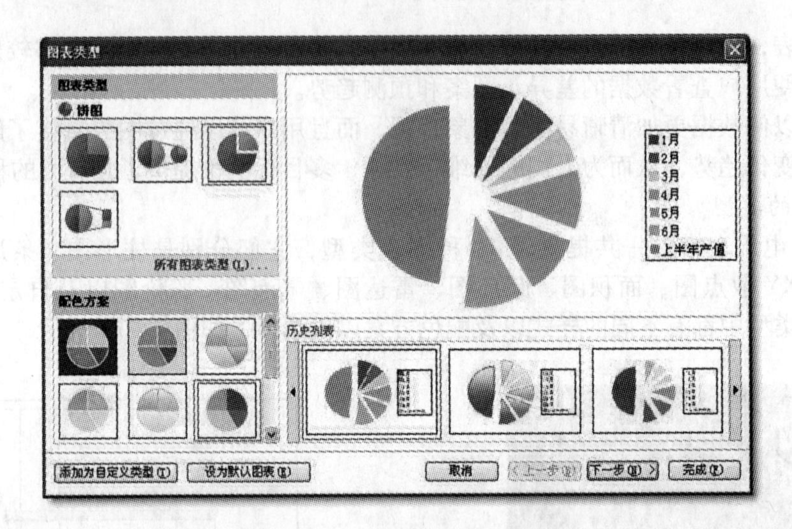

图 7－78　“图表类型”对话框

2. 图表的结构

一个图表由图表区域及区域中的图表对象，如标题、图例、数值轴、分类轴等组成，有些成组显示的图表对象，如图例、数据系列等各自又可以细分为单独的元素，如图 7－79 所示。

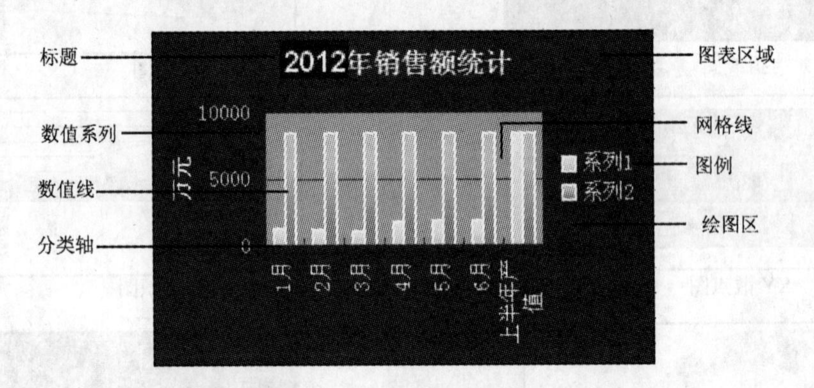

图 7－79　图表的结构图

一幅图表由以下元素构成：

数据源：这里的数据源是指建立图表所用到的数据区域。

数据系列：由一组数据生成的一个系列，用户可以选择按行生成系列或按列生成系列。

数据标记：表示组成系列的数据点的值。它可以是表格里的数值，也可以是百分比、标签等。用户可以在“图表选项”对话框中的“数据标志”选项卡中进行设置。

坐标轴：位于图形区边缘的直线，为图表提供计量和比较的参照框架。对于大多数图表，垂直的 Y 轴代表数值轴，水平的 X 轴通常代表数据分类。

图表标题：图表标题是说明性的文字，可以自动与坐标轴对齐或在图表顶端居中。

图例：显示数据系列名称及其对应的图案和颜色。

7.15.2 创建图表的具体操作举例

下面通过一个实例来说明创建图表的具体操作，从而达到抛砖引玉、举一反三的目的。图 7－80 所示为一份普通的报表（电子表格、工作表）。

WPS 表格 － [康康(koko)公司销售表.xls]

文件(F) 编辑(E) 视图(V) 插入(I) 格式(O) 工具(T) 数据(D) 窗口(W) 帮助(H)

首页 康康(koko)公司销售表...

H21

	A	B	C	D	E	F
1	康康（koko）公司2010年销售统计表					
2			一季度	二季度	三季度	四季度
3	洗衣机		324600	745600	548600	479500
4	电冰箱		268000	510000	418000	345000
5	电视机		178000	344000	296400	257500
6	空　调		151800	147500	154200	96500

图 7－80　一份普通的报表

下一步要将此表数据图形化，既有表又有图，具体操作如下。

第 1 步：选定用于创建图表的数据，在本表中，选择 A1：F6 单元格区域。

说明：本区域的大小（面积）是从第 1～6 行，从 A～F 列（相当于 6×6＝36 个单元格组成）。将光标插入点移到 A1 单元格并按住鼠标左键往右下角拖到 F6 单元格的右下角放松鼠标左键，则 A1～F6 单元格区域被选中。

第 2 步：单击“常用”工具栏中的“图表向导”按钮，或选择“插入”菜单中的“图表”选项，弹出如图 7－81 所示的“图表类型”对话框。

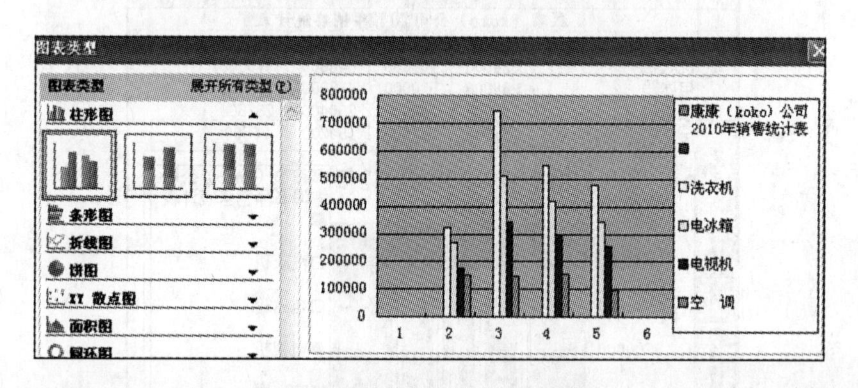

图 7－81　“图表类型”对话框

第 3 步：单击所需要的“图表类型”和“子图表类型”，这里选择“柱形图”的“簇状柱形图”。

第4步：单击“下一步”按钮，弹出“源数据”对话框。该对话框中有“数据区域”和“系列”两个选项卡。“数据区域”选项卡中的选项用于修改创建图表的数据区域，“系列”选项卡中的选项用于修改数据系列的名称、数值以及分类轴标志。

第5步：单击“下一步”按钮，弹出如图7－82所示的“图表选项”对话框。

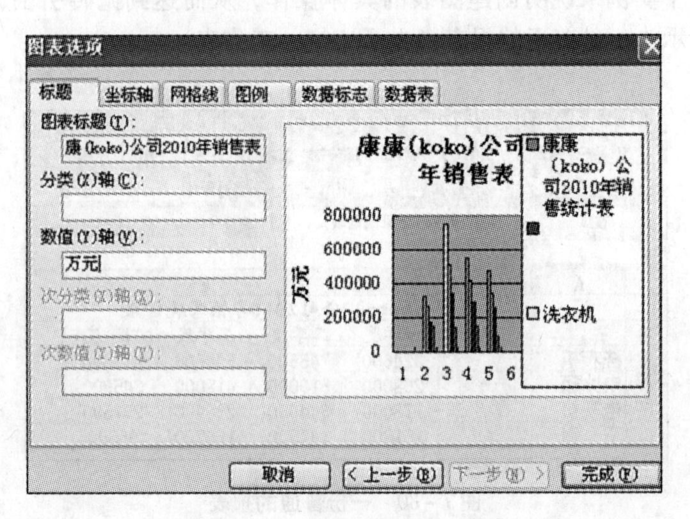

图7－82　“图表选项”对话框

该对话框中有“标题”、“坐标轴”、“网格线”、“图例”、“数据标志”和“数据表”6个选项卡，通过对相应选项卡中的选项设置可以改变图表中的对象。

例如，在“标题”选项卡的“图表标题”文本框中输入“康康（koko）公司2012年销售统计表”，在“数值（Y）轴”文本框中输入单位“万元”。

最后单击“完成”按钮，即可在当前工作表中插入一个图表，如图7－83所示。

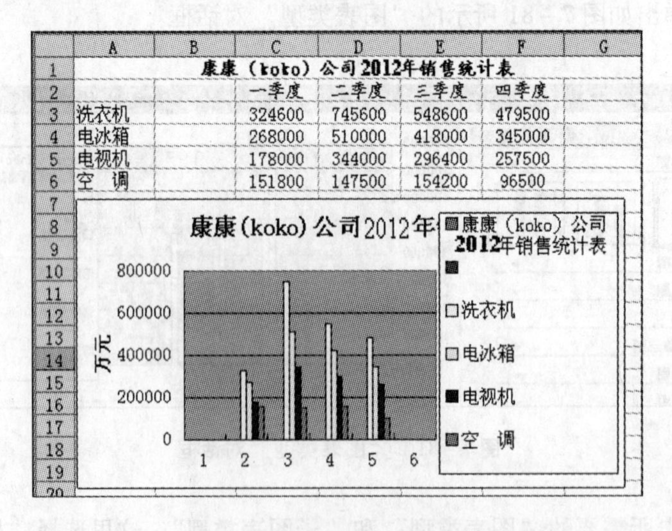

	A	B	C	D	E	F	G
1	康康（koko）公司2012年销售统计表						
2			一季度	二季度	三季度	四季度	
3	洗衣机		324600	745600	548600	479500	
4	电冰箱		268000	510000	418000	345000	
5	电视机		178000	344000	296400	257500	
6	空　调		151800	147500	154200	96500	

图7－83　生成一个图表示例

回顾以上操作，这很明显是由源表（工作表）生成一个图形化的数据关系。

7.16 新生电脑分班

以下是由 WPS Office 官网提供的某校教务部门对新生分班的实际例子，本内容对电脑办公人员来说是很具代表性、趣味性，值得认真学习的。（注：该实例原数据量很大，为提高可读性特采用模拟数据）

第1步：听取要求、领会精神。

校长对初一新生的基本情况作了简单介绍：新生共52人，其中男生27人，女生25人。分班要求如下：

（1）新生共分5个班，其中4班、5班为实验班，要求入学成绩相对比较优秀；

（2）要求各班人数尽可能相同，且每班的男女生比例相当；

（3）两个实验班每班10人，要将男、女生中的前8名（共16名学生）平均分入两个实验班；

（4）两个实验班其余2名学生的成绩应与普通班前2名学生的成绩大体相当；

（5）两个实验班之间、3个普通班之间学生成绩及各个分数段人数基本持平；

（6）按要求对部分特招生进行分班，特招生大致可分为以下3种情况：

第一种，点名要求进入某教师（教练）所带的实验班。

第二种，进入任何一个实验班均可。

第三种，如果按成绩排进不了实验班，则进入某教师（教练）所带的普通班。

明确分班要求以后，用电子表格来完成，其操作思路如下。

（1）每个学生都有一个总分，也可理解为一个总分就代表一个同学。先对总分由高分到低分进行排序（降序）；再对性别（男、女）进行排序（结果是女同学排在前面，而男同学排在后面），假设将52个总分，分别送入I1、I2、I3、……I52号单元，用数轴描述如图7-84所示。

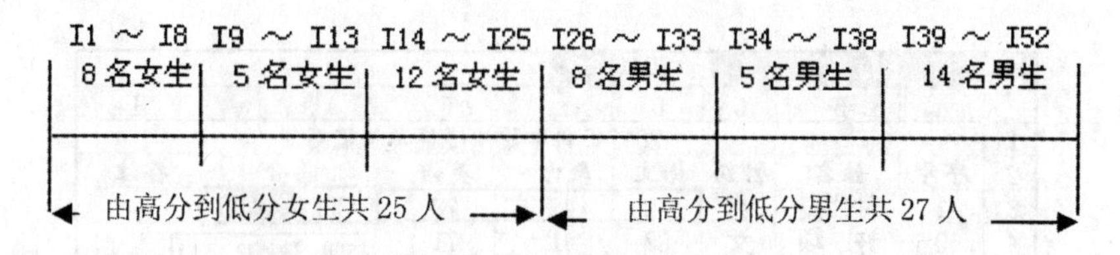

图7-84　用数轴描述示意图

（2）由高分到低分，男、女各抽8名分到两个实验班（但每班尚缺2人）。

（3）按要求余下2人的成绩要与其他3个普通班前2名学生的成绩大体相当，即理解成5个普通班，每班先分2人，需2人×5=10人，男女各半，即10人/2=5人。

由图7-84知：I1～I8（女生前8人），I9～I13（女生5人）；I26～I33（男生前8人），I34～I38（男生5人）。

(4) 开机进入电子表格工作簿，在“总分”单元格右侧的“I2”单元格内输入“备注”，并对照收集到的信息，将关系户子女的情况输入与该生信息相对应的单元格内，如图 7－85 所示。

WPS 表格 - [成绩表.xls *]

文件(F) 编辑(E) 视图(V) 插入(I) 格式(O) 工具(T) 数据(D) 窗口(W) 帮助(H)

首页 成绩表.xls *

	A	B	C	D	E	F	G	H
1	2012年初中新生摸底考试成绩表							
2	序号	姓名	性别	语文	数学	英语	总分	备注
3	1	付仕豪	男	78	42	78		
4	2	许　颂	女	82	41	71		
5	3	张映军	女	93	91	93		
6	4	刘桂开	男	77	35	68		
7	5	杨培连	男	93	98	91		进实验班
8	6	杨鸿伟	男	79	49	79		
9	7	朱　勇	男	80	30	38		
10	8	李欢观	女	86	61	84		

图 7－85　新生成绩表

第 2 步：计算总分、排出名次。

要想按要求完成分班任务，需要先将每位新生的总分计算出来，再按照总分进行排名，操作如下。

(1) 用鼠标单击 G3 单元格，再单击“常用”工具栏上的“自动求和”命令，你会发现在编辑栏里已经自动出现了相应公式“=SUM（D3：F3）”，按回车键确定后，第一位学生的总分已经被计算出来了，如图 7－86 所示。

G3　=SUM(D3:F3)

	A	B	C	D	E	F	G	H
1	2012年初中新生摸底考试成绩表							
2	序号	姓名	性别	语文	数学	英语	总分	备注
3	1	付仕豪	男	78	42	78	=SUM(D3:F3)	
4	2	许　颂	女	82	41	71	SUM (数值1, ...)	
5	3	张映军	女	93	91	93		
6	4	刘桂开	男	77	35	68		
7	5	杨培连	男	93	98	91		进实验班
8	6	杨鸿伟	男	79	49	79		
9	7	朱　勇	男	80	30	38		
10	8	李欢观	女	86	61	84		

图 7－86　“自动求和”命令

或者在 G3 单元格输入公式“= D3 + E3 + F3”后按回车键，如图 7－87 所示。

G3 =D3+E3+F3

	A	B	C	D	E	F	G	H
1	2012年初中新生摸底考试成绩表							
2	序号	姓名	性别	语文	数学	英语	总分	备注
3	1	付仕豪	男	78	42	78	=D3+E3+F3	
4	2	许　颂	女	82	41	71		
5	3	张映军	女	93	91	93		
6	4	刘桂开	男	77	35	68		
7	5	杨培连	男	93	98	91		进实验班
8	6	杨鸿伟	男	79	49	79		
9	7	朱　勇	男	80	30	38		
10	8	李欢观	女	86	61	84		
11	9	刘志权	男	89	74	78		

图7-87　输入加法公式求和

（2）将鼠标指针移到G3单元格右下角的填充柄（该单元格右下方的黑色小方块）上，当鼠标指针变为“十”字形时，按住鼠标左键并向下拖动到与最后一位新生总分对应的单元格（G54）上，松开鼠标以后，你会发现所有新生的总分都已经被计算出来了，如图7-88所示。

首页　成绩表.xls *

G3 =SUM(D3:F3)

	A	B	C	D	E	F	G	H
1	2012年初中新生摸底考试成绩表							
2	序号	姓名	性别	语文	数学	英语	总分	备注
3	1	付仕豪	男	78	42	78	198	
4	2	许　颂	女	82	41	71		
5	3	张映军	女	93				
6	4	刘桂开	男	77				
7	5	杨培连	男	93	98	91		进实验班
8	6	杨鸿伟	男	79	49	79		
9	7	朱　勇	男	80	30	38		
10	8	李欢观	女	86	61	84		
11	9	刘志权	男	89	74	78		

图7-88　通过填充柄求出全部总分

（3）用鼠标选中G2这一列单元格，再单击“常用”工具栏上的“降序排序”命令。这时，全体新生的总分排序已经完成，不过是男女生混合大排名，如图7-89所示。

	A	B	C	D	E	F	G	H
1	2012年初中新生摸底考试成绩表							
2	序号	姓名	性别	语文	数学	英语	总分	备注
3	5	杨培连	男	93	98	91	282	进实验班
4	3	张映军	女	93	91	93	277	
5	50	轩观香	女	93	89	92	274	
6	31	钟仅住	女	91	92	89	272	
7	19	李　观	男	89	90	92	271	
8	15	张　军	男	89	87	93	269	
9	49	陈　西	女	89	89	88	266	
10	43	王民乍	男	77	87	94	258	
11	20	曾红可	女	78	87	91	256	

图7-89　新生的总分由高分排到低分

（4）用鼠标选中 C2 这一列单元格（性别），再单击"常用"工具栏上的"降序排序"命令。这一次是先按照总分高低对女生排序，再按照总分高低对男生排序，如图 7－90 所示。

注意：前面已介绍汉字是可以排序的，是按汉字的拼音顺序，"女">"男"，故女同学的记录数据排在男同学的前面。

	A	B	C	D	E	F	G	H
1	2012年初中新生摸底考试成绩表							
2	序号	姓名	性别	语文	数学	英语	总分	备注
3	3	张映军	女	93	91	93	277	
4	50	轩观香	女	93	89	92	274	
5	31	钟仅住	女	91	92	89	272	
6	49	陈　西	女	89	89	88	266	
7	20	曾红可	女	78	87	91	256	
8	25	周贤红	女	77	89	88	254	
9	45	唐　丽	女	87	78	89	254	
10	29	赵思琼	女	87	85	78	250	
11	11	雷金华	女	84	77	88	249	

图 7－90　按照总分由高到低，先排女后排男

第 3 步：合理轮回、初定班级。

先在 I2 单元格内输入"班级"，然后再进行如下操作。

（1）由于男、女生的前 8 名要均衡分入两个实验班，所以先在 I2 单元格下面依次输入"4 班"、"5 班"、"5 班"、"4 班"……将女生中的前 8 名分入两个实验班，如图 7－91 所示。再拖动右侧的滚动条，找到与男生前 8 名对应的单元格（I26），依次输入"4 班"、"5 班"、"5 班"、"4 班"……将男生中的前 8 名也分入两个实验班。

	A	B	C	D	E	F	G	H	I
1	2012年初中新生摸底考试成绩表								
2	序号	姓　名	性别	语文	数学	英语	总分	备注	班级
3	3	张映军	女	93	91	93	277		5
4	50	轩观香	女	93	89	92	274		4
5	31	钟仅住	女	91	92	89	272		4
6	49	陈　西	女	89	89	88	266		5
7	20	曾红可	女	78	87	91	256		5
8	25	周贤红	女	77	89	88	254		4
9	45	唐　丽	女	87	78	89	254		4
10	29	赵思琼	女	87	85	78	250		5

图 7－91　女生的前 8 名均衡分入两个实验班

（2）现在两个实验班都还差 2 名学生，按照校长所讲的分班要求，这 2 名学生与其他班级前 2 名学生的成绩应大体相当，所以接下来执行以下操作：在 I9（女生第 9 名所对应的单元格）到 I13 单元格中依次输入"5 班"、"4 班"、"3 班"、"2 班"、"1 班"，将这 5 名女生均匀分入 5 个班级；再在 I34（男生第 9 名所对应的单元格）到 I38 单元格中依次

输入“5 班”、“4 班”、“3 班”、“2 班”、“1 班”，将这 5 名男生均匀分入 5 个班级。

（3）现在两个实验班的学生已经初步分配完毕，但 3 个普通班都只分配了 2 名学生，尚需将其余学生均衡地分入这 3 个普通班中。

继续执行如下操作：在 I14 到 I25（最后一名女生所对应的单元格）单元格中依次输入“1 班”、“2 班”、“3 班”、“3 班”、“2 班”、“1 班”……将剩余的 12 名女生均匀分入这 3 个班级；再在 I39 到 I53（最后一名男生所对应的单元格）单元格中依次输入“1 班”、“2 班”、“3 班”、“3 班”、“2 班”、“1 班”……将剩余的 14 名男生也均匀分入这 3 个班级。

（4）拖动鼠标选中第 2 行的相应单元格（即“序号”、“姓名”、“性别”、“语文”等所在的这一行），再依次单击“数据”菜单里的“筛选 | 自动筛选”命令，如图 7－92 所示。

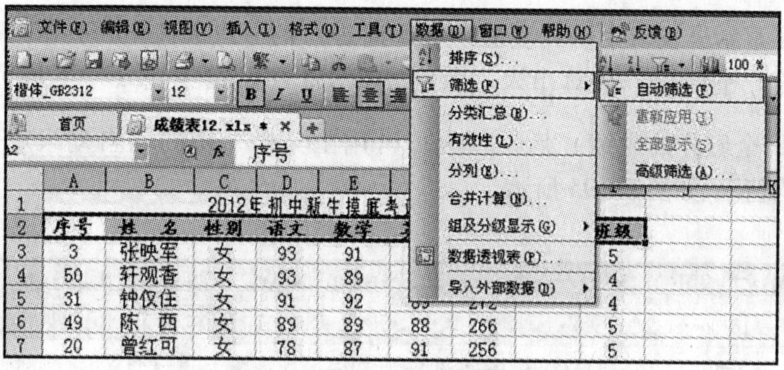

图 7－92 “筛选 | 自动筛选”命令

（5）当单击“自动筛选”后，该行各单元格右侧均出现一个下三角按钮，如图 7－93 所示。

	A	B	C	D	E	F	G	H	I
1	2012年初中新生摸底考试成绩表								
2	序号	姓　名	性别	语文	数学	英语	总分	备注	班级
3	3	张映军	女	93	91	93	277		5
4	50	轩观香	女	93	89	92	274		4
5	31	钟仅住	女	91	92	89	272		4
6	49	陈　西	女	89	89	88	266		5
7	20	曾红可	女	78	87	91	256		5
8	25	周贤红	女	77	89	88	254		4
9	45	唐　丽	女	87	78	89	254		4
10	29	赵思琼	女	87	85	78	250		5

图 7－93 “筛选 | 自动筛选”命令的结果界面

（6）单击“班级”右侧的下三角按钮，在弹出的下拉菜单中分别单击“1 班”、“2 班”、“3 班”、“4 班”、“5 班”，各班级所有学生的名单就显示出来了并进行打印，如图 7－94 所示。

1	2012年初中新生摸底考试成绩表								
2	序号	姓　名	性别	语文	数学	英语	总分	备注	班级
3	3	张映军	女	93	91	93	277		
4	50	轩观香	女	93	89	92	274		
5	31	钟仅仕	女	91	92	89	272		
6	49	陈　西	女	89	89	88	266		
7	20	曾红可	女	78	87	91	256		
8	25	周贤红	女	77					
9	45	唐　丽	女	87					
10	29	赵思琼	女	87	85	78	250		
11	11	雷金华	女	84	77	88	249		5班
12	26	曾　红	女	79	87	78	244		4班
13	24	王至平	女	89	67	87	243		3班

升序排列
降序排列
(全　部)
(前10个...)
(自定义...)
1班
2班
3班
4班
5班

显示打印各班名册

图7-94　单击“班级”右侧的下三角按钮

（7）为了显示全校新生班（实验班和普通班）的分班人性化（公平、公正、公开），必须将各班的“平均分”计算出来。为此，在C55单元格中输入“平均值”，鼠标选中D15～G53（即全班分数成绩）后，单击“常用工具栏”中的“自动求和”按钮 Σ ▾，再单击“平均值”，如图7-95所示。

文件(F)　编辑(E)　视图(V)　插入(I)　格式(O)　工具(T)　数据(D)　窗口(W)　帮助(H)　反馈(B)

宋体　12　100 %

首页　成绩表15.xls　成绩表12.xls *

D15　88

求和(S)
平均值(A)
计数(C)
最大值(M)
最小值(I)
其他函数(F)...

	A	B	C	D	E	F	G	H	I
1			2012年初中新生摸底考试成绩						
2	序号	姓　名	性别	语文	数学	英语			班级
15	10	蒋　涛	女	88	67	87	242		1班
16	16	刘　亮	女	92	65	78	235		1班
21	40	陈毛毛	女	67	77	87	231		1班
22	22	罗子林	女	67	76	78	221		1班
27	48	李文文	女	67	55	56	178		1班
40	9	刘志权	男	89	74	78	241		1班
41	14	蒋定才	男	78	84	78	240		1班
46	36	王道益	男	67	77	78	222		1班
47	41	钱学海	男	72	67	81	220		1班
52	4	刘桂开	男	77	35	68	180		1班
53	7	朱　勇	男	80	30	38	148		1班
55			平均分						
56									

图7-95　求各班平均分的操作过程

图7-96所示为各班花名册示例。

1	2012年初中新生摸底考试成绩表								
2	序号	姓　名	性别	语文	数学	英语	总分	备注	班级
3	3	张映军	女	93	91	93	277		5班
6	49	陈　西	女	89	89	88	266		5班
7	20	曾红可	女	78	87	91	256		5班
10	29	赵思琼	女	87	85	78	250		5班
11	11	雷金华	女	84	77	88	249		5班
28	5	杨培连	男	93	98	91	282	进5班	5班
31	43	王民乍	男	77	87	94	258		5班
32	21	邹高庄	男	89	89	78	256		5班
35	12	谭致付	男	76	83	89	248		5班
36	39	龙启生	男	87	67	91	245		5班
56			平均分	82.088235	77.264706	83.82353	243.176		

									I
									班级
									1班
									1班
									1班
									1班
									1班
									1班
									1班
									1班
47	41	钱学梅	男	72	67	81	220		1班
52	4	刘桂开	男	77	35	68	180		1班
53	7	朱　勇	男	80	30	38	148		1班
57			平均分	78.846154	69.769231	79.48718	228.103		

图7-96　各班花名册示例

但是，由于在这轮分班过程中没有考虑关系户子女的问题，所以接下来还需对个别学生的班级进行调整。

第4步：手工调整、确定分班。

出于种种原因，学校在分班过程中，需要考虑部分关系户的要求。个别关系户的要求在刚才的分班过程中已经得到了满足（如男生杨培连），就无需考虑了。对于其他关系户，只需根据实际情况进行调整即可。以女生刘亮为例（该生要求进入实验班，却被分进了1班，需要进行适当调整），调整思路如下。

（1）查看该生基本信息，为方便读者比较，现将该生信息列表如下：

姓名	性别	语文	数学	英语	总分	备注
刘亮	女	92	65	78	235	进实验班

（2）了解实验班中与该生性别相同且总分最为接近的学生的情况，现将相关学生信息列表如下：

姓名	性别	语文	数学	英语	总分	备注	班级
唐丽	女	87	78	89	254		4班
曾红	女	79	87	78	244		4班

（3）如果不需考虑其他因素，只需将女生刘亮与第二个表中的学生曾红进行对调即可。

第5步：分析结果、汇总上报。

分班工作已经基本结束，究竟能否满足校领导的要求，可以通过数字来说明。

从图 7－96 所示各班花名册来看，对各类成绩加以比较后，你会发现在 1～3 班的各类成绩之间、4～5 班的各类成绩之间虽然存在差距，但这种差距是非常小的，分班结果基本达到了校领导的要求。

7.17　期末制作学生成绩分类汇总表

7.16 节内容具代表性，更具现实性、技巧性，在该节的基础上，本节进入 WPS 电子表格的核心内容，通过分类汇总示例从大量数据中获得重要信息。

学校共有 1 400 多学生，从一年级到六年级，共有 30 多个班级。要求算出所有学生的语文、数学、英语三门主课程的总分，班级平均分，年级平均分。必要时还要算出前若干名、优秀率、及格率和不及格率。“必要时”的问题留给读者进一步发挥和完善。（注：本例表格数据由 WPS 官网 luciferStar 提供）

现已将所有成绩汇总到下列表格中，如图 7－97 所示。

首页　201006学生成绩.xls

	A	B	C	D	E	F	G
2	年级	班级	姓名	语文	数学	英语	总分
3	一	一(1)	王馨怡	92.5	92	89	
4	一	一(1)	蒋诗茹	96	99	90	
5	一	一(1)	胡良雨	93.5	97	93	
6	一	一(1)	华晴	97.5	100	0	
7	一	一(1)	徐蕊	87.5	90.5	77	
8	一	一(1)	许瑾	90	94.5	77.5	
9	一	一(1)	吴芸	87	97	92	
10	一	一(1)	朱心怡	95.5	95.5	83	
11	一	一(1)	张之晔	91.5	96.5	88.5	
12	一	一(1)	陆映汝	89.5	95	91.5	
13	一	一(1)	周欣荷	96.5	99	89.5	
14							

Sheet1　Sheet2　Sheet3

图 7－97　学生期末成绩（原始数据）整合表

该表中，包含如下单元格（字段）：年级、班级、姓名、语文、数学、英语和总分。其中 A2 单元格的“数据”是文本型数据“年级”，从 A3 单元格开始往下（列）的“数据”是“一”、“二”、“三”、“四”、“五”、“六”，也就是从一年级到六年级，每一个年级有几个班不等；B8 单元格中的“一（1）”表示许瑾同学分在“一年级 1 班”，“一（2）”表示某同学分在“一年级 2 班”，一直到“一年级 6 班”；同理，就有“二（1）”、“二（2）”……“二（6）”分别表示二年级 1 班、二年级 2 班……二年级 6 班，直到六年级 6 班。

7.17.1 准备工作

数据有了却不好看，某些列太小了，数据挤在一起，看起来不美观。没关系，调整一下列宽即可。

调整列宽的方法有很多，下面介绍两种以供选用。

第一种方法：此方法能够精确地控制列的宽度。

右击所需要调整的列（如F列），在弹出的快捷菜单中选择“列宽”，弹出的“列宽”对话框如图7－98所示。

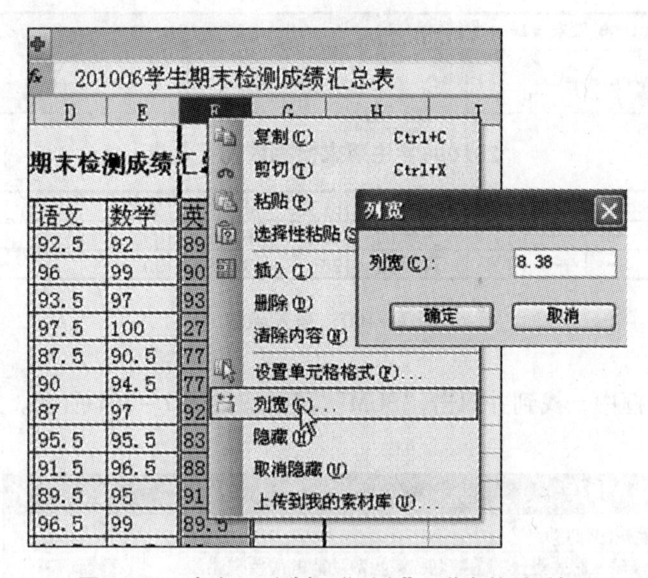

图7－98 右击F列选择“列宽”，弹出其对话框

输入你所需要的列宽数值（如8.38）后，按回车键或单击“确定”。

第二种方法：调整列宽的另一种更快捷的操作，就是用鼠标直接拖动。

移动鼠标指针到两列之间的竖线上，当鼠标指针呈双向箭头图案时，按住鼠标左键，拖动列与列之间的竖线，如图7－99所示。按住左键拖动竖线，拖动到适当位置后释放鼠标左键。如果此时你没有拖动，而是双击，则会自动将该列设定为“最适合的列宽”。

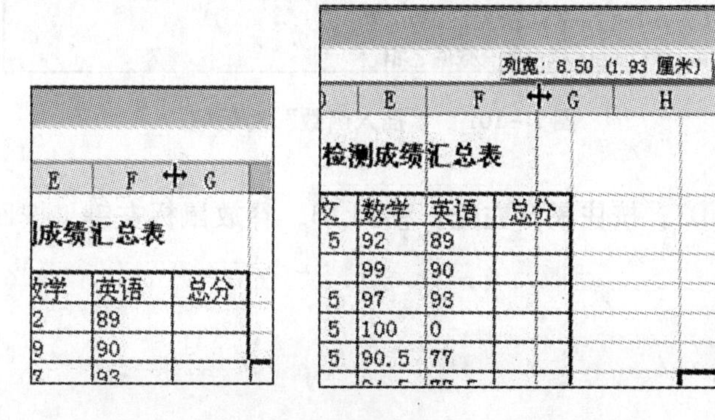

图7－99 鼠标指针移动到两列的中间呈双向箭头

提示：我们也可以在同时选中多列后，通过调整其中一列的列宽，一次性地对所有选中列的列宽进行调整（调整后，所有选中列的列宽都相等）。读者不妨试一试。

7.17.2 计算总分

总分的计算应该是比较简单的。

单击“总分”列中第一个要计算的单元格 G3，然后移动鼠标，单击公式工具栏的 fx 按钮，如图 7-100 所示。

201006_期末.xls

G3 | fx 插入函数

	A	B	C	D	E	F	G
1	201006学生期末检测成绩汇总表						
2	年级	班级	姓名	语文	数学	英语	总分
3	一	一（1）	王馨怡	92.5	92	89	
4	一	一（1）	蒋诗茹	96	99	90	

图 7-100　插入函数

在打开的对话框中，找到并双击“SUM”函数，如图 7-101 所示。

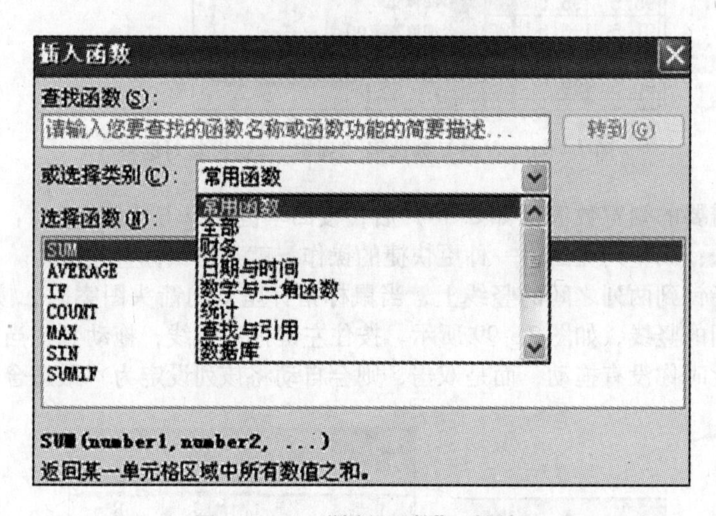

图 7-101　“插入函数”对话框

鼠标指针移动到 D3，按住鼠标左键，移到 F3，释放鼠标左键，按回车键，如图 7-102 所示。

201006_期末.xls *

1R x 3C　=SUM(D3:F3)

	A	B	C	D	E	F	G	H
1	201006学生期末检测成绩汇总表							
2	年级	班级	姓名	语文	数学	英语	总分	
3	一	一（1）	王馨怡	92.5	92	89	=SUM(D3:F3)	
4	一	一（1）	蒋诗茹	96	99	90	SUM (数值1, ...)	
5	一	一（1）	胡良雨	93.5	97	93		
6	一	一（1）	华晴	97.5	100	0		

图 7－102　用鼠标选择要参与计算的单元格

如果你对函数比较熟练，那么按照下面的方法，会让你的操作更快捷：单击单元格 G3，键盘输入“＝SUM（D3：F3）”（注意标点符号应为英文输入法状态下的字符），按回车键，即可完成。

当然，除此之外，你也可以试试“常用”工具栏中的“自动求和”按钮，如图 7－103 所示。

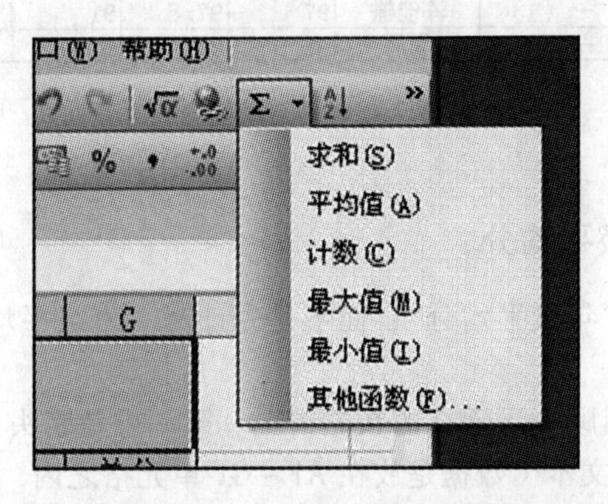

图 7－103　“自动求和”按钮

对于求和，除了以上所介绍的方法外，还有其他方法，此处不再一一列举。

算完一个就可以利用自动填充的操作来完成其余部分了。将鼠标指针移动到已经计算好的 G3 单元格下方，如图 7－104 所示。

201006_期末.xls *

G3　=SUM(D3:F3)

	A	B	C	D	E	F	G
1	201006学生期末检测成绩汇总表						
2	年级	班级	姓名	语文	数学	英语	总分
3	一	一（1）	王馨怡	92.5	92	89	273.5
4	一	一（1）	蒋诗茹	96	99	90	
5	一	一（1）	胡良雨	93.5	97	93	

图 7－104　鼠标指针移到 G3 单元格右下角

在鼠标指针变成黑色“十”字的时候，按住鼠标左键，往下移动，即可完成下方单元格的求和计算，如图 7－105 所示。

201006_期末.xls *

G3 =SUM(D3:F3)

	A	B	C	D	E	F	G
6	一	一(1)	华晴	97.5	100	90	
7	一	一(1)	徐蕊	87.5	90.5	77	
8	一	一(1)	许瑾	90	94.5	77.5	
9	一	一(1)	吴芸	87	97	92	
10	一	一(1)	朱心怡	95.5	95.5	83	
11	一	一(1)	张之晔	91.5	96.5	88.5	
12	一	一(1)	陆映汝	89.5	95	91.5	
13	一	一(1)	周欣荷	96.5	99	89.5	
14	一	一(1)	阙梓琪	91.5	96.5	93	
15	一	一(1)	韩心悦	83.5	92.5	73	
16	一	一(1)	朱盈	93.5	98	90.5	
17	一	一(1)	王燕程	96	97	94	
18	一	一(1)	查颜孜	87	87.5	84.5	
19	一	一(1)	韩佳榆	97	97.5	91	
20	一	一(1)	周易	96.5	90	91	

图 7－105　自动填充

7.17.3　计算年级平均分

要注意标题是计算“年级平均分”，而不是先计算“班级平均分”，原因留给读者等到下一小节再思考。

这里需要我们再来回顾一下现在的数据情况。第一行是表头“201006 学生期末检测成绩汇总表”，这一行“文本”数据是放在 A1～G1 单元格之内，当然预先要合并这些单元格；第二行是列名“年级”（放在 A2 单元格）、“班级”（放在 B2 单元格）、“姓名”（放在 C2 单元格）、“语文”（放在 D2 单元格）、“数学”（放在 E2 单元格）、“英语”（放在 F2 单元格）、“总分”（放在 G2 单元格）。这样的数据情况会影响接下来要进行的“分类汇总”的操作。我们需复习 7.5 节，搞清楚什么叫“分类”，什么叫“汇总”，通常在数据记录处理中总是“先分类后汇总”。因此，需要对表头做些修改。现在，第一行分别是“年级”、“班级”、“姓名”、“语文”、“数学”、“英语”和“总分”了，如图 7－106 所示。

首页　201006学生成绩.xls *

	A	B	C	D	E	F	G
2	年级	班级	姓名	语文	数学	英语	总分
3	一	一(1)	王馨怡	92.5	92	89	273.5
4	一	一(1)	蒋诗茹	96	99	90	285
5	一	一(1)	胡良雨	93.5	97	93	283.5
6	一	一(1)	华晴	97.5	100	0	197.5
7	一	一(1)	徐蕊	87.5	90.5	77	255
8	一	一(1)	许瑾	90	94.5	77.5	262
9	一	一(1)	吴芸	87	97	92	276
10	一	一(1)	朱心怡	95.5	95.5	83	274
11	一	一(1)	张之晔	91.5	96.5	88.5	276.5
12	一	一(1)	陆映汝	89.5	95	91.5	276
13	一	一(1)	周欣荷	96.5	99	89.5	285

图7－106　原始数据

单击表格中的任意一格（这个操作其实可以省去），执行“数据|分类汇总”，得到如图7－107所示的对话框。

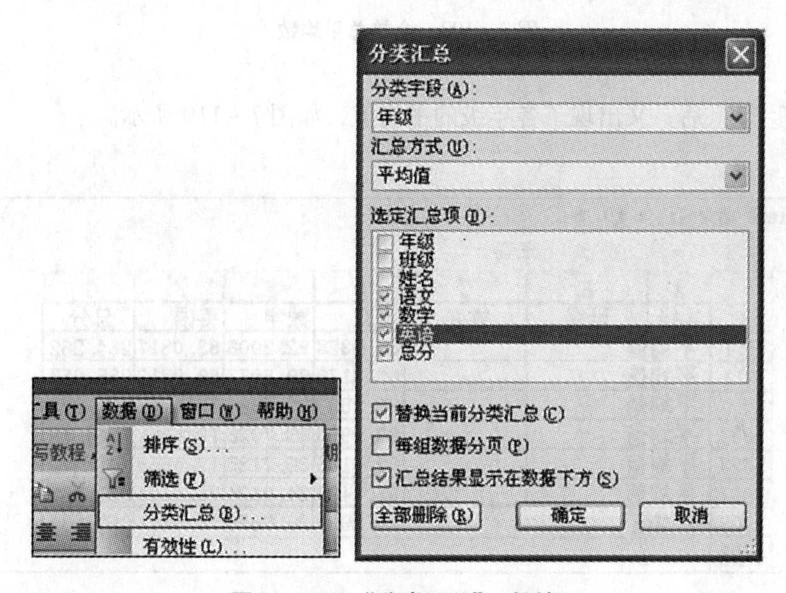

图7－107　“分类汇总”对话框

由于我们要分别计算每个年级的语文、数学、英语和总分的平均分，所以需要对“年级”字段进行分类，汇总方式是“平均值”，选定汇总项是“语文”、“数学”、“英语”、“总分”，单击“确定”后，得到结果如图7－108所示。

	A	B	C	D	E	F	G
2	年级	班级	姓名	语文	数学	英语	总分
3	一	一(1)	王馨怡	92.5	92	89	273.5
4	一	一(1)	蒋诗茹	96	99	90	285
5	一	一(1)	胡良雨	93.5	97	93	283.5
6	一	一(1)	华晴	97.5	100	0	197.5
7	一	一(1)	徐蕊	87.5	90.5	77	255
8	一	一(1)	许瑾	90	94.5	77.5	262
9	一	一(1)	吴芸	87	97	92	276
10	一	一(1)	朱心怡	95.5	95.5	83	274
11	一	一(1)	张之晔	91.5	96.5	88.5	276.5
12	一	一(1)	陆映汝	89.5	95	91.5	276
13	一	一(1)	周欣蓓	96.5	99	89.5	285

图7－108　分类汇总结果

请注意左上角，多了三个按钮："1"、"2"、"3"。

在单击按钮"1"后，显示总平均值（提示：单击按钮"＋"可全部展开），如图7－109所示。

	A	B	C	D	E	F	G
1	年级	班级	姓名	语文	数学	英语	总分
1608	平均值			84.8939	86.8656	81.48	252.24

图7－109　全校总平均数

单击按钮"2"后，又出现了各年级的平均值，如图7－110所示。

201006_期末.xls

A1　年级

	A	B	C	D	E	F	G
1	年级	班级	姓名	语文	数学	英语	总分
254	平均值			89.9323	92.3008	83.0817	264.262
502	平均值			85.3178	89.8077	89.9312	265.057
754	平均值			87.2888	85.2964	78.4582	250.024
1033	平均值			83.9928	83.7026	79.4361	244.18
1322	平均值			82.6146	86.7135	72.4668	241.292
1607	平均值			81.1426	84.0694	86.4454	251.361
1608	平均值			84.8939	86.8656	81.4821	252.237
1609							

图7－110　各年级平均数

单击按钮"3"后，就是执行完分类汇总的那个界面了（图7－108）。

现在，第一列的那些分类汇总的名称是不是看起来很不美观呢？试试调整一下列宽。还记得哪个方法最简单？鼠标指针移到A列和B列之间的竖线处，当指针变成双向箭头的时候双击，如图 7－111 所示。

1 2 3		A	B
	1	年级	班
+	254	一 平均值	
+	502	二 平均值	
+	754	三 平均值	
+	1033	四 平均值	
+	1322	五 平均值	
+	1607	六 平均值	
-	1608	总平均值	

图 7－111　调整列宽后的效果

7. 17. 4　计算班级平均分

完成了年级平均数的计算，接下来就计算班级的平均分了。刚才单击了按钮“3”，所以现在所有数据都显示出来了。

这个时候，你可以发现，一年级各班都在一年级的平均值范围之内，二年级各班在二年级的平均值范围之内，三年级……如果刚才先算班级平均分，再算年级的，就会跨段，结果导致年级平均分无法算出来。望初学者模拟此方式操作一遍。

现在开始计算各班级平均分，先将一年级的数据全部选中，如图 7－112 所示。

	A	B	C	D	E	F	G
240	一	一（6）	程双	88.5	92	62.5	243
241	一	一（6）	许政伟	70	80.5	50	200.5
242	一	一（6）	李志智	94.5	95	83.5	273
243	一	一（6）	姚金程	83.5	95	58.5	237
244	一	一（6）	钱思佳	90	92	68	250
245	一	一（6）	邵召昭	89	89	84	262
246	一	一（6）	张新烨	89	88	87	264
247	一	一（6）	陈玥	83.5	78	50	211.5
248	一	一（6）	陈思兰	94	95	85	274
249	一	一（6）	沈君怡	97	97	89	283
250	一	一（6）	吴国萍	92	98	89	279
251	平均值			89.9323	92.3008	83.0817	264.262

图 7－112　一年级的数据全部选中示意图

计算班级平均分的具体操作留给读者自己去完成。

这里提供几个表格给读者思考。

单击按钮“2”，显示所有的平均值，如图 7－113 所示。

	A	B	C	D	E	F	G
1	年级	班级	姓名	语文	数学	英语	总分
45		一（1）平均值		90.87	95.75	87.32	273.64
90		一（2）平均值		90.68	92.27	84.65	267.60
133		一（3）平均值		87.98	91.02	81.38	254.18
175		一（4）平均值		89.26	91.70	81.40	262.35
216		一（5）平均值		89.69	91.45	83.08	264.21
259		一（6）平均值		90.95	91.54	80.37	262.86
260		总平均值		89.92	92.30	83.06	264.23
261	一平均值			89.93	92.30	83.03	264.26
304		二（1）平均值		84.91	89.16	89.54	263.60
346		二（2）平均值		85.98	90.12	90.24	266.34
389		二（3）平均值		86.80	91.17	91.55	269.51
431		二（4）平均值		84.13	88.67	87.66	260.46
472		二（5）平均值		83.19	89.35	90.30	262.84
514		二（6）平均值		86.65	90.32	90.27	267.23

图 7－113　保留两位小数

完整的数据呈现出来了，不过还不完美。展开某个班级的具体数据，发现语文、数学、英语和总分也都保留了两位小数，这些都应该算冗余数据。如图 7－114 所示。

	A	B	C	D	E	F	G
1	年级	班级	姓名	语文	数学	英语	总分
2	一	一（1）	王馨怡	92.50	92.00	89.00	273.50
3	一	一（1）	蒋诗茹	96.00	99.00	90.00	285.00
4	一	一（1）	胡良雨	93.50	97.00	93.00	283.50
5	一	一（1）	华晴	97.50	100.00	90.00	287.50
6	一	一（1）	徐蕊	87.50	90.50	77.00	255.00
7	一	一（1）	许瑾	90.00	94.50	77.50	262.00
8	一	一（1）	吴芸	87.00	97.00	92.00	276.00
9	一	一（1）	朱心怡	95.50	95.50	83.00	274.00
10	一	一（1）	张之晔	91.50	96.50	88.50	276.50
11	一	一（1）	陆映汝	89.50	95.00	91.50	276.00

图 7－114　学生成绩也保留两位小数了

此时，可以将学生的数据重新选中，然后修改它们的单元格格式，如图 7－115 所示。

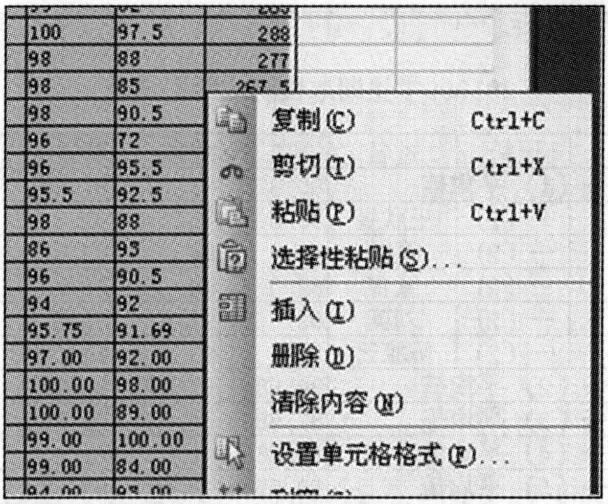

图 7－115　设置单元格格式

设置分类为“常规”，如图 7－116 所示。

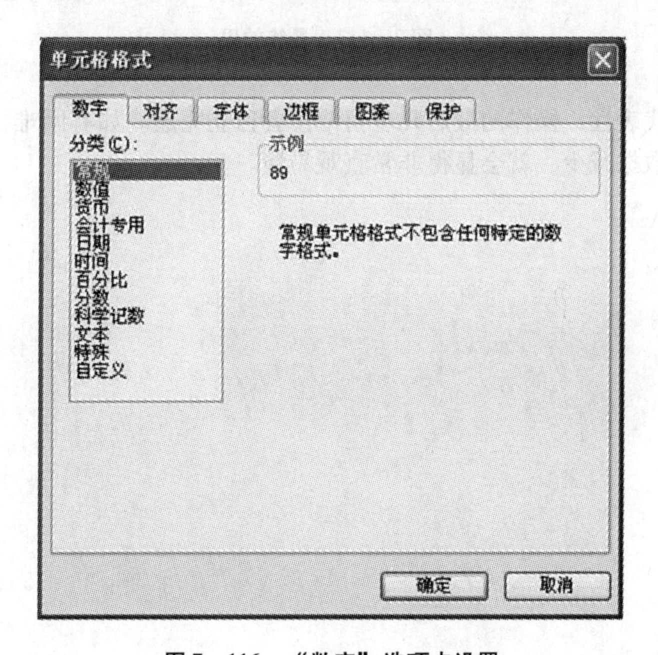

图 7－116　“数字”选项卡设置

经以上处理，其最终效果如图 7－117 所示。

	A	B	C	D	E	F	G
	201006学生期末检测成绩汇总表						
	年级	班级	姓名	语文	数学	英语	总分
5	一（1）平均值			90.87	95.75	91.69	278.31
7	一	一（2）	王欣昱	98.5	97	92	287.5
7	一	一（2）	高昕	96	94	89.5	279.5
8	一	一（2）	童吉	82.5	88	65.5	236
8	一	一（2）	刘英	92	97.5	81.5	271
0	一	一（2）	陈雅云	2.5	5	14	21.5
	一（2）平均值			90.68	92.27	84.65	267.60
4	一（3）平均值			87.98	91.02	81.38	254.18
6	一（4）平均值			89.26	91.70	81.40	262.35
7	一（5）平均值			89.69	91.45	83.08	264.21
0	一（6）平均值			90.95	91.54	80.37	262.86
1		总平均值		89.92	92.30	83.79	264.96
2	一 平均值			89.93	92.30	83.81	264.99
5	二（1）平均值			84.91	89.15	89.54	263.60

图7－117　最终效果

本示例很具代表性，操作的最后几步留给读者独立完成。如有困难，建议将原始数据减少，即将记录数据减少，就会显得非常直观易懂。

第 8 章　WPS 演示 2012 的应用

WPS 演示是金山公司出品的 Office 系列软件最新版本 WPS Office 2012 的组件之一。它采用 XP 风格的用户界面，并全面支持最新的 Windows Vista 系统，WPS 演示支持更多的动画效果并完全兼容 Microsoft。

PowerPoint 动画在多媒体支持方面也得到了改进，它与 Microsoft Windows Media Player 的完美集成允许用户在幻灯片中播放音频流和视频流。更由于它操作简单、免培训，使用户查看和创建演示文稿更加轻松容易。

8.1　初识 WPS 演示

在国际环保大会、国际交易大会、奥运会、2010 年世界博览会等活动上要准备大量的幻灯片——有说明文字、图像、声音的动漫多媒体效果，以吸引更多的观众。

WPS 演示是创作演示稿（即幻灯片）的软件，它能够把所要表达的信息组织在一组图文并茂的画面中。作为一个升级软件，WPS 演示 2012 集成了原来版本的优点，并增加了一些实用的新功能，如表格样式、双屏播放等。下面，让我们来了解 WPS 演示的功能界面，然后介绍软件的主要功能及基本操作。

先了解一下 WPS 演示的工作界面，在屏幕上双击 WPS 演示的图标，系统弹出 WPS 演示工作界面——首页，如图 8 - 1 所示。

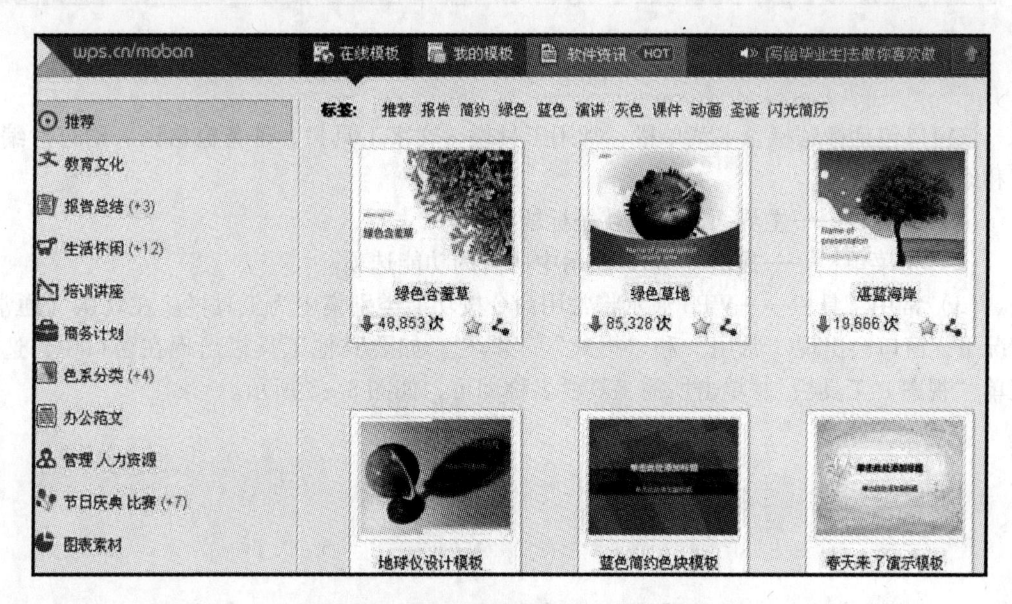

图 8 - 1　WPS 演示的首页（部分画面）

WPS 演示初始界面（首页）同 WPS 文字的首页差不多，在首页中有：标题栏、主菜单栏、常用工具栏、文字工具栏、各式各样的演示模板文件以及建立空白文档的按钮等。

当不需调用模板时，可在首页中单击屏幕第三行最左边的“新建空白文档”按钮，或单击屏幕右边的新建空白文档按钮，均将进入 WPS 演示空白编辑界面，如图 8－2 所示。

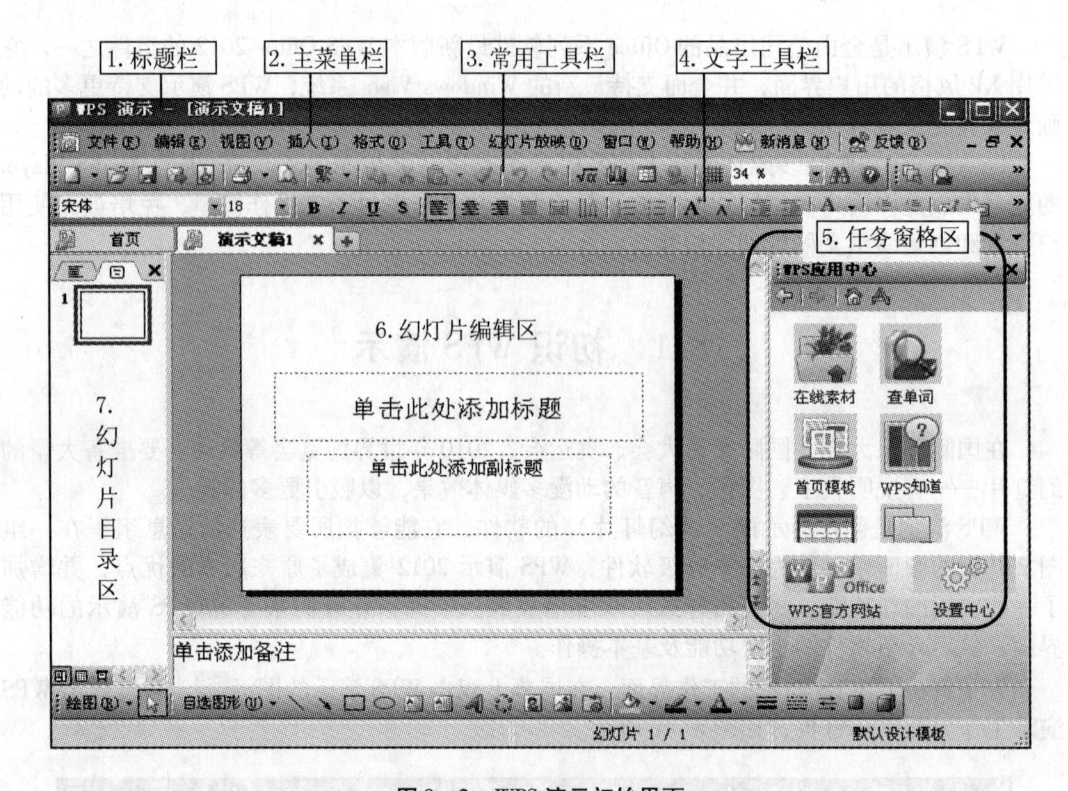

图 8－2　WPS 演示初始界面

该窗口包括标题栏、主菜单栏、常用工具栏、文字工具栏、任务窗格区、幻灯片编辑区和幻灯片目录区。

（1）标题栏——主界面的顶端就是标题栏。

（2）主菜单栏——提供了 WPS 演示中所有的功能选项。

（3）常用工具栏——WPS 演示将常用命令按功能类别集中为工具栏。在默认（通常）情况下，窗口会出现“常用”和“格式”工具栏。如要其他工具栏出现在窗口中，选择菜单“视图 | 工具栏”，单击所需工具栏名称即可，如图 8－3 所示。

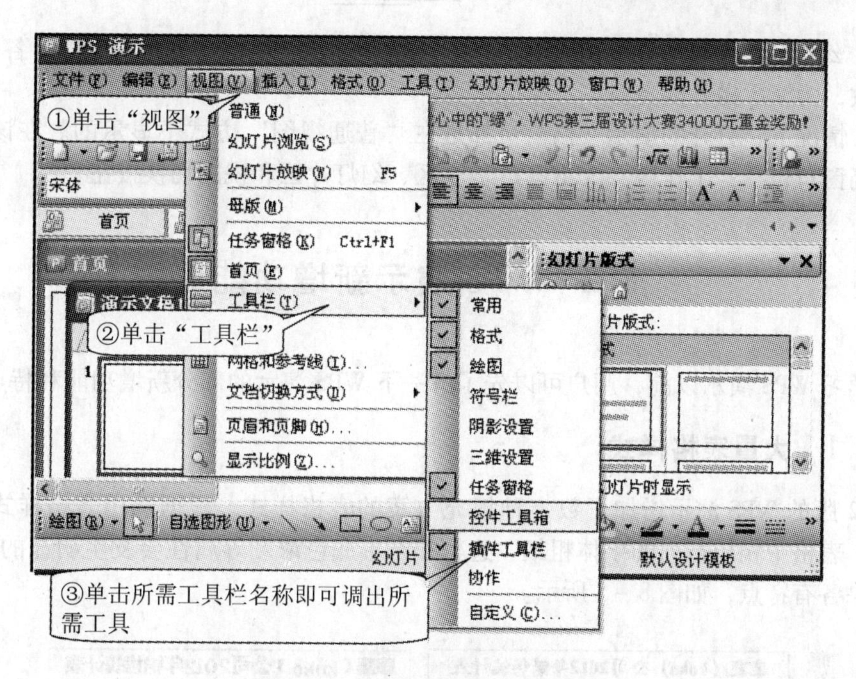

图 8-3　调用“工具栏”的过程

(4) 文字工具栏 ——WPS 演示将常用文字编辑命令按功能类别集中为文字工具栏。

(5) 任务窗格区——任务窗格是 WPS 演示一个新增的操作栏，包括“新建演示文稿”、“剪贴画”、“幻灯片版式”、“幻灯片设计”、“自定义动画”、“幻灯片切换”等 9 个任务窗格。

(6) 幻灯片编辑区——是编辑、修改幻灯片的窗口，单独显示一张幻灯片的效果。

当打开一个编辑好的演示文稿时，便会自动打开演示文稿窗口，如图 8-4 所示。

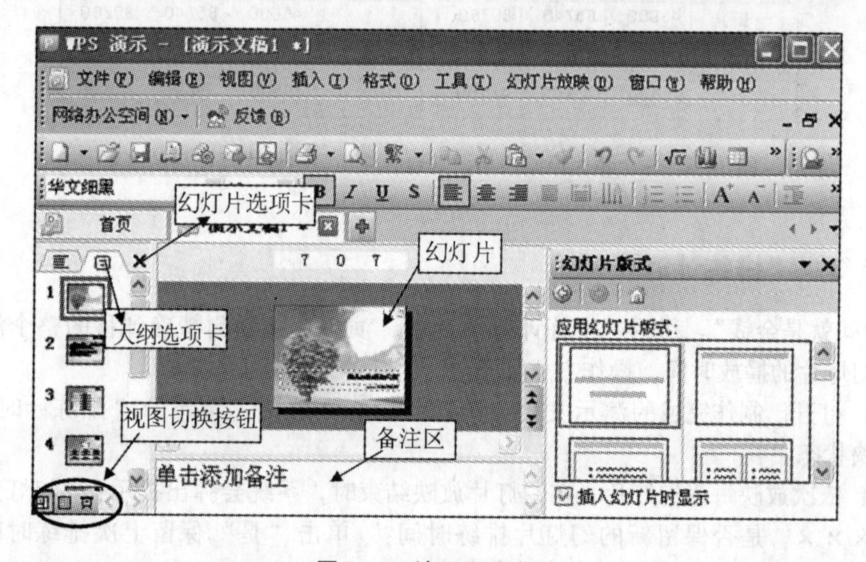

图 8-4　演示文稿窗口

(7) 幻灯片目录区——幻灯片目录区显示的是演示文稿的幻灯片缩略图。各张幻灯片依次摆放，为演示做好准备。

通常情况下，打开的演示文稿窗口都是在“普通视图”方式下显示的。在该视图中，演示文稿窗口包括：工作区、大纲区、备注区、幻灯片区和视图切换按钮。

8.2 WPS演示新增功能

在学习WPS演示以前，用户可以先了解一下WPS演示的部分新增功能和特点。

8.2.1 大量表格样式

2012版的WPS演示增加了数十种填充方案的表格样式。根据选用表格样式的不同，填充后，表格中相应行列的字体粗细、边框粗细、底色浓度等属性会发生明显的改变，其放映效果各有特点，如图8-5所示。

康康（koko）公司2012年销售统计表

产品 / 月份	洗衣机	电视机	空 调
1	45900	65740	89760
2	98976	67880	43260
3	76500	45690	44500

康康（koko）公司2012年销售统计表

产品 / 月份	洗衣机	电视机	空 调
1	45900	65740	89760
2	98976	67880	43260
3	76500	45690	44500

康康（koko）公司2012年销售统计表

产品 / 月份	洗衣机	电视机	空 调
1	45900	65740	89760
2	98976	67880	43260
3	76500	45690	44500

康康（koko）公司2012年销售统计表

产品 / 月份	洗衣机	电视机	空 调
1	45900	65740	89760
2	98976	67880	43260
3	76500	45690	44500

图8-5 左上角为原始表格，其余为使用表格样式功能后的表格

8.2.2 “排练计时”

“时间就是金钱”。利用“排练计时”功能，演讲者能预测精确到秒的整个演示文稿和单张幻灯片的播放时间，操作方式如下。

(1) 打开已制作完成的演示文稿，选择“幻灯片放映”菜单的“排练计时”命令，进入放映状态。

(2) 依次放映每张幻灯片。在幻灯片放映结束时，系统会弹出提示：“幻灯片放映共需时间×××，是否保留新的幻灯片排练时间?”单击“是”保留上次排练时间，如图8-6所示。

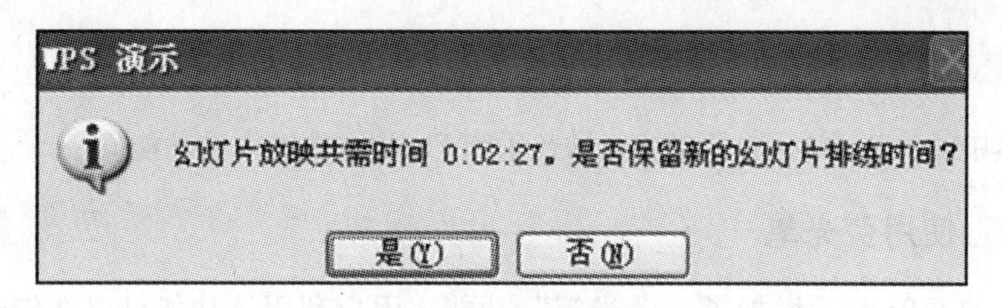

图 8－6　提示是否保留排练时间

如果保留了排练时间，在幻灯片浏览视图中，就可以发现在每张幻灯片缩略图的右下方出现了刚才排练时所花的时间（左下方数字为幻灯片的页数），如图 8－7 所示。

图 8－7　排练计时实例

8.2.3　动画播放音效

“自定义动画”设定中增加了声音功能。利用该功能，演讲者可以在幻灯片中插入如鼓掌、锤打、爆炸等音响效果以及其他的各种自定义音效，如图 8－8 所示。

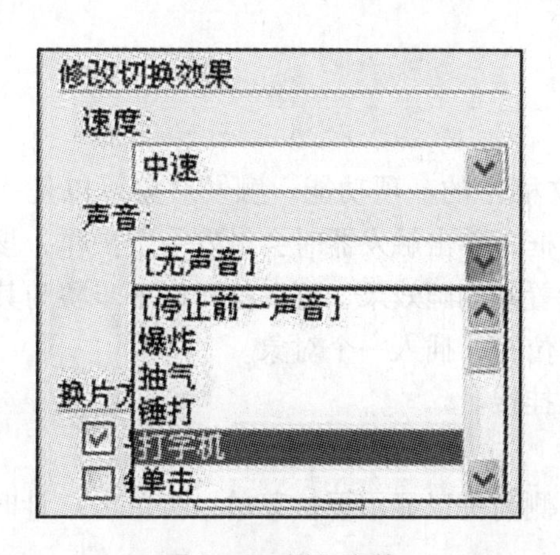

图 8－8　插入音效

8.2.4 插入多媒体文件

新版本中的WPS演示加了支持背景音乐和Flash文件插入的功能。

8.2.5 使用荧光笔

新版本的WPS演示增加了“荧光笔”功能，用户利用该功能可以在幻灯片播放时，使用“荧光笔”在页面上进行勾画、圈点，对幻灯片的详细讲解起到更好的帮助。播放幻灯片时，将光标移到画面左下角便可选用该功能，如图8-9所示。

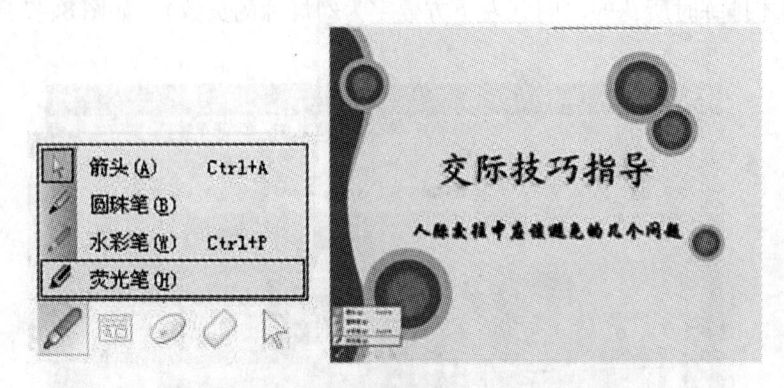

图8-9 荧光笔功能菜单及其在幻灯片的位置

8.2.6 双屏播放

双屏播放模式是指在选择“演讲者放映模式”后，演讲者播放幻灯片时，可在一台显示屏上运行演示文稿，同时让观众在另一台显示屏上观看的演示模式。双屏播放的前提是用户的计算机已经接入了两台（或以上）显示设备。双屏播放模式包括两种：

演讲者的操作界面完全同步显示在观众看到的显示设备上——克隆模式。

演讲者自己的操作界面不让观众看到，只给观众展示播放视图下的内容——扩展模式。

8.2.7 触发器

触发器是WPS演示文稿中的一项功能。触发对象可以是一个图片、图形、按钮，甚至可以是一个段落或文本框，单击触发器时会触发一个操作，该操作可以是声音、电影或动画。如果幻灯片已经设置好动画效果，可以执行以下步骤为其插入触发器功能：

●在幻灯片中间的占位符，插入一个对象。

●将动态效果与对象挂接。

具体方法如下：

在任务窗格中单击右侧箭头以显示下拉菜单，再单击“计时”，如图8-10所示。

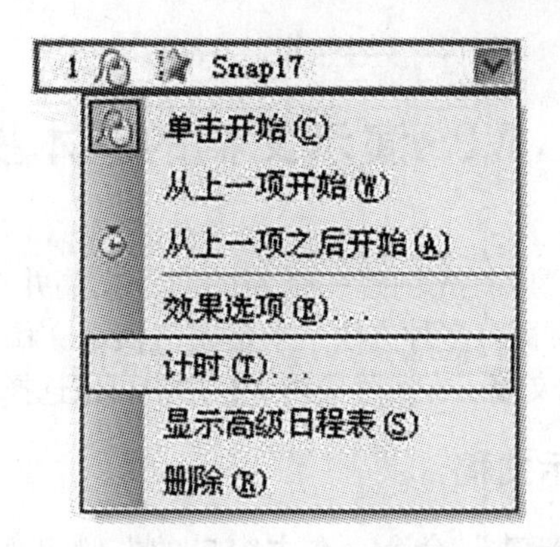

图 8－10　选择动画列表中的“计时”菜单

在打开的对话框中单击左下方的“触发器”按钮，选择“单击下列对象时启动效果”，将看到如图 8－11 所示的列表。

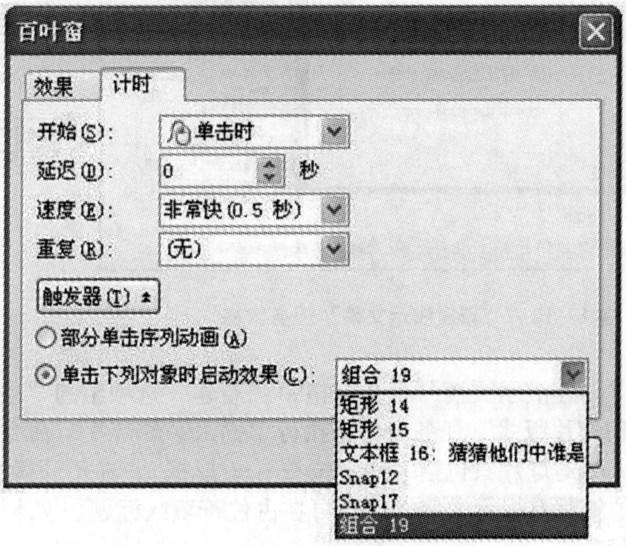

图 8－11　为动画效果添加“触发器”

选择表示所插入对象的文件，例如该文件名称为“组合 19”，单击“确定”按钮返回。

成功设置触发器功能后，在幻灯片中的对象旁边就有一个手状图表，表示此项有一个触发效果。单击“观看放映”，放映幻灯片，放映过程中点击触发器对象即可触发下一个动作。在触发器菜单中选择“部分单击序列动画”，单击“确定”便取消触发器效果。

8.3 WPS演示文稿的基本操作

在制作演示文稿时，用户应首先创建一个新的演示文稿并在幻灯片中输入最基本的内容，即文字内容。创建演示文稿有多种方法：新建空白演示文稿、根据现有演示文稿新建演示文稿以及使用模板新建演示文稿。在实际应用中，用户可以选择不同的方法新建演示文稿。

8.3.1 新建空白演示文稿

第1步：执行“文件|新建”命令，在主窗口的右侧出现“新建演示文稿”任务窗格，如图8-12所示。

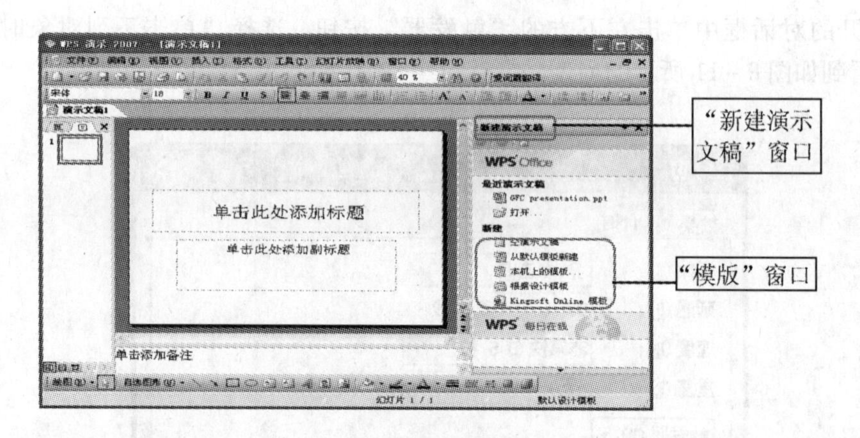

图8-12 “新建演示文稿”任务窗格

第2步：选择“新建演示文稿”任务窗格中“新建”选项组的“空演示文稿”选项，任务窗格切换为“幻灯片版式”任务窗格，执行“插入|幻灯片”命令插入新的幻灯片。

第3步：新插入的幻灯片只包括一些占位符（矩形框），在不同版式的幻灯片中占位符不同。所有的占位符都有提示文字，用户可在占位符填入标题、文本、图片、图标组织结构图和表格等内容。

8.3.2 根据现有演示文稿创建（更新）演示文稿

用户可用以前制作好的演示文稿来创建（更新）演示文稿，在原文稿的基础上进行编辑、修改（如增加说明文字、修改配音、增加表格、增加动漫三维立体……）。

8.3.3 利用模板新建（修改）演示文稿

在WPS演示主窗口中，选择“新建演示文稿”任务窗格中“模板”选项组的“本机上的模板”选项，出现“模板”对话框，该框中显示各种类别的模板，如“财务报告”、“公司会议”、“投标方案”……你可选择其中任何一个所属的模板。在模板列表中选择一种模板，右边的预览框将会显示出相应的版式供你参考，如图8-13所示。

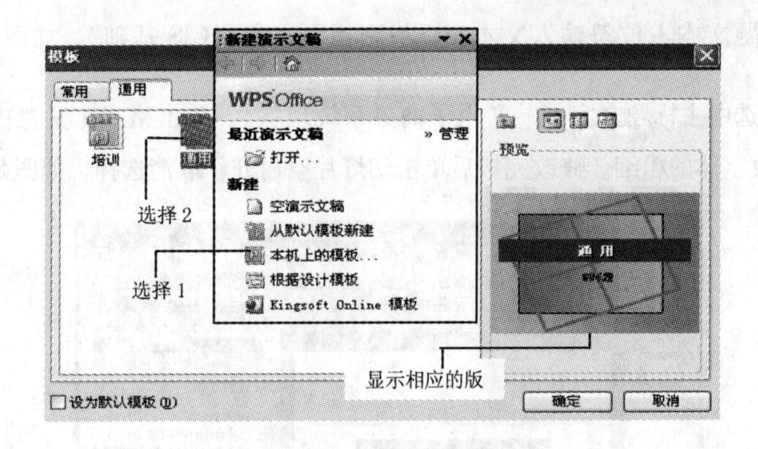

图 8－13 “模板”对话框

单击“确定”按钮，系统将自动完成一份包含多张幻灯片的演示文稿。

在实际工作中采用这种方法最省时省力，因为模板预先做了许多预备工作，你只需做适量修改就能完成任务。

8.3.4 幻灯片中文本的编辑

在起步阶段，首先要学习的就是演示文稿的创建及在幻灯片中输入最基本的内容，即文字内容。下面我们将通过对“旅游电子商务”演示文稿的制作，具体了解怎么创建一个演示文稿和在幻灯片中添加基本的文字内容。

启动 WPS 演示，在默认的状态下 WPS 演示会自动创建一页空白的幻灯片。

单击“标题文本占位符”，输入标题文字“旅游电子商务系统现状”。在默认的状态下，幻灯片窗格中显示的第一页幻灯片版式为“标题幻灯片”版式，如图 8－14 上部所示。

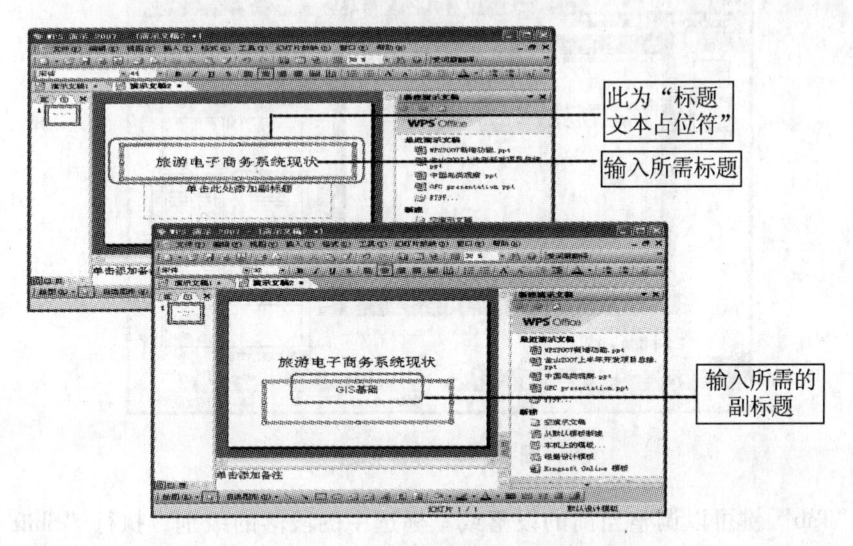

图 8－14 添加主标题、副标题

单击副标题文本占位符输入文本，添加副标题文字“GIS 基础”，如图 8－14 下部所示。

拖动鼠标选中主标题文字“旅游电子商务系统现状”，单击格式工具栏中的“加粗”按钮 B，修改字体的粗细。修改完毕后单击幻灯片空白处，取消选择，如图 8－15 所示。

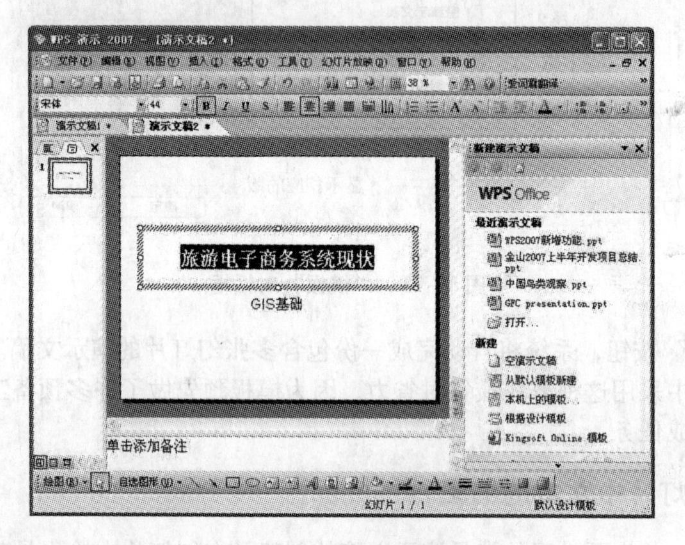

图 8－15　把标题加粗

在插入工具栏单击“新幻灯片”按钮 新幻灯片(N)，将自动插入一页“标题和文本的幻灯片”。单击标题占位符，输入标题文字“系统现状”。同样，单击标题下面的文本占位符，输入文本内容，如图 8－16 所示。

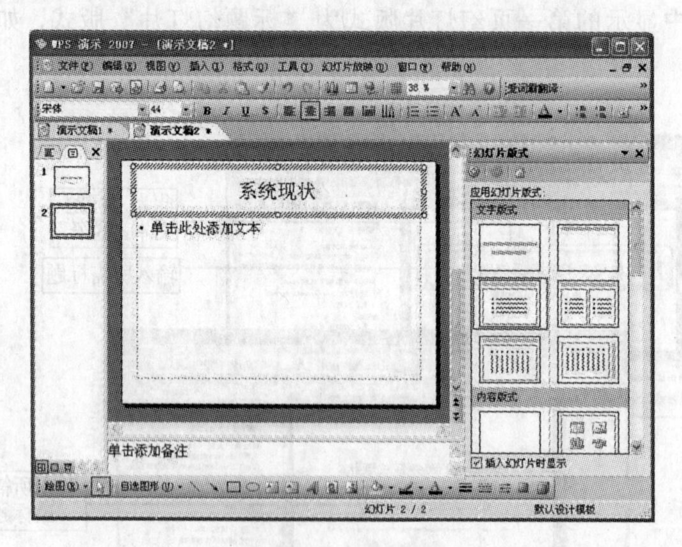

图 8－16　添加标题

单击“Tab”键可以调整当前的段落或鼠标选中的段落的级别，执行“Shift + Tab 组合”键可以退回上一级别，如图 8－17 所示。

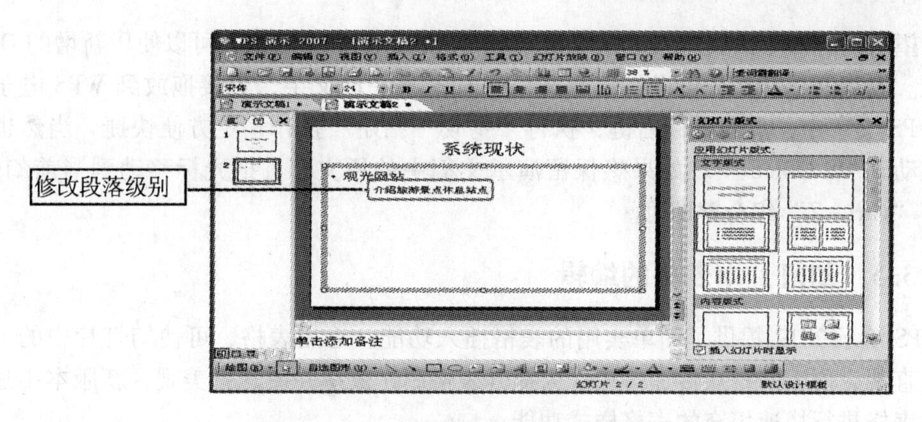

图 8－17 添加文本和修改段落级别

用鼠标选中需要更改字体和字号的文本，在格式工具栏中单击“字体”和“字号”右侧的下拉按钮，进行字体和字号的编辑，如图 8－18 所示。

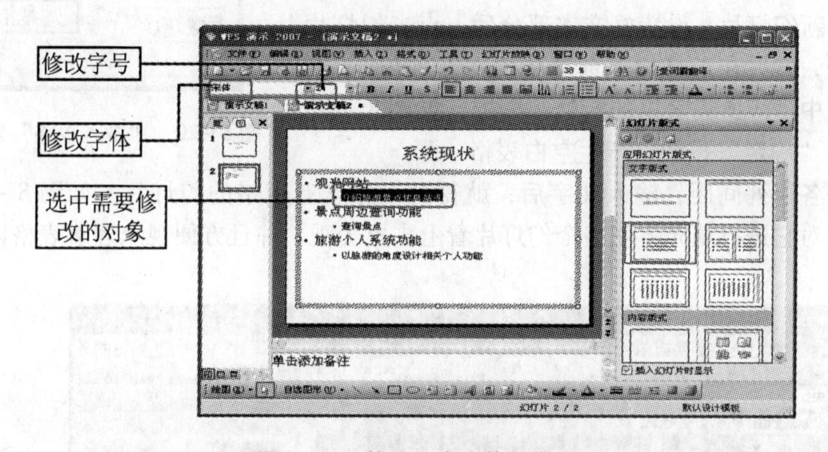

图 8－18 修改文本字体和字号

编辑完毕后单击幻灯片空白处，取消选择。这样就完成“旅游电子商务”的制作，如图 8－19 所示。

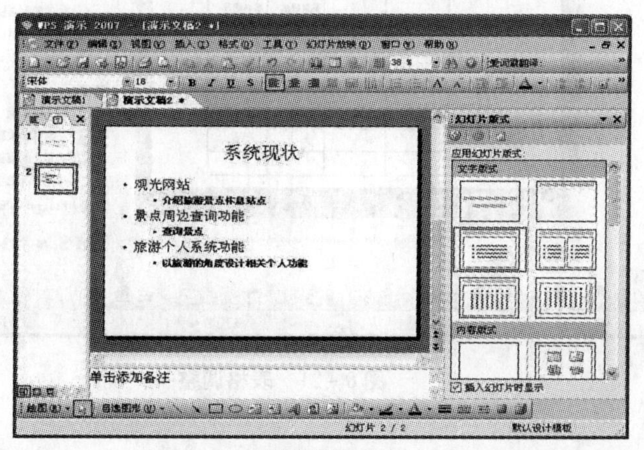

图 8－19 最终演示效果

如果希望将幻灯片中的文本移动到 WPS 电子表格或 WPS 文字中，可以使用新增的 OLE 拖放功能。利用这个功能，可以在演示文稿中选择某一段文字，直接拖放到 WPS 电子表格或者 WPS 文字中，点击鼠标右键，执行“剪切—粘贴”操作，更方便快捷。当然也可以直接拖动到 MS Office 中。如果想保留演示文稿中的原文字，把光标移动到当前幻灯片，按一下“Ctrl + Z”组合键即可。

8.3.5　幻灯片中表格的编辑

WPS 演示 2012 提供了简单实用的表格插入功能。运用表格，可使幻灯片中的一些数据更为直观，便于向观众传递信息。为提升表格制作效率并使其更美观，新版本中还增加了可对表格进行快速填充的表格样式功能。

1. 创建表格

以某市会议上关于财政收入的幻灯片为例，我们来了解一下表格的创建过程。

创建一张新幻灯片，设置好文本部分后，点击幻灯片上的任意空白处，然后在工具栏上选择“插入 | 表格”命令，在弹出对话框中键入所需表格的行数和列数，如图 8 - 20 所示。然后单击“确定”按钮，产生空白表格一张。

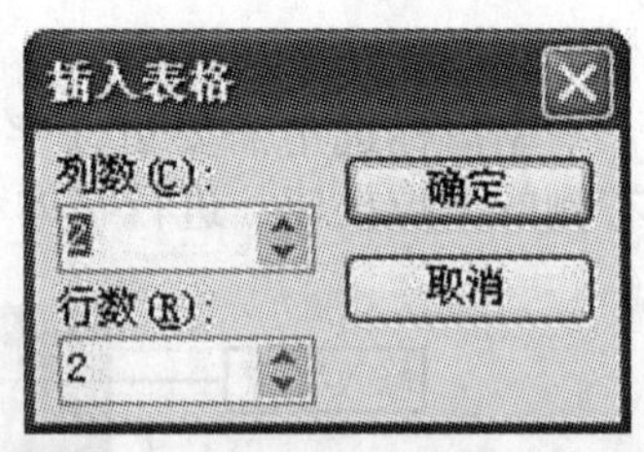

图 8 - 20　“插入表格”对话框

调整表格各行列间距，输入文字后，就得到一张含有表格的幻灯片。如图 8 - 21 所示，我们可以对它进行填充，使整个幻灯片看上去更美观，并且方便观众理解表格内容。

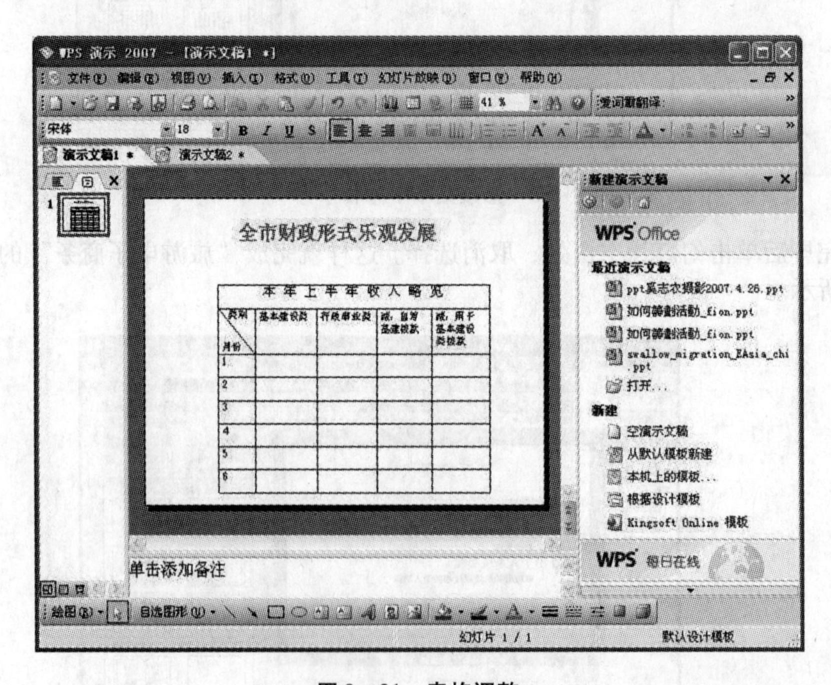

图 8 - 21　表格调整

2. 表格样式功能

WPS 演示 2012 增加了丰富便捷的表格样式功能。WPS 演示 2012 自带数十种填充方案的表格样式，用户仅需根据表格内容在其中进行选择，便可快速完成表格的填充工作，令幻灯片制作更加轻松。

设置表格样式可执行以下操作：

单击工具栏上的“表格样式”按钮后，在任务窗格中便会弹出多个表格样式模板。模板的色彩风格分为淡、中、深三大类，用户可以根据表格内容来选择相应的配色方案。点击准备填充的表格，再点击表格样式模板，便可完成表格填充。利用任务窗格下部的“表格样式选项”功能，还可对表格中的特定行列进行单独调整，如图 8 – 22 所示。

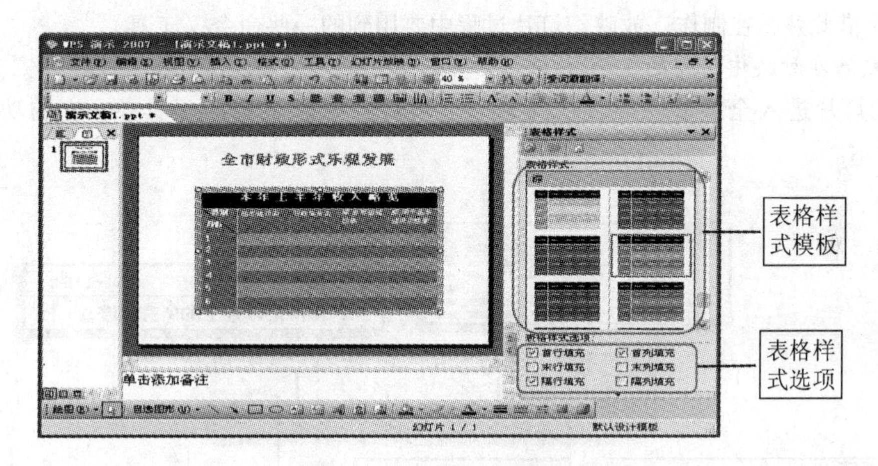

图 8 – 22 表格应用样式

如果觉得表格样式功能无法满足工作需要，或者只想对原始表格作细微调整，那么还可以利用“表格和边框”工具对表格进行加工。选中想要调整的单元格，页面上会弹出“表格和边框”浮动工具栏。利用此工具栏，可进行拆分、合并单元格，平均分布行、列间距，色彩填充以及表格边框风格等细节调整，如图 8 – 23 所示。

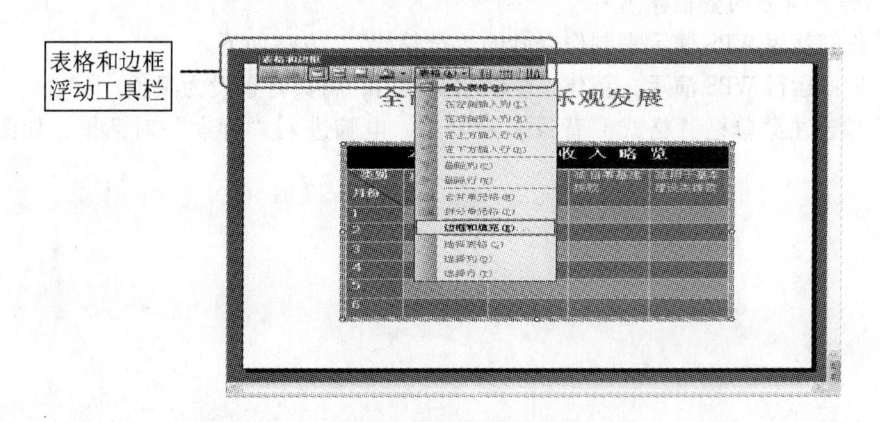

图 8 – 23 表格和边框工具

8.4 上机实习——幻灯片制作及放映

目的要求：

（1）利用 WPS 演示强大的自定义动画功能，根据 WPS 官网提供的基本素材临时制作一个简单的示意性的幻灯片——“奇妙的金箍棒”，供自己放映。

（2）当进入全屏“幻灯片放映”时，利用系统提供的圆珠笔、水彩笔、荧光笔等对播放内容进行圈点、勾画，以提高播放效果。

（3）借此熟悉在制作、放映幻灯片过程中要用到的一些命令（工具）。

1. 熟悉在放映中用到的工具

当幻灯片进入全屏放映时，在屏幕左下角有一忽隐忽现的工具条，它的功能如图 8－24 所示。

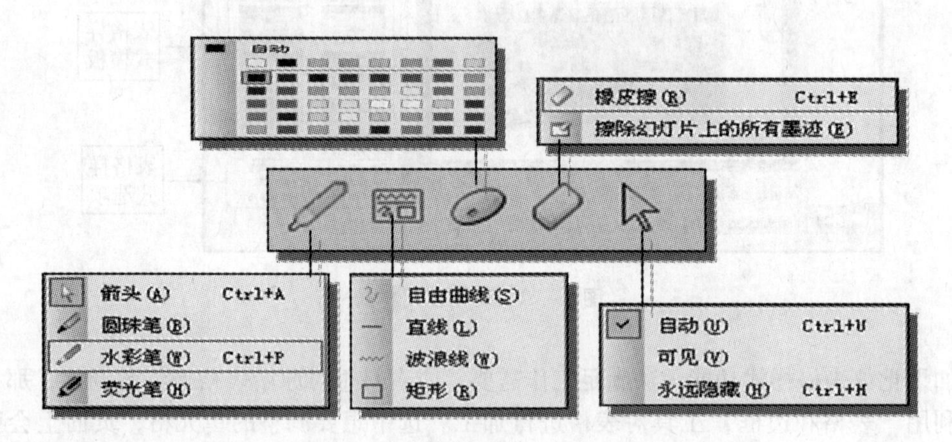

图 8－24 放映工具条的功能

2. 制作“奇妙的金箍棒”

下面我们就用 WPS 演示来制作奇妙的“金箍棒”，方法如下。

第 1 步：运行 WPS 演示，新建一个演示文稿后，将其背景设为黑色。

（1）单击主菜单栏“格式｜背景”命令后，电脑进入“背景”对话框，如图 8－25 所示。

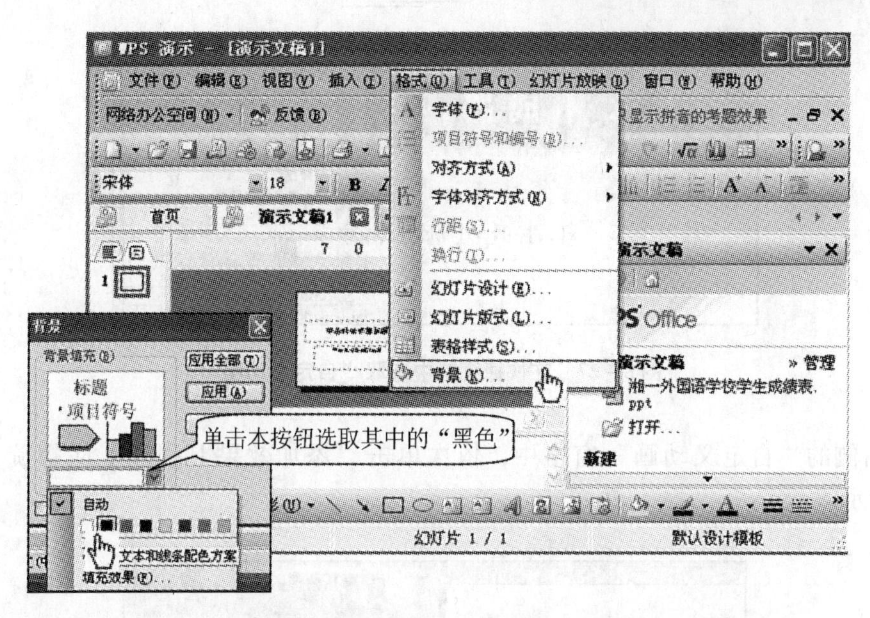

图 8－25　执行“格式 | 背景”命令后进入“背景”对话框

（2）在“背景”对话框中单击“背景填充色按钮”选取其中的“黑色”。

第 2 步：单击“绘图”工具栏里的文本框，插入一个文本框，输入任意一段文字，例如“玉不琢　不成器；人不学　不知道。”后，先将文字颜色设为白色，再调整字体、字号和文本框的位置；也可不调用“绘图”工具栏里的文本框，直接去掉“单击此处添加标题”几个字而输入“玉不琢　不成器；人不学　不知道。”，选中这几个字后单击文字工具栏中的“字体颜色”按钮 A ，从中选取白色（即构成黑底白字），如图 8－26 所示。

图 8－26　文本框内为白色字

注意：做这个长条“文本框”的目的，是使它成为黑白相间、高速旋转的“金箍棒”。

第 3 步：选中文本框后，单击鼠标右键，在快捷菜单中单击“自定义动画”命令，如图 8－27 所示。

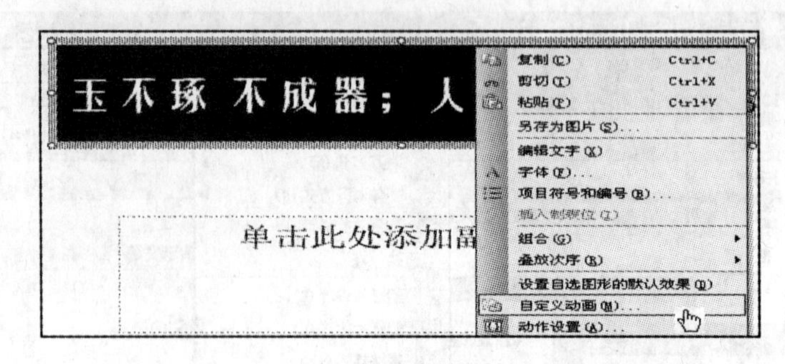

图 8－27　在快捷菜单中选取“自定义动画”

在右侧的“自定义动画”窗格中，依次单击“添加效果 | 强调 | 陀螺旋”，如图 8－28 所示。

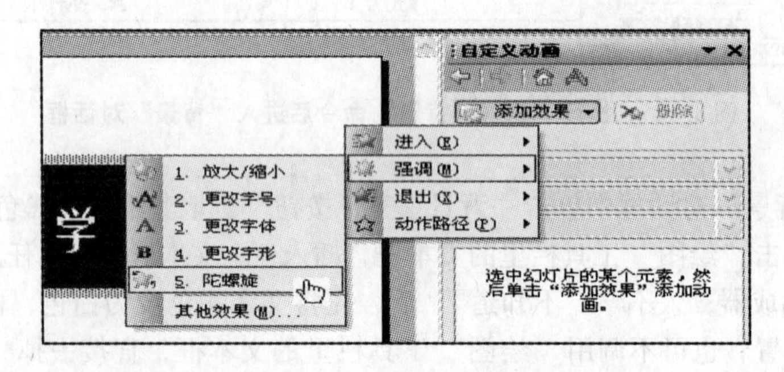

图 8－28　“添加效果 | 强调 | 陀螺旋”命令

打开“陀螺旋”对话框，如图 8－29 左图所示。

第 4 步：在“陀螺旋”对话框中，先单击“数量”选项右侧的下三角按钮，在弹出的下拉列表中单击“逆时针”，将文本框的旋转方向改为逆时针；再次单击“数量”选项右侧的下三角按钮，在弹出的下拉列表中将自定义选项右侧文本框里对象的旋转角度改为“720°”（见图 8－29 右图）后按回车键确认。

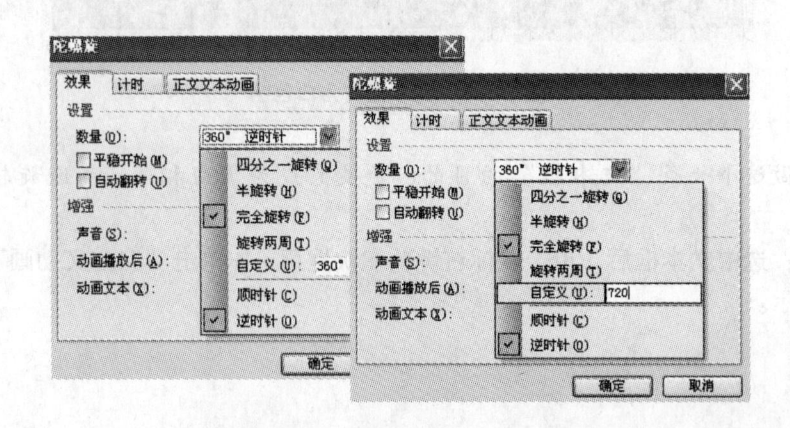

图 8－29　“陀螺旋”对话框

第5步：单击对话框顶部的“计时”标签后，依次将动画“开始”时间设为“之前”，动画“速度”设为“非常快（0.5秒）”，动画“重复”次数设为“直到幻灯片末尾”，然后单击“确定”按钮关闭对话框，如图8-30所示。

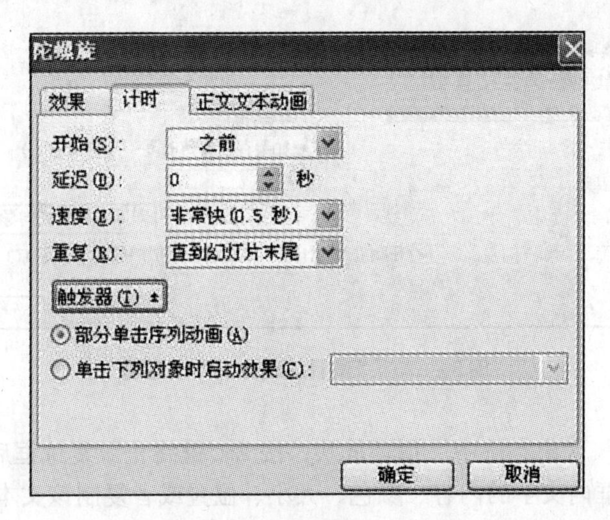

图8-30 “陀螺旋”对话框

按F5键，即可看到“奇妙的金箍棒”效果。

第6步：最后将精彩的表演设置成“死循环”，一直播放下去，以按Esc键告终。

单击主菜单栏中的“幻灯片放映|设置放映方式”命令，如图8-31所示。

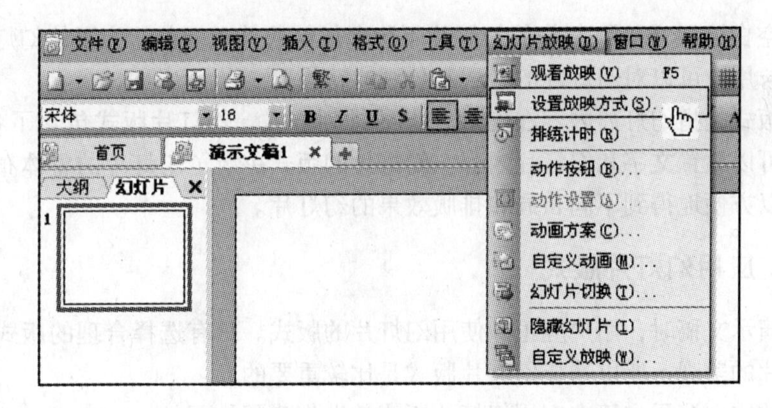

图8-31 “幻灯片放映|设置放映方式”命令

电脑进入“设置放映方式”对话框，如图8-32所示。

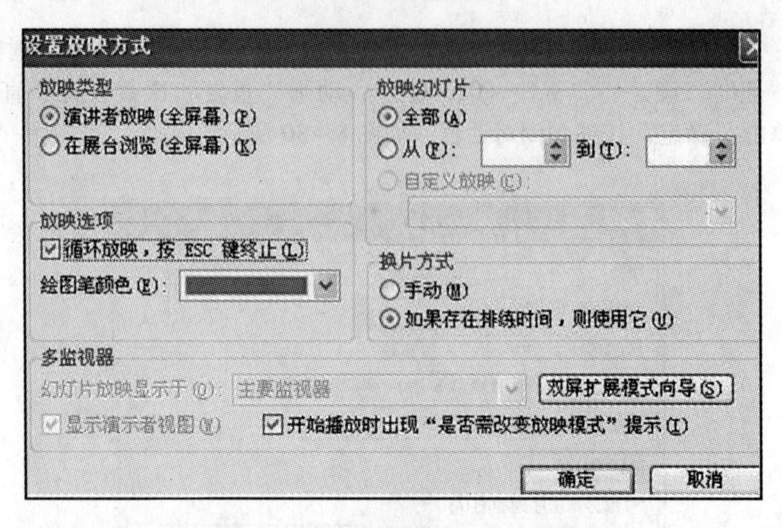

图 8-32　“设置放映方式”对话框

在“放映选项”区中，选中“循环放映，按 Esc 键终止”复选框后单击“确定”。

如果调整文本框内文字的内容、颜色、大小、位置或者复制该文本框，可以得到更加奇特的效果。当然，如果你对插入幻灯片中的其他对象应用上述动画设置，也可得到相应的动画效果，可以试一试。

8.5　设置幻灯片的主题外观

使用“空白演示文稿”制作的幻灯片不包含任何的外观颜色，为了使幻灯片的整体效果美观大方，用户可以对幻灯片的版式和外观进行设置。

幻灯片版式是指幻灯片内容在幻灯片上的排列方式。幻灯片版式包含了各种占位符，在占位符中可以放置文字和幻灯片内容。幻灯片的版式决定了幻灯片的整体布局，应用幻灯片版式可以方便地得到不同布局和排版效果的幻灯片。

8.5.1　应用幻灯片版式

在创建演示文稿时，用户应正确使用幻灯片的版式。只有选择合理的版式才能在整体上体现幻灯片的美观，所以选择幻灯片版式是比较重要的。

在新建的空白演示文稿中应用幻灯片版式的操作步骤如下。

第 1 步：启动 WPS 演示后，系统自动创建了一个空白演示文稿，并在第一张幻灯片自动应用“标题幻灯片”版式，如图 8-33 所示。

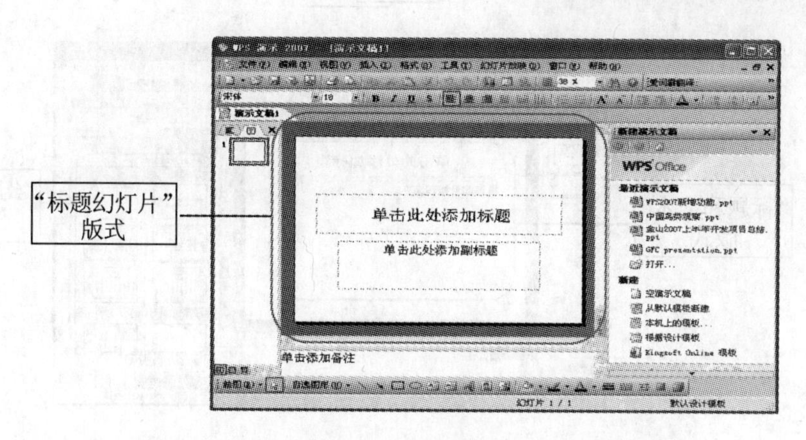

图 8-33　启动 WPS 演示主程序创建的空白演示文稿

第 2 步：在标题占位符中输入文本"旅游电子商务系统现状"，在副标题占位符中输入文本"GIS 基础"，如图 8-34 所示。

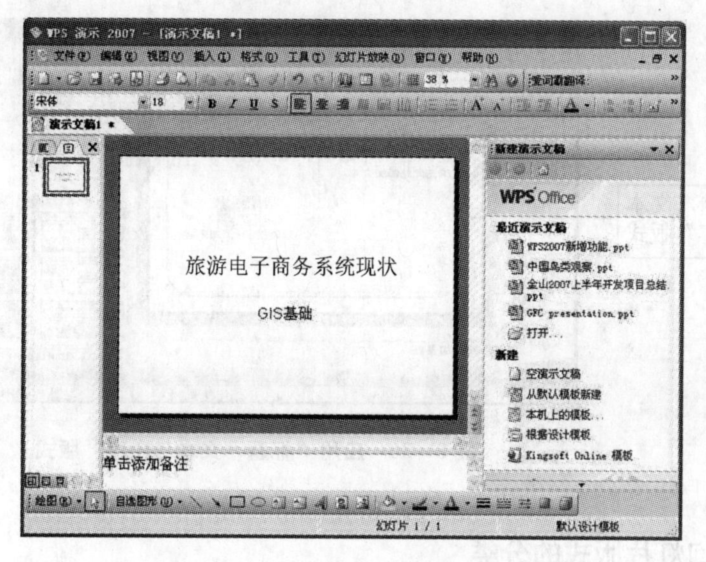

图 8-34　输入幻灯片的标题和副标题

第 3 步：执行"插入 | 新幻灯片"命令，插入一张新的幻灯片，并在窗口中出现"幻灯片版式"任务窗格。在默认情况下，新插入的第 2 张幻灯片将自动应用"标题和文本"版式，如图 8-35 所示。

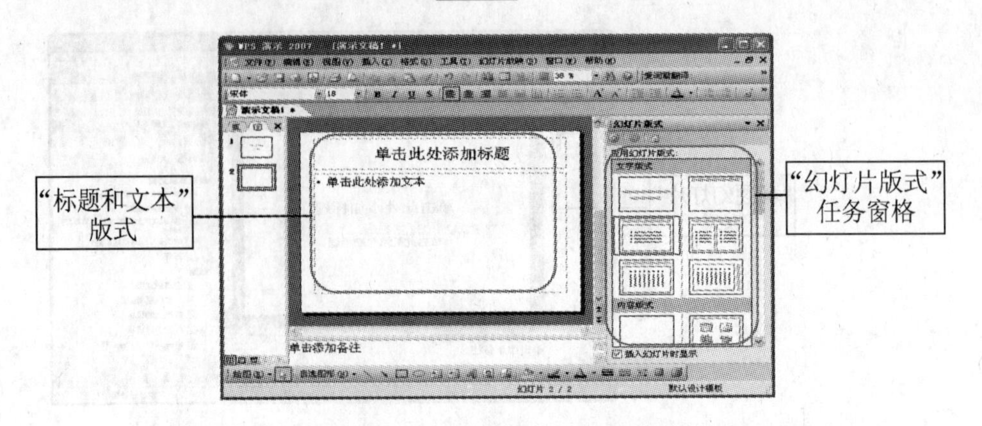

图 8－35 "标题和文本版式"和"幻灯片版式"任务窗格

第 4 步：在任务窗格的"应用幻灯片版式"列表中选择需要的版式，例如单击"标题，文本与内容"版式，则该版式应用于选定的幻灯片上，如图 8－36 所示。

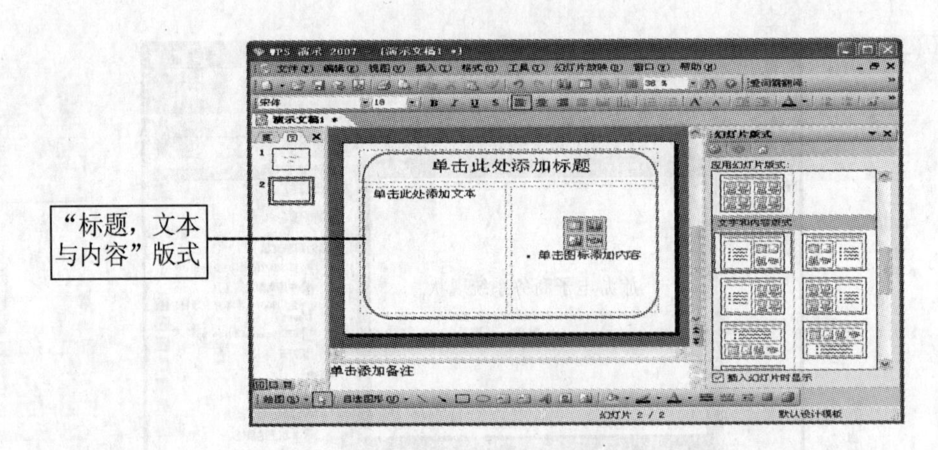

图 8－36 应用"标题，文本与内容"版式

8.5.2 幻灯片版式的分类

WPS 演示提供了四大类、共 30 种自动版式供用户选择，用户应根据情况选择使用需要的版式。

（1）文字版式可以规定幻灯片中文本的排版布局。文字版式共有六种，其中"标题幻灯片"和"只有标题"版式通常作为演示文稿中最常用的幻灯片的版式；"标题和文本"、"标题和竖排文字"及"垂直排列标题与文字"三种版式可以用来表现文本的纲目结构；"标题和两栏文本"版式可以达到分栏效果，如图 8－37 左图所示。

（2）内容版式可以规定幻灯片中图片、表格、标题、图示等对象的排版布局。内容版式共有七种，其中的"空白"版式是一个不包含任何占位符的版式，利用该版式用户可以自由地设计幻灯片中的排版布局；"内容"及"标题和内容"版式可以规定单个对象在幻灯片中的布局；其余的版式则可以规定多个对象在幻灯片中的布局。如图 8－37 右图所示。

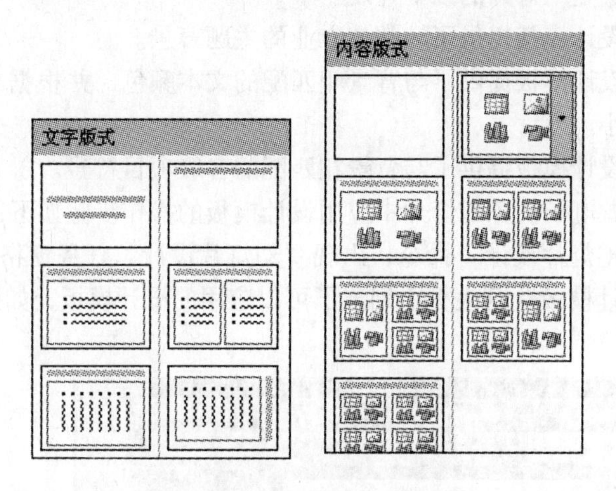

图 8－37　文字版式、内容版式

（3）文字和内容版式可以规定幻灯片中文本与对象组合的版式布局，共包括七种版式，如图 8－38 左图所示。

（4）其他版式中包括不属于前三者版式布局的版式，其他版式共包括 10 种，用户可以在这些版式在幻灯片中规定动画、声音文件、图表、表格、剪贴画等对象的排版布局。如图 8－38 右图所示。

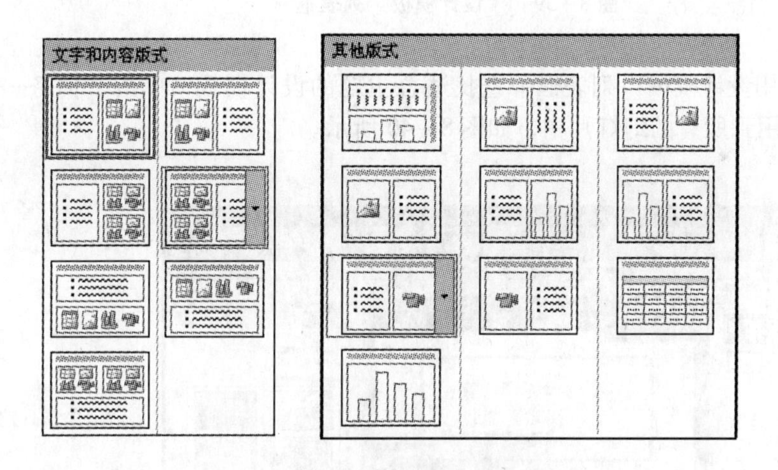

图 8－38　文字和内容版式、其他版式

8.6　设计演示文稿的主题背景

WPS 演示提供了丰富的设计模板文件，可以为演示文稿提供完整的专业的外观设计。设计模板决定了幻灯片的主要外观，包括背景、预制的配色方案、背景图形等。

设计模板可以决定幻灯片的以下外观。

●主题背景：设计模板提供了完整的专业的主题背景。

●文本格式：设计模板提供了与背景相匹配的文本颜色，并根据文本的作用和级别设置了不同的文字大小。

●项目符号：设计模板提供了与背景相匹配的各级项目符号。

在新创建的旅游电子商务幻灯片中应用设计模板的操作步骤如下：

执行“格式|幻灯片设计”命令，出现“幻灯片设计”任务窗格，选择“设计模板”选项，在“应用设计模板”列表框中列出了可以应用的设计模板，如图8-39所示。

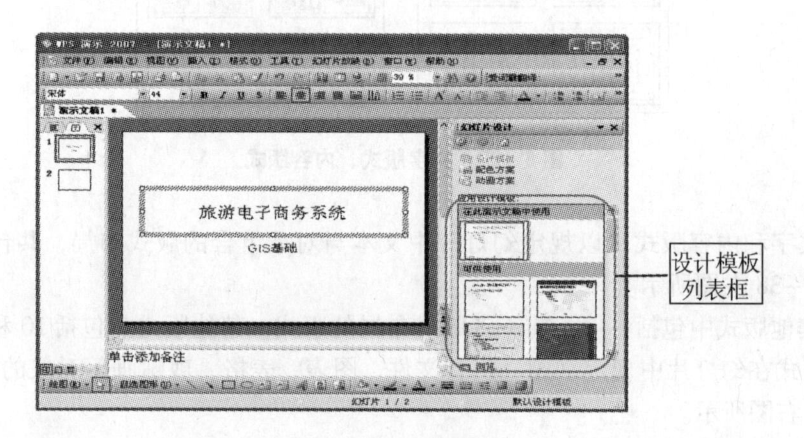

图8-39 “设计模板”列表框

在“应用设计模板”列表框中查找适合主题的设计模板，单击“商务—公务”将该设计模板应用到所有的幻灯片中，如图8-40所示。

图8-40 应用“商务—公务”设计模板

8.7 幻灯片的配色方案

配色方案是一组可用于演示文稿的预设颜色。整个幻灯片可以使用一个色彩方案，也可以分成若干个部分，每个部分使用不同的色彩方案。

配色方案由“背景”、“文本和线条”、“阴影”、“标题文本”、“填充”、“强调”、“强调文字和超链接”、“强调文字和已访问的超链接”8 个颜色设置组成。方案中的每种颜色会自动应用于幻灯片上的不同组件。配色方案中的 8 种基本颜色的作用及其说明如下：

●背景：背景色就是幻灯片的底色，幻灯片上的背景色出现在所有对象目标之后，所以它对幻灯片的设计是至关重要的。

●文本和线条：文本和线条色就是在幻灯片上输入文本和绘制图形时使用的颜色，所有用文本工具建立的文本对象以及使用绘图工具绘制的图形都使用文本和线条色，而且文本和线条色与背景色形成强烈的对比。

●阴影：在幻灯片上使用“阴影”命令加强物体的显示效果时，使用的颜色就是阴影色。在通常的情况下，阴影色比背景色还要暗一些，这样才能突出阴影的效果。

●标题文本：为了使幻灯片的标题更加醒目，也为了突出主题，可以在幻灯片的配色方案中设置用于幻灯片标题的标题文本色。

●填充：用来填充基本图形目标和其他绘图工具所绘制的图形目标的颜色。

●强调：可以用来加强某些重点或者需要着重指出的文字。

●强调文字和超链接：可以用来突出超链接的颜色。

●强调文字和已访问超链接：可以用来突出已访问超链接的颜色。

8.7.1 应用配色方案

在新创建的“旅游电子商务系统”演示文稿中应用配色方案的操作步骤如下：

执行“格式 | 幻灯片设计”命令，出现“幻灯片设计”任务窗格，选择“配色方案”选项，在“应用配色方案”列表框中将列出可应用的配色方案，如图 8－41 所示。

图 8－41 配色方案列表

在“应用配色方案”列表框中查找适合的配色方案，选择相应的配色方案，将该配色方案应用到所有的幻灯片中，如图 8-42 所示。

图 8-42 应用配色方案

8.7.2 自定义配色方案

在系统提供的配色方案中各基本颜色都给出了默认色，用户如果对系统提供的配色方案不满意，可以自定义配色方案。

自定义配色方案的操作步骤如下：

在“应用配色方案”列表框中选择一种希望修改的配色方案。

选择任务窗格下方的“编辑配色方案”选项，打开“编辑配色方案”对话框，并自动选中“自定义”选项卡。在对话框的“配色方案颜色”列表框中选中某一区域的颜色，单击“更改颜色”按钮，弹出“颜色”对话框，如图 8-43 所示。

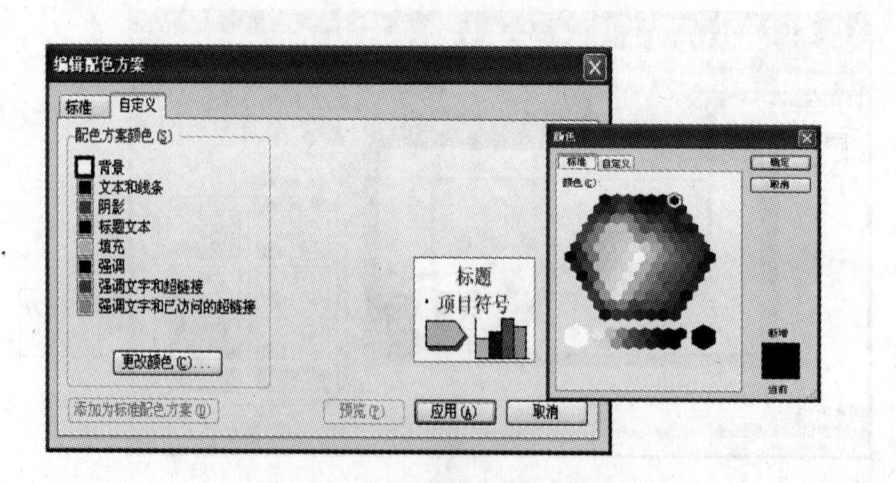

图 8-43 更改配色方案中的某种颜色

用户可以在“颜色”对话框的“标准”选项卡中选择一种标准颜色，也可以在“自定义”选项卡中自定义一种颜色，设置完毕后单击“确定”按钮。

对各区域的颜色设置完毕后，如果单击“添加为标准配色方案”按钮，则自定义的方案被添加到“标准”选项卡的“标准配色方案”列表框中，用户可以在以后应用它；如果单击“应用”按钮，则自定义的配色方案被立刻应用到演示文稿所有的幻灯片中，如图 8－44 所示。

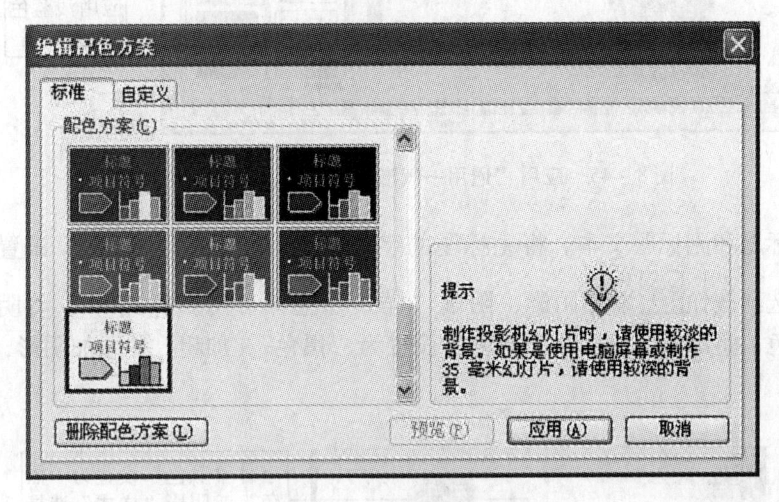

图 8－44　管理配色方案

8.8　设置动画效果和播放方式

可以对幻灯片中的文本信息，按定义好的纲目结构设置段落级别动画，包括进入、强调和退出等动画效果。

8.8.1　设置进入动画效果

进入动画效果可以让文本或对象以某种效果进入幻灯片放映演示文稿，它具有多种特殊的动画效果，示范操作步骤如下：

新建一张标题版式的幻灯片。采用软件自带的“通用—气泡”幻灯片模板，选择浅蓝色配色方案，如图 8－45 所示。

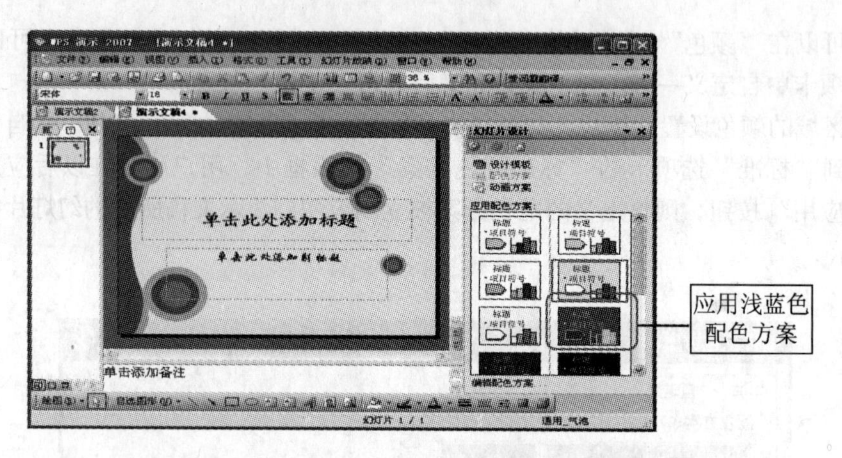

图 8-45　应用“通用—气泡”模板和浅蓝色配色方案

输入主标题和副标题文本。将主标题的字号设为60，字体“颜色”设置为“黑色”并点击阴影选项按钮添加阴影，阴影“样式”选择“阴影样式5”，将阴影“颜色”设置为浅蓝色。将副标题的字体“颜色”设置为“黑色”，加粗，并添加阴影，如图8-46所示。

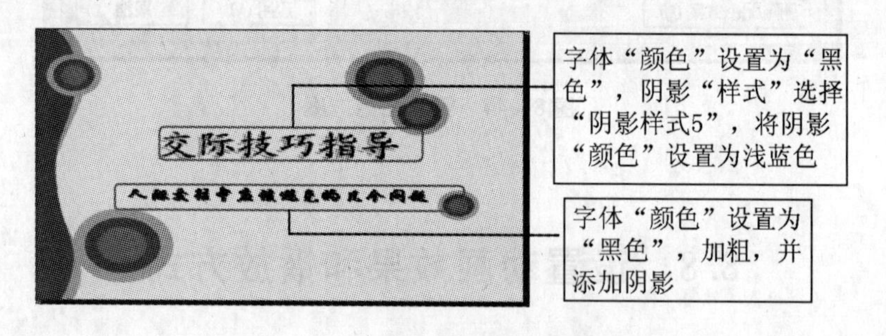

图 8-46　设置主标题和副标题格式

选择菜单“插入|新幻灯片”插入一张新幻灯片，选择标题和文本版式。输入标题和文本，将标题和文本的字体颜色设置为“黑色”，如图8-47所示。

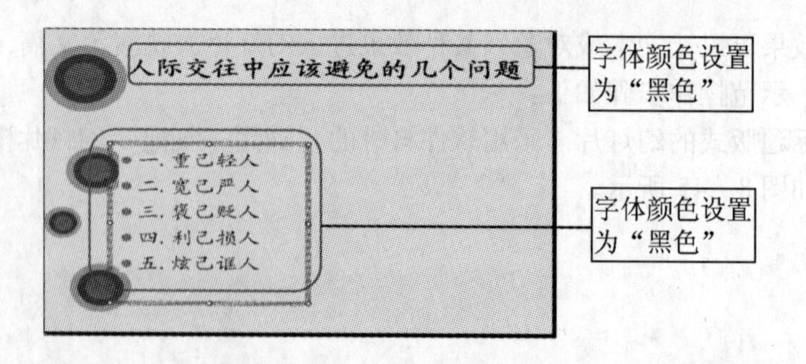

图 8-47　设置标题和文本格式

选择菜单“插入 | 文本框 | 横向”插入一个文本框，然后在文本框内输入文字，并调整文本框至合适位置，如图 8-48 所示。

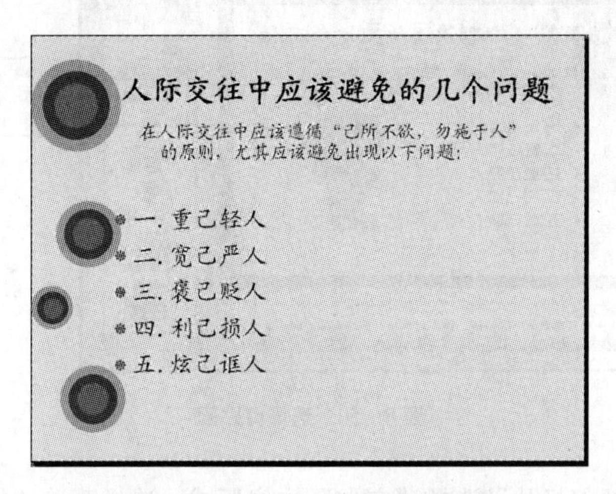

图 8-48 插入一个文本框输入内容

幻灯片的编辑区下面是备注区，在备注区内可以为该页幻灯片添加备注。如果备注区太小而妨碍读者对备注的编辑工作，可以选中幻灯片编辑区下面的边框，按住鼠标左键将边框上移至适当位置，如图 8-49 所示。

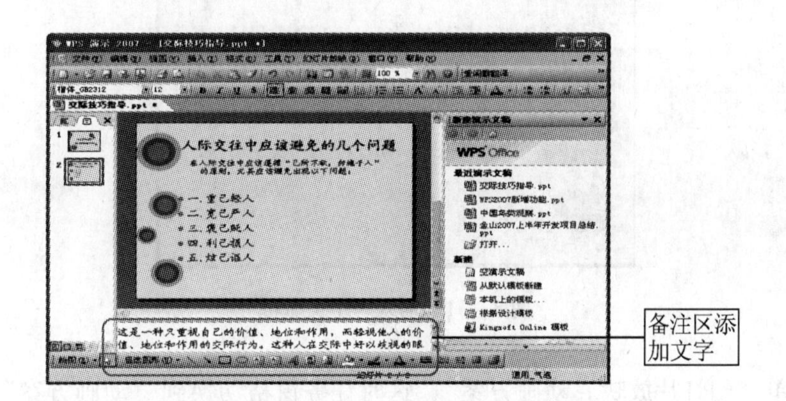

图 8-49 插入一个文本框输入内容

点击任务窗格选择“剪贴画”任务窗格，在“类别”栏中选择“人物”，在“预览”中双击选择所需的剪贴画，如图 8-50 所示。

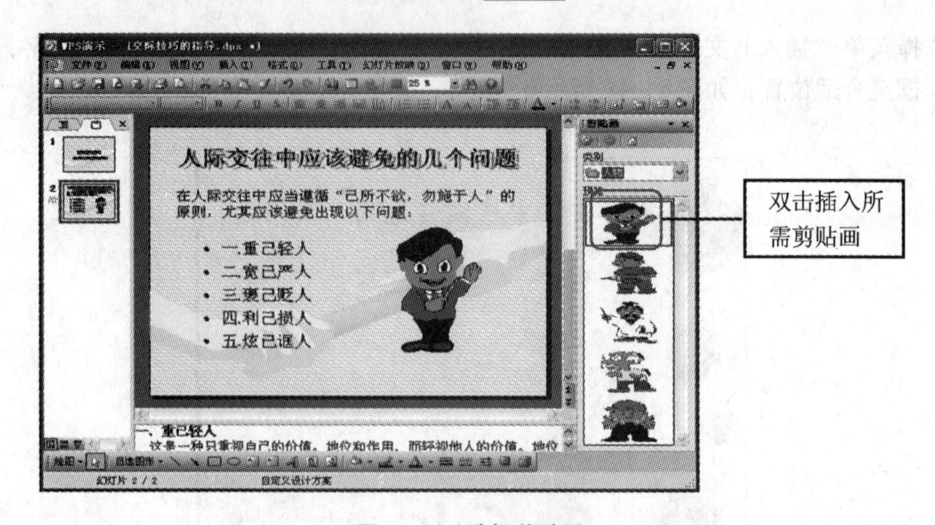

图 8 – 50　选择剪贴画

再次插入一张新幻灯片，选择“空白”内容版式。选择菜单“插入｜文本框｜横向”，在幻灯片中间插入一个文本框，输入“与人方便……善待别人”，如图 8 – 51 所示。

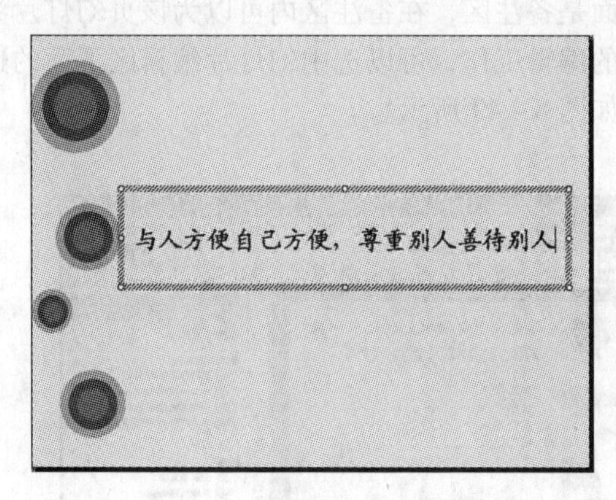

图 8 – 51　插入一个文本框

选择菜单“幻灯片放映｜动画方案”，这时任务窗格切换到“动画方案”任务窗格。单击任务窗格的切换按钮，选择“动画方案”命令，也可以切换到“动画方案”任务栏。

在“动画方案”任务栏的动画方案列表中，单击其中一种动画方案，该方案会应用到当前正在编辑的幻灯片中，幻灯片的编辑区立刻显示该动画方案的预览效果。

选中第一页幻灯片的标题文本占位符，单击鼠标右键，选择“自定义动画”。这时任务窗格切换到“自定义动画”任务窗格。

单击“添加效果”按钮［添加效果］，选择“进入｜其他效果｜升起”。在“开始”选项中选择“［之后］”，然后在“速度”选项中选择“中速”。

8.8.2 设置强调动画效果

强调动画效果可以突出幻灯片中的某部分内容，设置放映时的特殊效果。例如，要为第2张幻灯片的标题设置彩色延伸的强调动画效果，操作步骤如下：

在普通视图中切换第2张幻灯片为当前幻灯片，执行“幻灯片放映 | 自定义动画”命令，显示“自定义动画”任务窗格。

移动鼠标指针到标题占位符中，单击标题文本的任意位置，显示出标题占位符。

单击“自定义动画”任务窗格中的“添加效果”按钮。

在下拉列表框中选择“强调 | 其他效果 | 彩色延伸”命令，如图 8－52 所示。

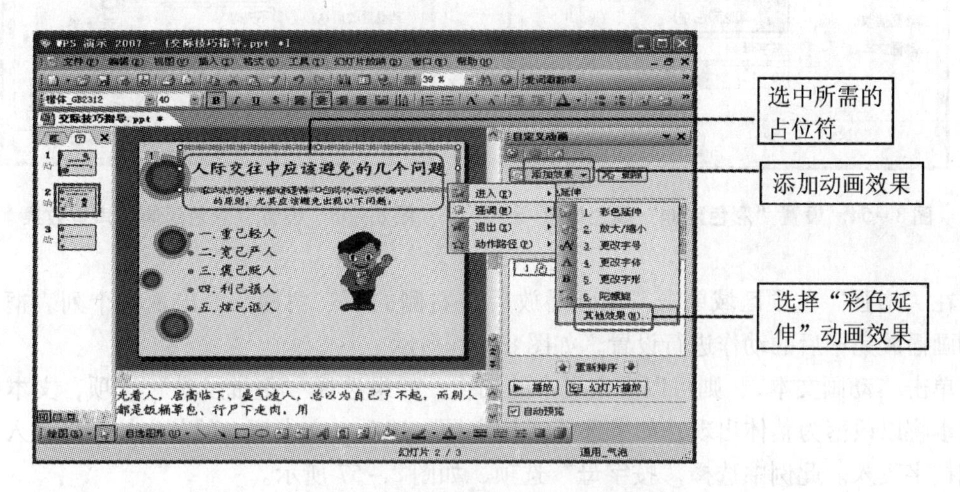

图 8－52　设置“强调”动画效果

在下拉列表框中选择“效果选项”命令，打开“彩色延伸”对话框，如图 8－53 所示。

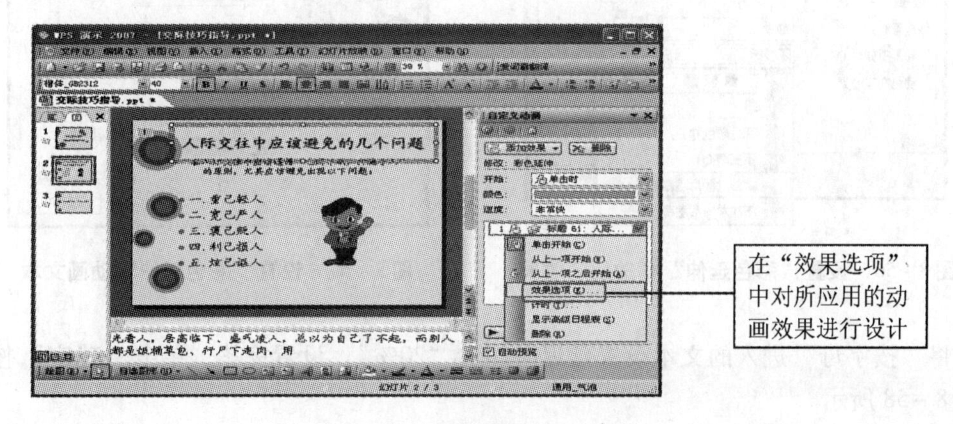

图 8－53　强调效果的下拉列表

在“设置”选项区域单击“颜色”右侧的下三角箭头，出现一个颜色列表框，在列表框中选择红色，如图 8－54 所示。

在“增强”选项区域单击“声音”右侧的下三角箭头，出现一个声音对话框，在列表框中选择“鼓掌”选项，选择的“鼓掌”声音将伴随动画播放。单击小喇叭按钮，可对声音大小进行设置。这是 WPS 演示 2012 中的一项新增功能，如图 8－55 所示。

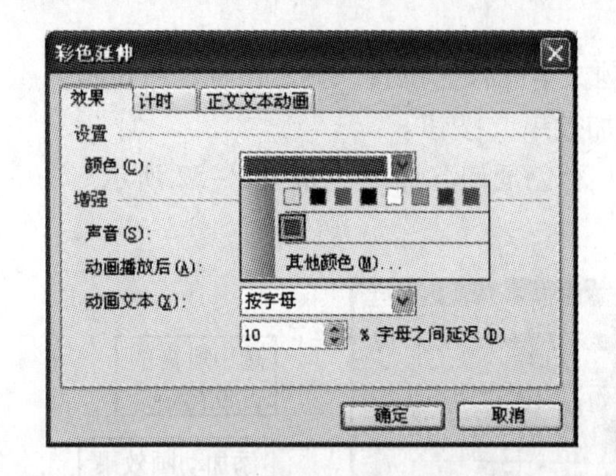

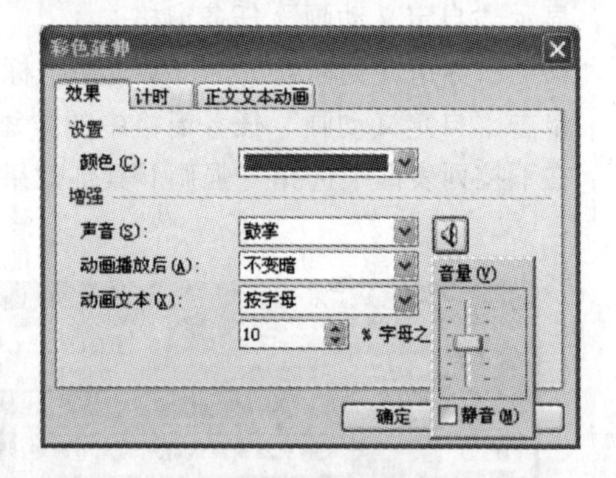

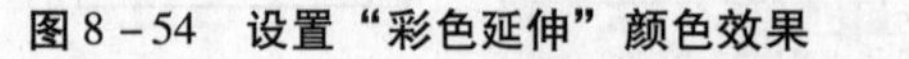
图 8－54　设置“彩色延伸”颜色效果

图 8－55　设置“彩色延伸”声音效果

在“增强”选项区域单击“动画播放后”右侧的下三角箭头，出现一个列表框，可对动画播放完毕后的动作进行设置，如图 8－56 所示。

单击“动画文本”，则可以设定文本的动作。如果选择“整批发送”选项，文本框中的文本将以段落为整体出现；如果选择“按字母”选项，文本框中的英文按字母飞入，中文则按字飞入。此例中选择“按字母”选项，如图 8－57 所示。

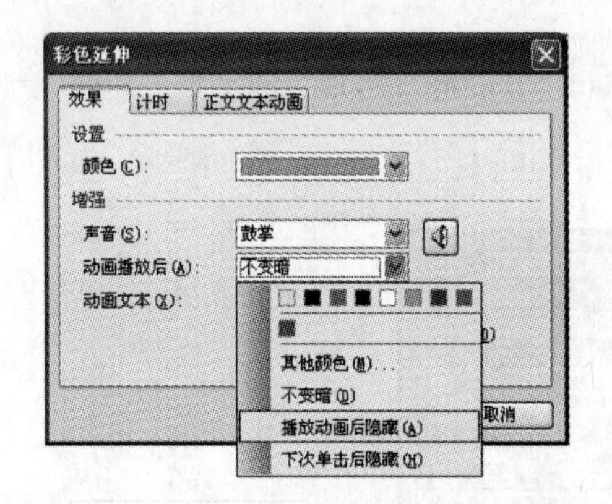

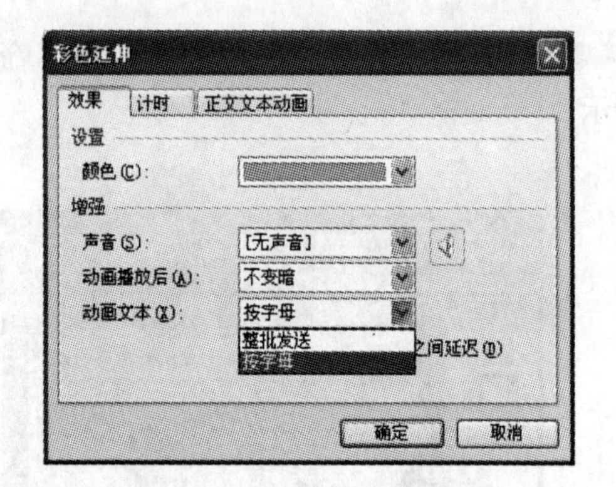

图 8－56　设置“彩色延伸”播放后的效果

图 8－57　设置“彩色延伸”动画文本

将“按字母”进入的文本设置延迟时间为“20%”。设置完毕，单击“确定”按钮，如图 8－58 所示。

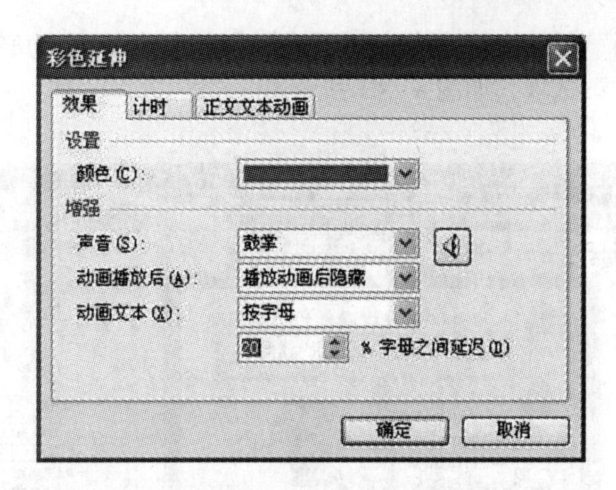

图 8－58　设置“彩色延伸”动画文本的延迟时间

8.9　设置退出动画效果

退出动画效果可以设置播放完动画后幻灯片中对象的退场效果，使其在某一刻离开幻灯片画面。例如，要为第 2 张幻灯片的标题设置旋转的退出动画效果，操作步骤如下：

切换第 2 张幻灯片为当前幻灯片，移动鼠标指针到副标题占位符中，单击副标题文本的任意位置，显示出标题占位符。

单击“自定义动画”任务窗格的“添加效果”按钮，在下拉列表框中选择“退出”选项，出现一个子菜单，如图 8－59 所示。

选择“其他效果”命令，打开“添加退出效果”对话框，在“华丽型”选区中选择“旋转”选项，如图 8－60 所示，单击“确定”按钮。

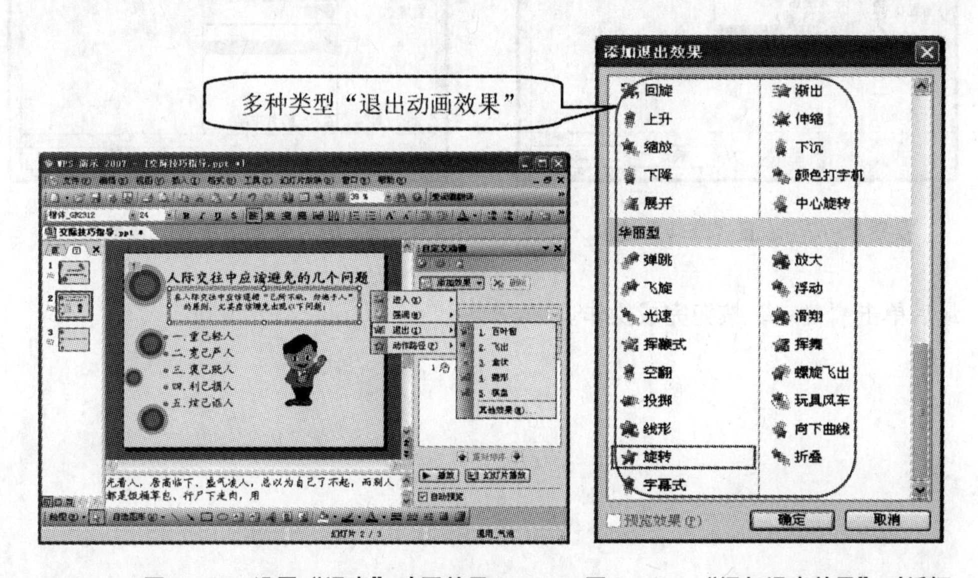

图 8－59　设置“退出”动画效果　　　　图 8－60　“添加退出效果”对话框

在“自定义动画”任务窗格中点击“退出”下拉列表的下三角箭头，在弹出的下拉列表框中选择“计时”选项，如图 8－61 所示。

图 8－61　为退出动画设置计时

在“速度”下拉列表框中选择“中速（2 秒）”，如图 8－62 所示。
在“重复”下拉列表框中选择“2”选项，如图 8－63 所示。

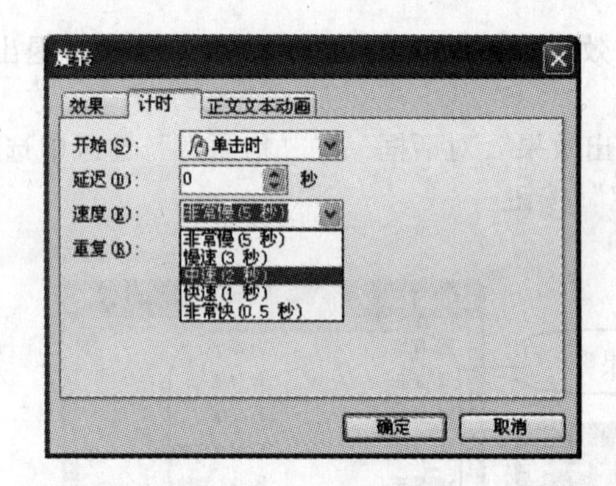

图 8－62　设置“旋转”速度

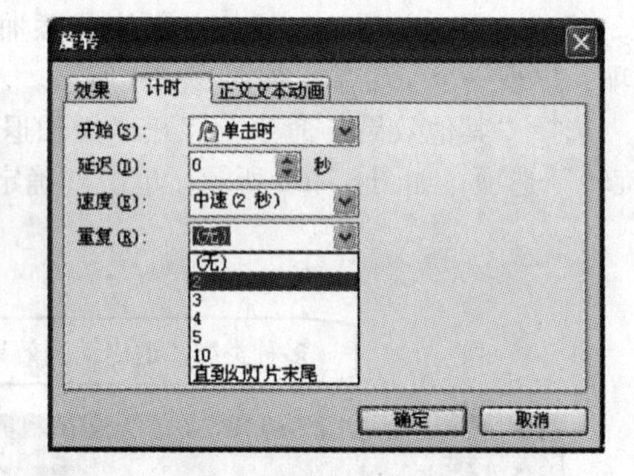

图 8－63　设置“旋转”重复次数

最后单击“确定”按钮完成操作。

第9章　E-mail与信息查找

本章要点：①对初学者而言，首先要有进入WPS网络办公空间的通行证——自己的电子邮箱E-mail；②互联网是人类可以共同享用的、永不关闭的全球图书馆，如何查资料？

9.1　什么是互联网

20世纪70年代出现了一种称为电子邮件（函件）的新型通信手段，它改变了人们传统的通信方式，从某种意义上说它也改变了人们关于距离的概念而进入地球村时代。

电子邮件的广泛使用，使不少人迈开了进入互联网（Internet）世界的第一步。许多用户就是从收发电子邮件开始认识互联网的。

互联网是当今世界上最大的信息网络，它不仅是连接了无数计算机和服务器的网络集合，还是一个巨大的信息资源宝库，它包含的信息从科研、教育到商业、艺术、娱乐等，几乎无所不包。

通过上网可更快地获取更多、更广的信息，在网上可结识更多的人，更方便地进行信息交流等。上网意味着紧跟飞速发展的信息时代步伐，投身于划时代的信息革命潮流，人们将实现轻松看世界的梦想。

那么上网需要什么条件呢？其先决条件包括硬设备（硬件）和软设备（软件），两者缺一不可。正如你拥有一台高性能的彩电（硬件），而当地并无电视台提供丰富多彩的节目（软件）的道理是一样的。反之，有电视台而你却无彩电，那将是“无皮之毛”。在这里我们可以将国际互联网（Internet）视为电视台。

互联网是一个建立在网络互连基础上的最大的开放的全球性网络。互联网拥有上亿台计算机和用户，是全球信息资源的超大型集合体。所有采用TCP/IP协议的计算机都可以加入互联网（可理解为凡到电信局办手续、登记、交费者可使用国际、国内电话），实现信息共享和相互通信。与传统的书籍、报刊、广播、电视等传播媒体相比，互联网的使用更广泛。今天，互联网已在世界范围内得到了广泛的普及与应用，并且正在迅速地改变人们的工作方式和生活方式。

图9-1是一个描述计算机网络发展的示意图，此图说明用户一经联网，世界的概念就体现出“地球村”的意味，也改变了人们关于距离的概念。

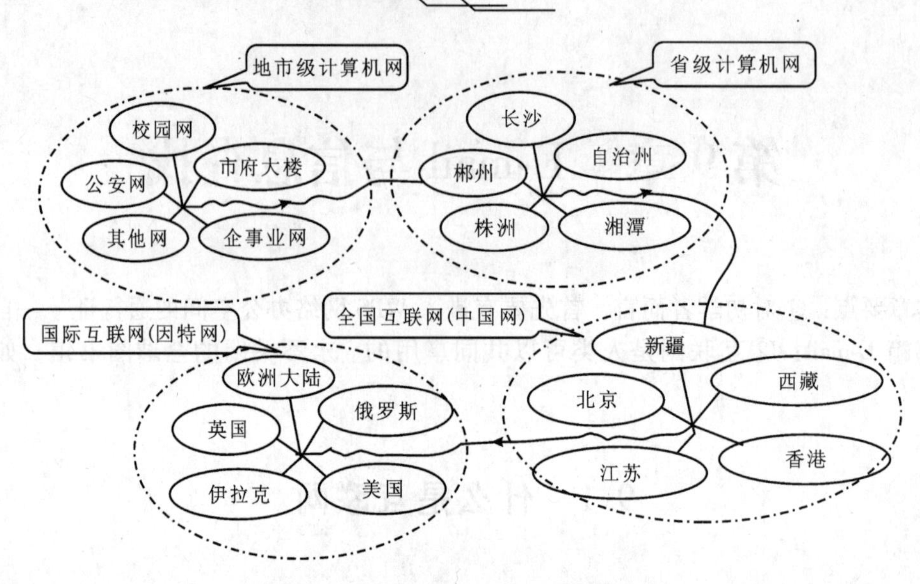

图 9-1　描述计算机网络发展的示意图

9.1.1　互联网给我们的资源

互联网到底给我们带来什么好处？它能提供信息资源和服务资源任用户使用。

(1) 互联网给我们提供信息资源。

互联网上的信息资源极为丰富。可以说，人类知识的任何一个方面都可以从网上找到，从文艺小说到科学论文，从菜谱到航天技术，从医疗保健到体育运动，还有神舟号载人航天飞行、2008 年的汶川大地震、2008 年北京奥运会、2010 年世界博览会等时事热点。它可以把五彩缤纷的世界统统搬到我们的家里，把偌大的一个地球纳入计算机屏幕，互联网是人类可以共同享用的永不关闭的全球图书馆。

(2) 互联网给我们提供服务资源。

互联网提供了形式多样的手段和工具为广大互联网用户服务。这些服务可归纳为以下 4 类：

① 信息查找，包括万维网（WWW）、专题讨论（Usenet）、菜单式的信息查询服务（Gopher）、广域信息服务系统（WAIS）和电子公告栏（BBS）等。

② 电子邮件（E-mail）。

③ 远程登录（Telnet）。

④ 文件传输（FTP）。

9.1.2　互联网地址的概述

从图 9-1 可以看出，作为一个普通用户联入这一个跨越全球的网上，这个类似于你家里的电话机能拨打国内、国际长途，因为你早已到电信管理部门备过案，获得一个有效的电话号码，同时你还预先获得了你朋友的电话号码，这里的电话号码就相当于互联网的地址，因而能顺利通话，获得对方的信息。

那么国际互联网的“电话号码”——地址是如何解决的呢？

1. 地址概念的引入

我国邮电部早已解决了全国电话号码的统一编码问题，其大致方法是先将全国各个省、市、自治区进行统一编号，这个编号即电话号码的区号，如表9－1所示。

表9－1 电话号码的区号示例

地 址	对应区号	地 址	对应区号
北京市	010	上海市	021
广州	020	深圳	0755
长沙	0731	吐鲁番	0995

接着在每一个区号内又规定一套内部顺序号，分配到每一个电话用户。因此，对每一个电话用户而言（当你在区号左边再加上国级码，你的电话号码在全球就是唯一的），其编码格式为：

区号——用户号 或 区号——用户码

当然上级邮电管理部门在编制“区号”和“用户号”时有一套严密的顺序规则，这对用户而言并不重要。例如，某电话号码是“0731－85215619”，其解析如图9－2所示。

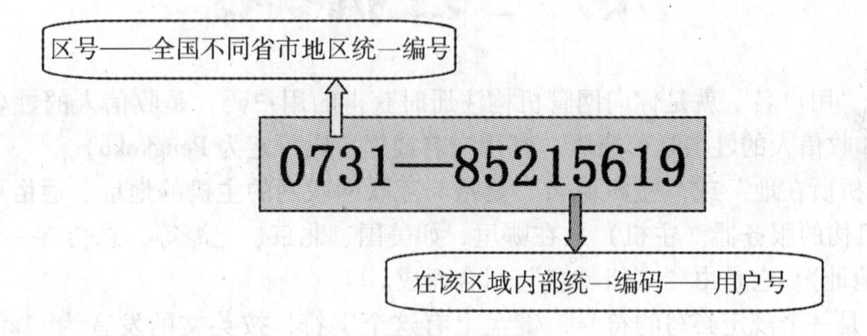

图9－2 电话号码解析

在这里提出一个问题：各城市或地区的电话号码为什么要“升位”呢？

因为如果电话号码用一位十进制数表示，则这个城市只能有0～9十个电话；如用两位十进制数表示，则能有00～99个编码，能编出100个电话的号码；同理，如用三位十进制数表示，则能编制000～999个电话号码，卖给1000个电话用户。

很明显，随着有效位数的增加，其编码容量就越来越大。由于社会的发展，电话用户猛增。目前北京、上海、广州等很多大城市早已升到8位，而一般城市均已发展到7位编码。

也许大家会问，你讲这些干什么？这主要是提示大家：在申请邮箱时老是不成功的原因主要是受编码容量的限制。届时在系统的提示下，你会知道，你应当增加用户名的有效位数或尽量改变已输入用户名中的字符，这样既可以增加编码容量也可以解决用户重名（同名）的问题。否则聪明的计算机是不会让你通过的，因为它要确保给用户的每一个E-mail 地址（相当于电话号码）在全球是唯一的。

2. 什么是电子邮件地址

你要发信，发给谁？他住在哪里？我们需要有一个收信人的姓名和地址。反之，他回信给谁（用户名）？接收回信的人又住在哪里（地址）？

在互联网上，人们使用得最多的是电子邮件，也称电子函件，是 E-mail（Electronic Mail）的中文译文，通常人们叫“伊妹儿”，用户拥有的电子邮件地址称为伊妹儿地址。电子邮件是一种基于网络的现代通信手段。在互联网提供的服务中，E-mail 使用得最为广泛。它能收发电子邮件。邮件中的内容可以包括文字、图形、图像、声音等多媒体信息，它能保存（存档），能打印出来；而传统的电话只能听，不能看，不能保存，更不能打印出来。

伊妹儿（E-mail）地址有如下统一格式：

用户名@计算机所在地

也可表示为：

用户名@主机域名

其中：“用户名”就是你向网管机构注册时获得的用户码，是收信人的姓名（或某种缩写，比如收信人的姓名是彭康康，其用户名或用户码可定为 Pengkoko）。

“计算机所在地”或“主机域名”是指与互联网联网的主机的地址。通俗地说：你的注册网管机构的服务器（主机）放在哪里，如美国、北京、上海等，总会有一个具体的地方（主机地址）。它是由“多级域名”组合而成。

“@”是一个规定必写的符号，键盘上有这个字符，按英文的发音为“at”，理解为“在”的意思。

例如：ChenNan @ online. sh. cn 就是“在”中国（cn）上海（sh）上海热线（online）主机上的用户 ChenNan（陈南）的 E-mail 地址。

注意：用户名要区分大小写，主机域名不区分大小写，建议读者在申请 E-mail 地址时一般全部用小写，当然也可以全部用大写。

同样道理，北京大学的网络管理中心接受用户的 E-mail 注册，其 E-mail 地址形如：＊＊＊＊＊＊@ pku. edu. cn。

网管中心只要保证＊＊＊＊＊＊（用户名）不同，就能保证每个 E-mail 地址在整个互联网（全世界）中的唯一性。

又例如×××的 E-mail 地址为 Pengkoko@ yahoo. com. cn，如图 9－3 所示。

其中：用户名是彭康康（Pengkoko），该 E-mail 地址是向中国雅虎（Yahoo）网站申请的免费邮箱地址，中国雅虎是一个商业性（com）网站，这个网站（主机）在中国（cn）本土。这是在“中国雅虎”网站备的案。

图9-3 地址解析（1）

如果另有一个 E-mail 地址为：Pengkoko@ yahoo. com，注意这不是×××的邮箱号码。这可能是某一位外国人的 E-mail 地址，因为它的最后两位并没有写“cn”，他不是在中国雅虎站备的案，而是在国外雅虎站（雅虎本部）备案注册。尽管用户名都叫彭康康（Pengkoko），但不是同一台主机，是另外一个网管机构。

可见 E-mail 的使用并不要求用户与注册（备案）的主机域名在同一地区。这就是为什么许多外国人、许多归国人员仍在中国使用诸如 ChenNan@ ibm. com、chun_t@ hot-mail. com 这样的 E-mail 地址，因为 E-mail 地址是全球通用的。

从以上内容也可以看出：主机域名是采用分层次方法命名的，每一层都有一个子域名。子域名之间用点号分隔，自左至右分别为主机名、网络名、机构名、最高层域名。

例如：indi. shcnc. ac. cn 域名表示中国（cn）科学院（ac）上海网络中心（shcnc）的一台主机（indi），如图9-4所示。

图9-4 地址解析（2）

表9-2 以机构区分的域名例子

域名	含义	域名	含义	域名	含义
com	商业网	edu	教育网	gov	政府机构
mil	军事网	net	网络机构	org	机构网

表 9－3　以国别或地域区分的域名部分例子

域　名	含　义	域　名	含　义	域　名	含　义
au	澳大利亚	ca	加拿大	cn	中国
de	德国	fr	法国	hk	香港
jp	日本	kr	韩国	tw	台湾

9.2　电子邮箱 E-mail 的申请与应用

跨越全球的互联网有成千上万个网站，如商业性的网站（com）、军事网站（mil）、教育网站（edu）、政府机构网站（gov）、网络机构（net）、机构网站（org）等。很明显，每种网站均有它的宗旨、经营理念。但是均有一个共同原则——做强做大，希望有更多的人登录它的网站，发挥它的社会效益，相应地也获得更多的经济效益。

为了吸引更多的用户，很多网站根据它的经营策略，对外开辟一些有偿（收费）服务邮箱的同时也有部分可供免费使用的邮箱。

收费邮箱——它提供较大的存储空间、较高的服务质量给用户，一般为有工作需要的业内人士所使用，用户需向该网管机构交纳一定的费用。图 9－5 就介绍了收费邮箱的功能。

图 9－5　收费邮箱的功能

免费邮箱——现在也有很多免费的邮箱提供了非常全面的功能，例如无限空间、超大附件、在线阅读附件等高级功能。

建议大家申请一个免费邮箱（即获得一个伊妹儿地址），可以给亲朋好友发电子邮件，还能给工作带来一定的方便。

9.2.1 免费电子邮箱的申请

为了学习 WPS Office 网络协同办公，必须要有进入网络空间的通行证——E-mail，WPS Office 在网络服务，使用 E-mail 作为用户的登录帐号，原因在于能尽量避免用户忘记这个帐号，不会产生“我是谁（我的帐号是什么）”的疑问。同时，WPS 获知了用户的 E-mail，也就更方便后期的用户联系与推广。本节学习两个操作：免费电子邮箱的申请和 E-mail 的使用。

第 1 步：将“地址”栏中的原内容删除，输入“www. 163. com”后按回车键，如图 9 - 6 所示，电脑进入 163 网站（网易网站）。拟在此网站申请免费电子邮箱。

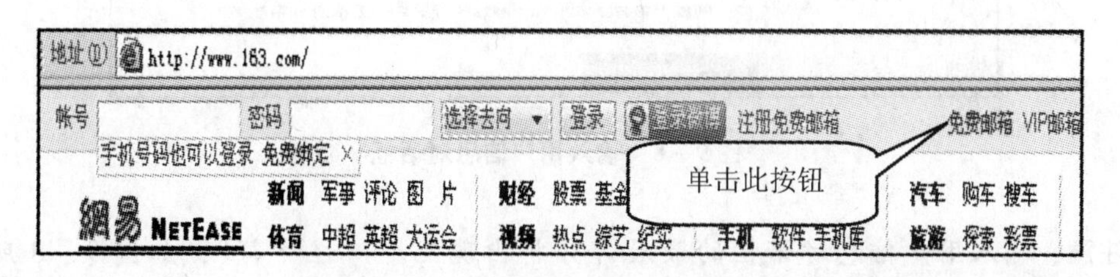

图 9 - 6　电脑进入 163 网站

第 2 步：单击“免费邮箱”，电脑登录 163 网易免费邮，单击“立即注册”，如图 9 - 7 所示。

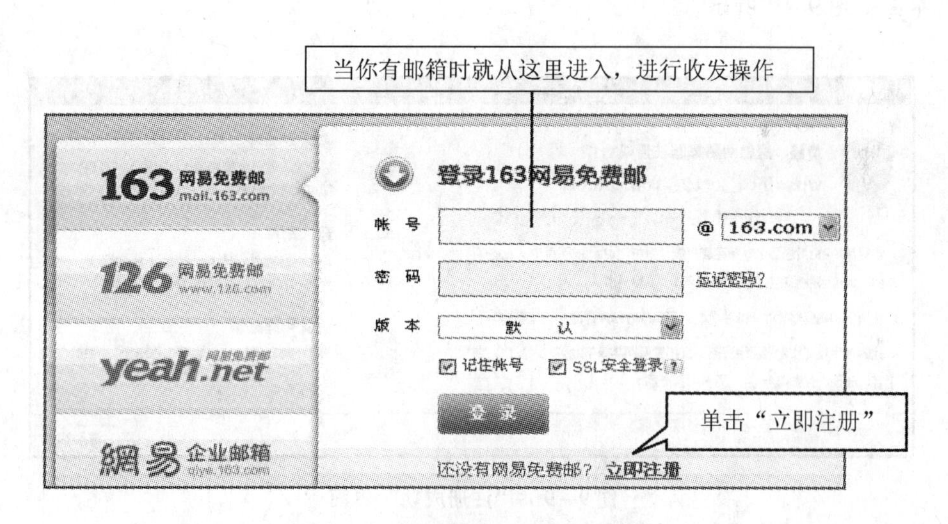

图 9 - 7　电脑登录 163 网易免费邮

第 3 步：单击“立即注册”后，电脑要求你输入用户信息（包括用户名、将来打开邮箱的密码，以及万一忘记密码时要求找回密码的信息即你的手机号码等信息），如图 9 - 8 所示。

您可以选择注册163、126、yeah.net三大免费邮箱。

* 邮件地址 wpsoffice_2012 @ 163.com
6~18个字符，包括字母、数字、下划线，以字母开头，字母或数字结尾
* 密码 ●●●●●●●●●
6~16个字符，包括字母、数字、特殊符号，区分大小写
* 确认密码 ●●●●●●●●●
请再次输入密码
手机号码
密码遗忘或被盗时，可通过手机短信取回密码
* 验证码 房高 房高
请输入图片中的字符 看不清楚？换张图片
同意“服务条款”和“隐私权保护和个人信息利用政策”
立即注册

图9-8 输入用户信息对话框

注意：输入用户信息对话框的最后部分将出现几个“怪字符”，如图9-8所示的房高，这些奇怪的字符人眼可以识别出来，它可以防止黑客使用程序恶意地注册大量账号，因为程序（指黑客）无法识别这些字符。你可将“房高”这两个字符填入“验证码”的方框内，如果这“怪字符”看不清楚，可换一张，最后单击“立即注册”。

第4步：单击“立即注册”后，申请免费电子邮箱操作结束，电脑显示“注册成功！”界面如图9-9所示。

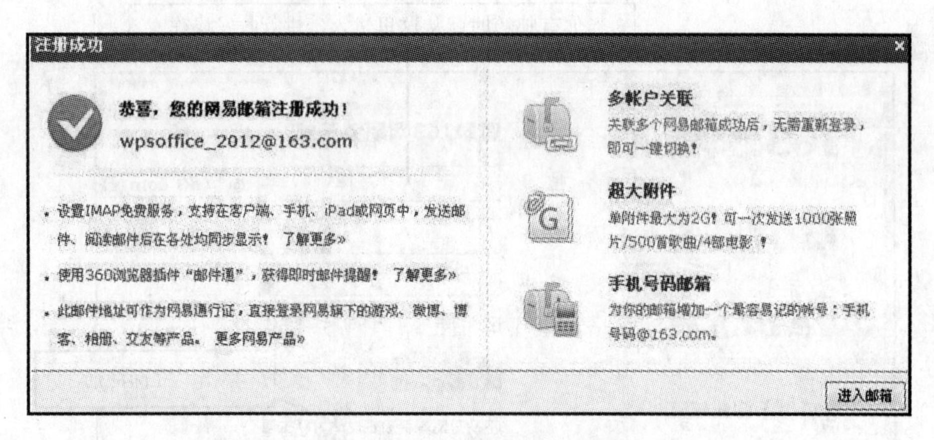

图9-9 “注册成功”界面

注意：①没有手机的用户亦可注册邮箱；②如果用户名重名，电脑会提示。

9.2.2 电子邮箱的使用

现在你已经获得E-mail地址“wpsoffice_2012@163.com”，即163网站为你开辟了1GB（可装5亿多个汉字）以上的存储空间，专供你存放“信件”和“附件”；你朋友给

你发来的函件也装在这里面，因为他们知道你的 E-mail 地址“wpsoffice_2012@163.com”。你坐在家里打开电脑，通过“邮箱密码”打开你的邮箱就能看到所有信件和附件，分享网络时代的便利。但千万要记住你的“邮箱密码”，绝不能外泄。

1. 发信操作——自己给自己写一封信并带“附件”

为了检验你申请的 E-mail 地址是否真实可用，不妨预先测试一下，自己给自己写一封信，以熟悉收发操作。

传统的邮政能否自己给自己写一封信呢？可以，但有两个条件：其一，发信人和收信人是同一个人的地址；其二，信件一定要投入邮筒，邮递员才能按地址送信。

同理，电子邮件的邮筒在哪里？你是如何发出的，发到哪里？电子邮件如何收到？收取电子邮件是怎么一回事？

发送电子邮件的具体操作如下。

第1步：在 Windows 平台双击“IE 浏览器”图标，进入“163 网站”，参阅图 9-6 所示。单击 163 网站首页中的“免费邮箱”，准备打开你的邮箱，如图 9-7 所示。

第2步：参阅图 9-7 所示，将你的 E-mail 地址“wpsoffice_ 2012@163.com”输入“帐号”中；输入邮箱密码；单击“登录”，电脑进入收发电子邮件界面，如图 9-10 所示。

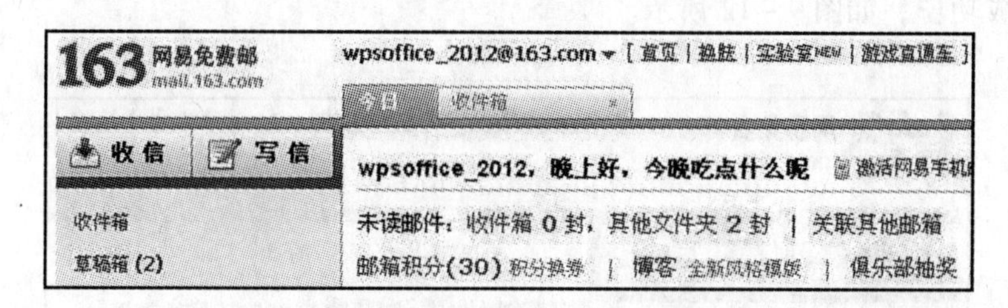

图 9-10 收发电子邮件界面

第3步：单击“写信”按钮，系统进入写信界面，如图 9-11 所示。

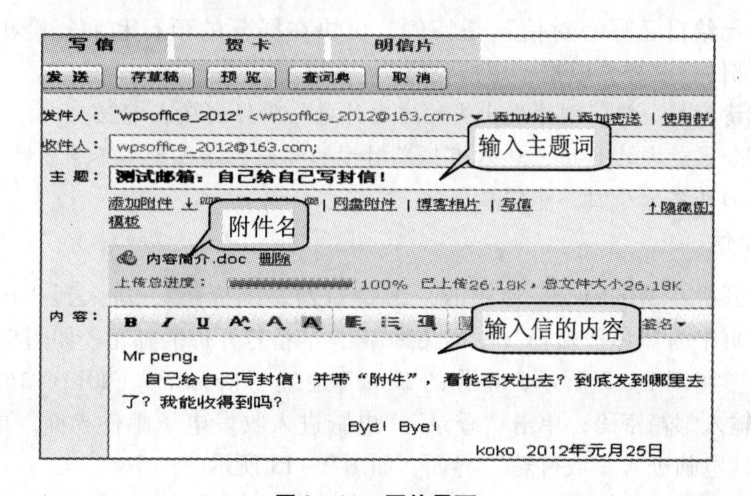

图 9-11 写信界面

在写信界面中有：发件人（如果邮箱中只有一个帐号的话，一般不用选择发件人）、收件人、主题、内容（内容也可以不填写）、还有“添加附件”共5项内容，必须填写前3~4项才能写完一封信。

（1）发件人：一般电脑帮你填好了“wpsoffice_ 2012@163. com”。

（2）收件人：填入“wpsoffice_ 2012@163. com”（如果给朋友发电子邮件就填入对方的E-mail地址）。

（3）主题：填入一句能代表本信函内容甚至还能代表发件人的“简略短语”，本处输入“测试邮箱：自己给自己写封信!”（一般也叫“主题词”，它将显示在收件人的邮箱里，以提示收件人的朋友发来了邮件）。

（4）内容：信函的具体内容，如图9-10中输入的“Mr. peng：自己给自己……koko 2012年元月25日”。

（5）添加附件——附件是你电脑里独立存放的一个或多个文件，比如一篇论文、一份报表、一幅图片或照片等，它们可随函发出，即通过点击“添加附件”命令按钮，交代该附件（文件）所在的盘符、路径（文件夹）和文件名就能发给对方（本处随函带去的附件名是“内容简介. doc”文件）。

当上述5项内容处理完后单击“发送”按钮，很快（一般不过几秒钟）屏幕就显示“邮件发送成功!”，如图9-12所示。

图9-12　“邮件发送成功!”界面

由于“自己给自己写一封信”是特例，很快在屏幕的顶行和底行会出现飞字广告“收到1封新邮件”字样，以提示用户收信。

注意：①请你想一想，刚才发出去的这封信包括附件到底在哪里?

②如果对方的E-mail输入有错或对方的邮箱已满或装不下等多种因素，通常所发信函会被退回并告知原因，非常人性化。

2. 收信操作

第1步：开机在Windows平台双击“IE浏览器”图标，进入到“163网站”，单击163网站首页中的“免费邮箱”图标免费邮箱，准备打开你的邮箱，如图9-6所示。

第2步：参阅图9-7所示，将你的E-mail地址“wpsoffice_ 2012@163. com”输入“帐号”中；输入邮箱密码；单击“登录”，电脑进入收发电子邮件界面，单击左上角的“收信”按钮，电脑进入“收件箱”界面，如图9-13所示。

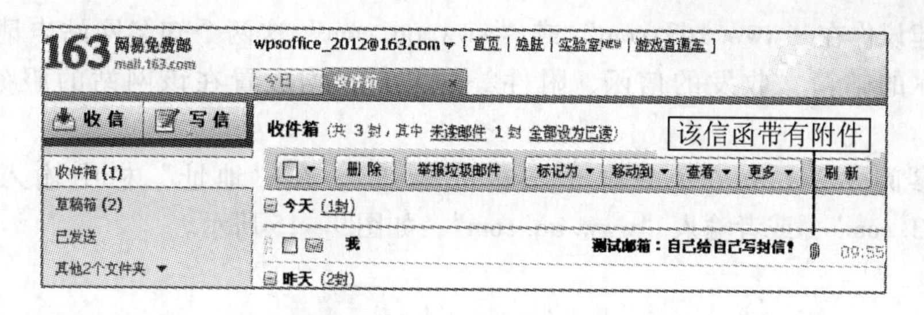

图9－13　“收件箱”界面

在“收件箱”界面有3列：发件人，主题（也叫主题词），时间（对方发信时间）。另外，要注意对方发来的信件带不带附件。如果在主题词的右侧出现“回形针”图标，表明该信函带有附件，即另外的一个或多个多媒体文件（其中可以有文字、图形、图像、声音、视频……）。

本“收件箱”界面说明共收到了3封信，其中昨天收到2封，今天收到1封，同时该信函带有附件。

第3步：单击主题词“测试邮箱：自己给自己写封信!”（要看哪封信就单击哪个“主题词”，相当于把那封信拆开才能看到里面的内容），如图9－14所示。

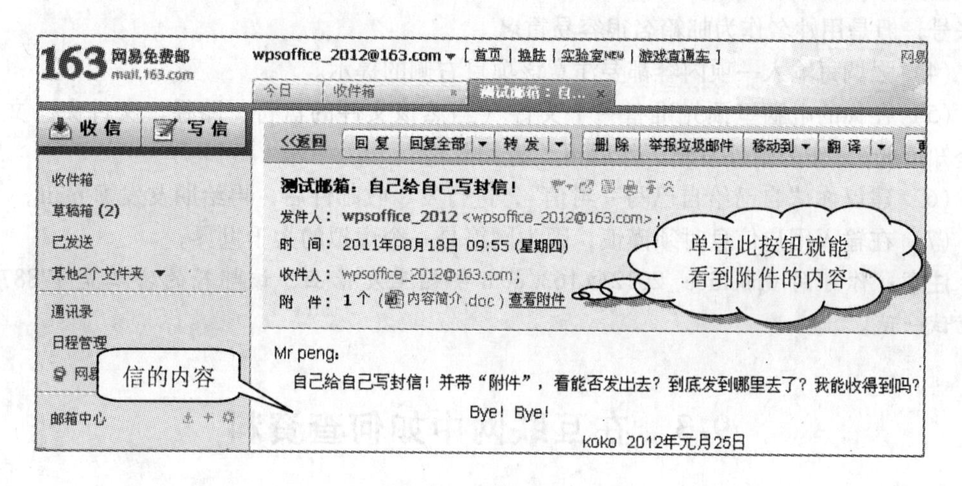

图9－14　看信界面

本界面说明：①发件人和收件人是同一个E-mail地址；②单击“查看附件”就能看到附件的内容（现在很多邮件提供“在线预览”功能，原来的附件需要下载到计算机上才能看，现在可以在网页上直接看）；③本信函的内容显示在右下方；④如果要给对方即时回复，就单击顶行的“回复”按钮，写完信后单击“发送”即可。

9.2.3　实习操作——电子邮箱

目的：申请一个免费电子邮箱以及进行收信、发信操作。

操作要求：（供参考）

（1）建议你在“www. 163. com”或“www. qq. com”这两个知名网站申请你的邮箱，也就是说你的邮箱（收发的信函、附件等）文件，均放置在该网站的服务器（存储器）内。

（2）参阅 9. 2. 1 节“免费电子邮箱的申请”，在“地址”栏中输入“http：// e – mail. 163. com”，或者输入“www. qq. com”，如图 9 – 15 所示。

图 9 – 15　163 网站

（3）申请电子邮箱要有思想准备，最难一次性就申请成功的是“用户名”，经常出现输入的用户名已被别人占用（相当于出现了电话号码同号）的情况。因为据悉 163 网站拥有 4 亿多网民，可以理解为该网站已有 4 亿多个用户名。解决重名的办法是增加用户名的有效位数，以增加编码容量（相当于“电话号码升位”）。其实可以细细挑一个自己心仪的帐号，但是用姓名作为邮箱名很容易重名。

（4）强调每输入一项内容都要注意该项目右侧的提示。

（5）在你的电脑里预先准备一个文件（当然该文件的盘符、路径、文件夹、文件名你是知道的），作为附件发出，然后再“查阅附件”。

（6）建议你“自己给自己写一封信”，进行发、收邮件后，再给朋友发 E-mail。

（7）在输入用户信息时须谨慎，因为网络是一个虚拟的大千世界。

注意：你可向 wpsoffice_2012@ 163. com 邮箱里发信函，该邮箱的密码是 77887788，不妨试一试。

9. 3　在互联网中如何查资料

前面已交代，跨越全球的互联网上有成千上万的网站，每种网站都有它的宗旨、经营理念，但是均有一个共同原则——做强做大，希望有更多的人登录它的网站，发挥它的社会效益，相应地也获得更多的经济效益。

比如：“百度 www. baidu. com”、“谷歌搜索 www. google. com”这类网站专供搜索信息的。从全球资料室里获取信息，无疑有多种方法，本处仅通过举例加以引导。

值得注意的是要查找某一信息，必须解决“查找关键字”的问题，告知电脑到资料室里查找这方面的信息。

9.3.1 预订火车票

现拟通过百度查找有关火车票信息。

第1步：开机进入互联网，在地址栏中输入“www. baidu. com”后按回车键。

第2步：在“百度”对话框的“查找关键字输入框”中输入“预订火车票”后单击 百度一下 按钮，如图9-16所示。

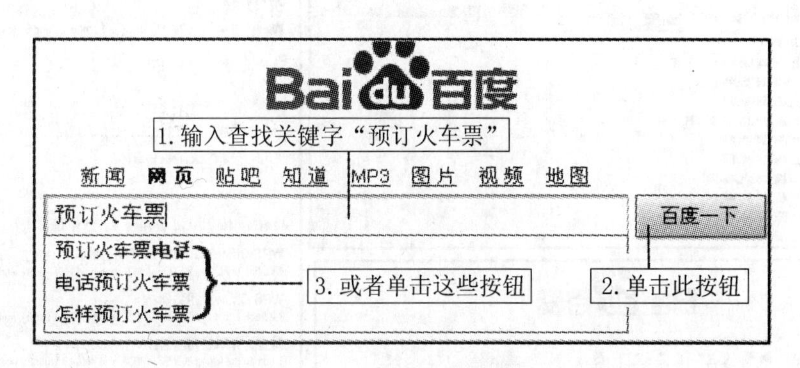

图9-16 百度查找过程（1）

第3步：预计屏幕上将能查找到成千上万条有关“火车票”的信息，选取“火车票预订”，输入始发站（长沙）、终到站（北京）、出行日期（2011-08-15）等再按 立即搜索，从而进一步落实具体的车次，如图9-17所示。

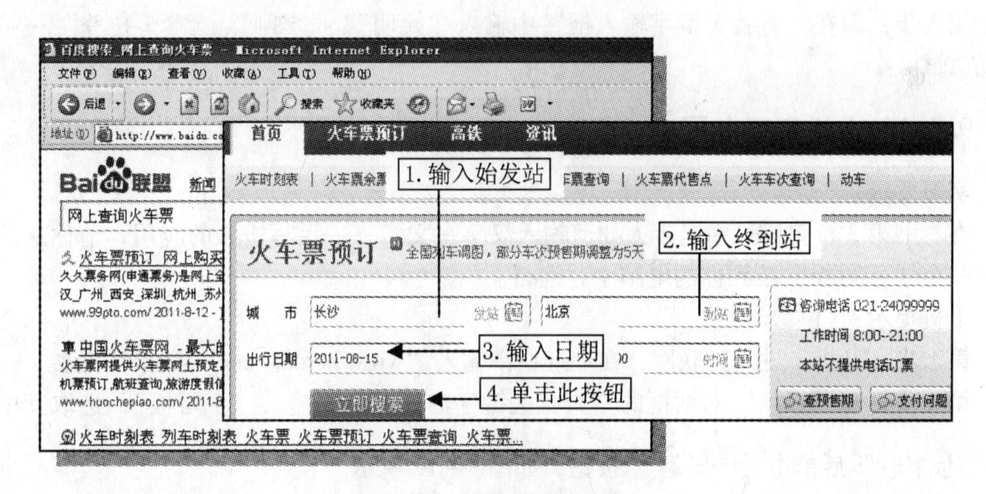

图9-17 百度查找过程（2）

9.3.2 有趣的查找

第1步：在“查找关键字输入框”中输入“网上查询”4个字，人性化的电脑立即向你查询：银行卡余额、毕业证真伪、查询电费、高考是否录取……如果不在它的查询范围之内，可进一步输入关键字后单击 百度一下 按钮，如图 9－18 所示。

第 2 步：请在“查找关键字输入框”中输入你的姓名，肯定会有一些有趣的信息，你不妨试试。

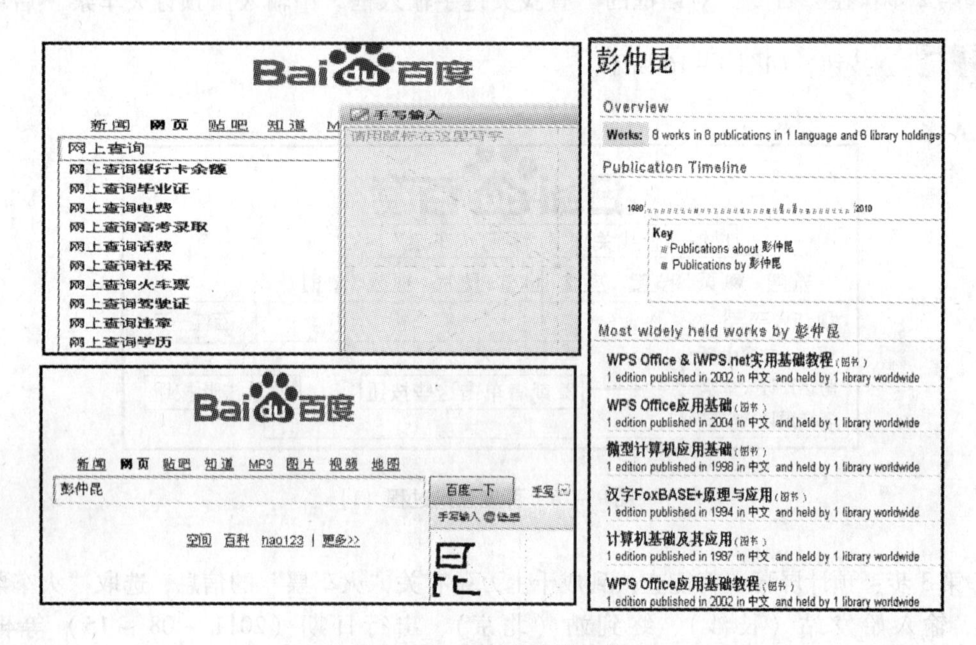

图 9－18　有趣的查找示例

第 3 步：请在“查找关键字输入框”中输入“姚明”、“李刚”、“本·拉登”……你不妨试试。

9.3.3　上机实习布置

实习要求：

在本书第 3 章曾讲过中老年人如何输入汉字写文章——手写输入的应用，请你从网上下载一个“手写板”装到你的电脑中并运行。

上机提示：（供参考）

第 1 步：开机，进入互联网，在地址栏中输入“www. baidu. com”后按回车键。

第 2 步：在“百度”对话框的“查找关键字输入框”中输入“手写板”，选取其中的“手写板下载”后单击 百度一下 按钮，如图 9－19 所示。

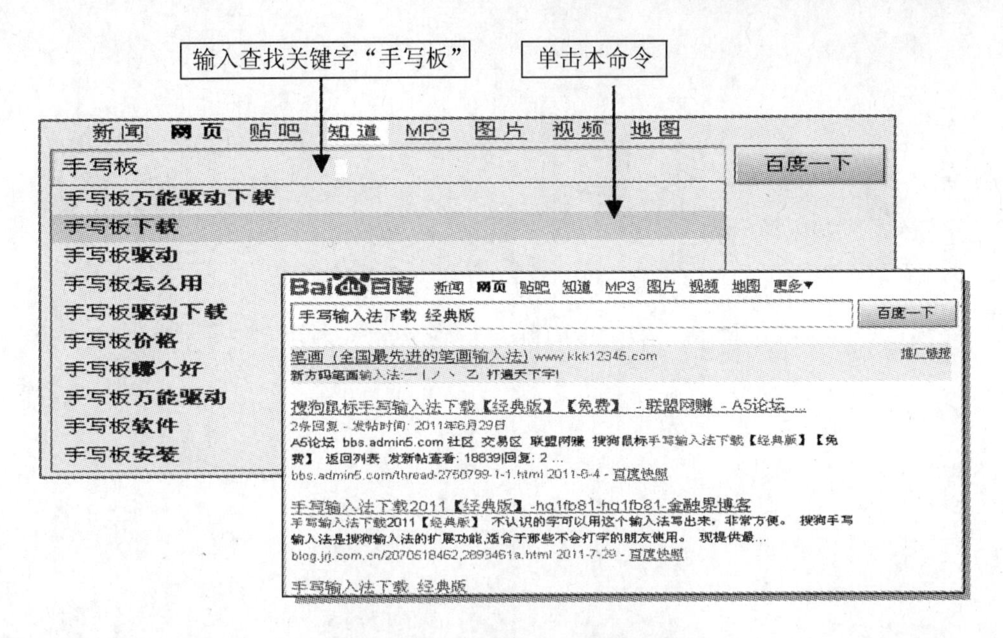

图9－19 “手写板”的下载操作

第3步：接下来按照“手写板”的中文提示，采用“一路回车法”。“手写板”对于不懂五笔、拼音的初学者来说非常好用。